Torsten Coym

Ansätze zur Diagnose von integrierten Schaltungen unter Verwendung von Schaltungssimulationen

TUD*press*

Torsten Coym

Ansätze zur Diagnose von integrierten Schaltungen unter Verwendung von Schaltungssimulationen

TUDpress
2012

Bibliografische Information der Deutschen Nationalbibliothek
Die Deutsche Nationalbibliothek verzeichnet diese Publikation in der Deutschen Nationalbibliografie; detaillierte bibliografische Daten sind im Internet über http://dnb.d-nb.de abrufbar.

Bibliographic information published by the Deutsche Nationalbibliothek
The Deutsche Nationalbibliothek lists this publication in the Deutsche Nationalbibliografie; detailed bibliographic data are available in the Internet at
http://dnb.d-nb.de.

ISBN 978-3-942710-71-8

Verlag der Wissenschaften GmbH
Bergstr. 70 | D-01069 Dresden
Tel.: 0351/47 96 97 20 | Fax: 0351/47 96 08 19
http://www.tudpress.de

Gesetzt vom Autor.
Printed in Germany.

Technische Universität Dresden

Ansätze zur Diagnose von integrierten Schaltungen unter Verwendung von Schaltungssimulationen

Torsten Coym

von der Fakultät Elektrotechnik und Informationstechnik der

Technischen Universität Dresden

zur Erlangung des akademischen Grades eines

Doktoringenieurs

(Dr.-Ing.)

genehmigte Dissertation

Vorsitzender:	Prof. Dr.-Ing. habil. Lehnert		
Gutachter:	Prof. Dr.-Ing. habil. Schüffny	Tag der Einreichung:	7.1.2011
	Prof. Dr.-Ing. habil. Straube	Tag der Verteidigung:	22.6.2011

Für Sandra, Elsa und Martha.
Meine Verankerung im Leben.

Kurzfassung

Aufgabe der Diagnose ist es, systematische Fehlerquellen im Herstellungsprozess zu ermitteln, die zu reproduzierbaren Ausfällen einzelner Schaltkreise führen. Mit den gewonnenen Daten lassen sich geeignete Änderungen am Herstellungsprozess, dem Entwurf, dem Layout oder dem Testprogramm vornehmen, um die Ausbeute zu erhöhen. Es sind computergestützte Verfahren zur Diagnose integrierter Schaltungen notwendig, die sich in den Produktentwicklungszyklus integrieren lassen, um den Ausbeutehochlauf zu beschleunigen. In dieser Arbeit werden zwei verschiedene Ansätze zur Diagnose integrierter Schaltungen vorgestellt, die einerseits im Test gewonnene Messdaten heranziehen und anderseits elektrische Netzwerke in Form von Netzlisten für Schaltungssimulatoren wie *Spice*verwenden. Der erste Ansatz beruht auf der analogen Fehlersimulation, indem unter Verwendung einer vorher festegelegten Fehlerliste, fehlerbehaftete Netzwerke konstruiert werden und die simulierten Ausgangssignale auf ihre Ähnlichkeit zum gemessenen Referenzsignal der defekten Schaltung hin untersucht werden. Dazu werden Prinzipien der Klassifikation herangezogen. Der zweite Ansatz ist beschränkt auf nichtlineare resistive Netzwerke, er erlaubt jedoch eine tiefere Analyse der elektrischen Eigenschaften eines Defektes. Dazu werden ausgehend vom fehlerfreien Netzwerk der Schaltung und in Verbindung mit gemessenen Spannungs-Strom-Kennlinien Diagnosenetzwerke konstruiert, deren Lösungen die elektrischen Eigenschaften des Defekts charakterisieren. Die Anwendbarkeit der beiden Verfahren wird anhand von Beispielschaltungen simulativ und in Laboraufbauten demonstriert.

Schlagworte Diagnose, Fehler, Defekt, elektrische Netzwerke, Zeitreihenanalyse, analoge Fehlersimulation, Schaltungssimulation, SPICE

Abstract

Diagnosis is a process for the identification of the root cause of circuit malfunctions. The resulting data can be used to adapt the manufacturing process, design, layout, or test program to increase the yield. In order to accelerate the yield ramp phase in the product life cycle, computer-aided methods for the diagnosis are needed that can directly be integrated within the established design and testing tool chain. In this work, two methods are proposed that incorporate measurement data collected at test equipment, and make use of standard circuit simulation tools, by providing electrical networks in the form of *Spice*netlists. The first approach utilizes analog fault simulation: Based on a pre-defined fault list and the fault-free network, faulty networks are constructed, and their output responses are simulated individually. The similarity between each of the simulated output responses and the output response measured at the defective circuit is estimated by the use of principles of classification. The second approach allows a more detailed inspection of the electrical behavior of the defect itself but is limited to non-linear resistive circuits. Based on the fault-free network, so-called diagnostic networks are constructed with the help of measured driving point or transfer characteristics. The solution of the corresponding network equations reveals the voltage-current characteristic of the underlying defect. The applicability of both appoaches is demonstrated by the use of simulations as well as laboratory demonstrators.

Key Words Diagnosis, fault, defect, electrical networks, time series analysis, data mining, analog fault simulation, circuit simulation, SPICE

Danksagung

Der Inhalt der vorliegenden Arbeit war in den vergangenen vier Jahren immer präsent in meinen Gedanken und hat einen großen Teil meiner Aktivitäten maßgeblich bestimmt. Dennoch ist diese Arbeit auch das Ergebnis von zahlreichen Gesprächen, in denen Experimente geplant und Ergebnisse diskutiert wurden. Mein Dank gilt insbesondere Prof. Bernd Straube, der mich in allen Belangen bei diesem Vorhaben unterstützt hat und der mich in die richtige Richtung zu drängen wusste, wann immer ich eine Sackgasse erreicht hatte. Wesentlichen Anteil daran, dass die Arbeit in der jetzigen Form vorliegt, haben Martin Claus und Michael Lindig, denen ich die Berührung mit der Netzwerktheorie bzw. mit der Zeitreihenanalyse zu verdanken habe. Mein Dank gilt auch Prof. Albrecht Reibiger, Prof. Günther Elst und Dr. Joachim Haase für ihre Geduld, mir die Grundzüge ihrer Theorie resistiver Netzwerke nahe zu bringen. Ich danke Prof. René Schüffny für seine wertvolle Unterstützung bei der Anfertigung der Dissertation. Für die zahlreichen fruchtbaren Diskussionen bedanke ich mich bei meinen ehemaligen Kollegen Dr. Martin Freibothe, Dr. Jens Schönherr, Dr. Jens Döge, Eva Fordran, Matthias Gulbins und Dr. Wolfgang Vermeiren. Die experimentelle Überprüfung der verschiedenen Methoden wäre nicht möglich gewesen ohne die Unterstützung von Lothar Grobelny, Christian Burmer und Prof. Sebastian Sattler sowie Dr. Torsten Harms, Konrad Seidel und Prof. Martin Versen. Nicht zuletzt danke ich Fabian Hopsch und Sven Mothes, die als Diplomand bzw. studentische Hilfskraft maßgeblichen Anteil an der Umsetzung der beschriebenen Konzepte in Form von Skripten und Programmen hatten.

Inhaltsverzeichnis

1 Einleitung

The industry is driven by
dollars, not by intellectual
challenge.

(Tony Harker)

Die Herstellung von integrierten Schaltkreisen ist in den vergangenen Jahren durch die stetig voranschreitende Verkleinerung der Strukturgrößen zu einem extrem kostspieligen Prozess geworden. Auch nach mehr als vierzig Jahren behält das Mooresche Gesetz, wonach sich die Integrationsdichte auf dem Chip alle zwei Jahre verdoppelt [Moo65], weiterhin seine Gültigkeit. Der finanzielle Aufwand, der unternommen werden muss, um diese Rate aufrecht zu erhalten, ist allerdings enorm: Der Neubau einer Chip-Fabrik in $45\,nm$-Technologie mit $300\,mm$ Wafern ist mit Investitionen von mehr als einer Milliarde US-Dollar verbunden. Die jährlichen Betriebskosten einer solchen Anlage belaufen sich auf fast drei Milliarden US-Dollar [Wil07]. Eines der wirtschaftlichen Hauptziele der Halbleiterhersteller ist es folglich, diese gigantischen Fixkosten zu amortisieren. Das wiederum lässt sich nur mit einem hohen Ausstoß an gefertigten Schaltkreisen erreichen. Ausbeuten von annähernd 100 % sind dabei mehr als wünschenswert, und im Gegenzug stellen Raten von deutlich weniger als 100 % ein nicht zu vernachlässigendes finanzielles Problem dar. Um eine so hohe Ausbeute zu erreichen, durchläuft jeder Halbleiterhersteller für jeden neuen Technologieknoten (und in abgeschwächter Form auch für jedes neue Produkt) einen Prozess, den man als *Ausbeutehochlauf* (*engl.* yield ramp) bezeichnet: nacheinander werden solange Fehlerquellen identifiziert und ausgemerzt, bis die überwiegende Mehrzahl der gefertigten Schaltkreise die spezifizierten Eigenschaften erreicht [Web04].

Es ist allgemein akzeptiert [SAS83, Cun90], die Ausbeute eine Halbleiterprozesses durch ein Poisson-Modells nachzubilden. Die Ausbeute an Chips Y eines Wafers ist eine inverse exponentielle Funktion des Produkts von Defektrate D und der Chipfläche A_c, die für die betrachteten Defekte anfällig sind.

$$Y = e^{-A_c \cdot D} \tag{1.1}$$

[Web04] zieht in seiner bemerkenswerten Arbeit empirische Daten für verschiedene $130\,nm$-Prozesse auf $200\,mm$-Wafern aus dem Jahr 2003 heran, die er durch Recherche und Befragung von Experten von verschiedenen Herstellern

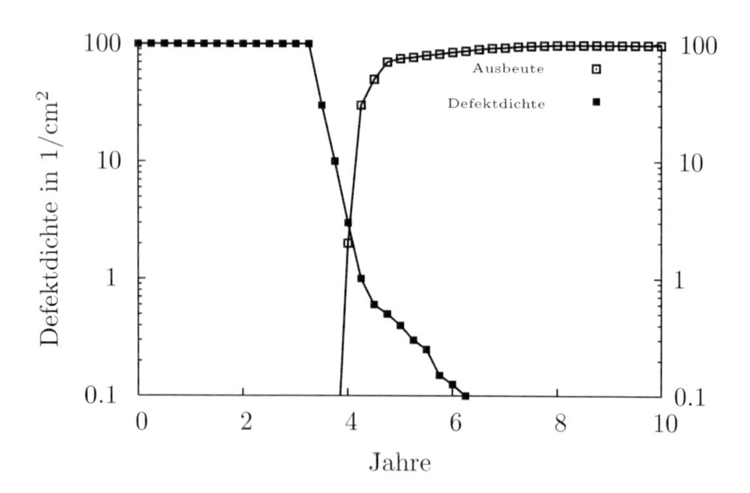

Abbildung 1.1: Defektdichte und Ausbeute in Abhängigkeit von der Zeit vom Zeitpunkt der Einführung des neuen Technologieknotens an[Web04]

gewonnen hat. Die folgenden Abbildungen sind seiner Arbeit nachempfunden. Abbildung 1.1 zeigt wesentliche Parameter eines Halbleiterprozesses von der Einführung des Technologieknotens bis zum Auslaufen der Technologie. In den ersten drei Jahren werden überwiegend Forschungs- und Entwicklungsaktivitäten durchgeführt, vor allem Modellierung und Beurteilung der Leistungsfähigkeit einzelner Strukturen auf dem Chip. Die Defektrate ist mit mehr als $100\frac{1}{cm^2}$ extrem hoch, Ausstoß und Ausbeute sind in dieser Zeit sehr gering. Die Entwicklung eines Produkts beginnt nicht vor Ende des dritten Jahres. Systematische Fehlerquellen werden nach und nach behoben, und die Defektrate sinkt etwa um eine Größenordnung alle sechs Monate. Etwa fünf Jahre nach Einführung des Technologieknotens ist die Defektrate auf unter $0,3\frac{1}{cm^2}$ abgesunken, und die Ausbeute steigt auf etwa 65 %. Ungefähr ein halbes Jahr später ist der Ausbeutehochlauf abgeschlossen. Die Ausbeute überschreitet nun etwa die 95 %-Marke. Mit Beginn der Massenproduktion dominieren die *zufälligen* Defekte, während der Einfluss der *systematischen* Defekte auf die Ausbeute zurückgeht. In Abbildung 1.2 sind einige finanzielle Aspekte des Lebenszyklus eines Halbleiterprozesses am Beispiel der Herstellung von Mikroprozessoren ersichtlich. Dargestellt werden der Preis und die Betriebskosten pro gefertigten Chip. Die Differenz aus beiden ergibt den Gewinn pro Stück. In der Phase in der überwiegend Forschung und Entwicklung stattfinden, belaufen sich die Betriebskosten auf etwa 50 Millionen US-Dollar pro Quartal. Sie resultieren

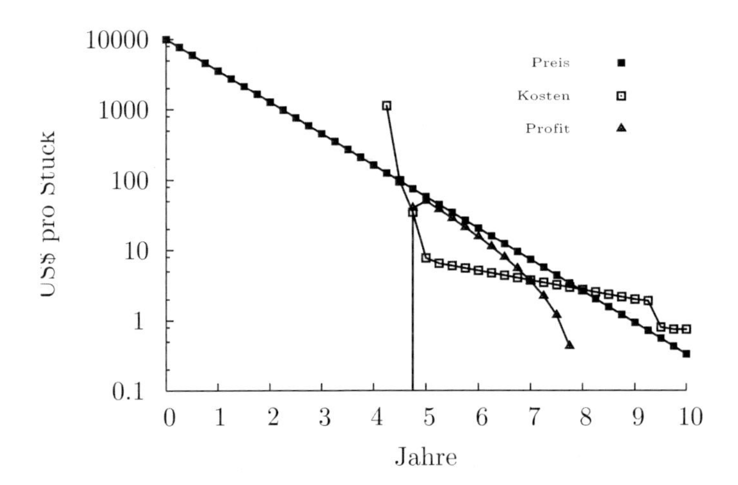

Abbildung 1.2: Preis, Kosten und Profit pro Stück als Funktion der Zeit vom Zeitpunkt der Einführung des neuen Technologieknotens an [Web04]

zum größten Teil aus Personalkosten für die Wissenschaftler und Ingenieure, sowie aus der Anschaffung von Gerätschaften zur Herstellung, zum Messen und zum Test. Mit Beginn der Phase des Ausbeutehochlaufs, steigen die Betriebskosten auf 150 Millionen US-Dollar pro Quartal, vorwiegend auf Grund von Abschreibung für die Maschinen zur Herstellung der integrierten Schaltkreise. Nach fünf Jahren sinken die Betriebskosten dann wieder auf das ursprüngliche Maß ab. Der Preis für die integrierten Schaltkreise folgt einem exponentiellen Verlauf. Er beginnt bei 10000 US-Dollar pro Chip und sinkt alle $2\frac{1}{4}$ Jahre um eine Größenordnung. Am Ende des zehnjährigen Lebenszyklus ist der Preis für einen Chip auf 1 US-Dollar abgesunken.

Die Abbildung 1.2 offenbart auch die finanzielle Problematik, in der sich die Halbleiterhersteller befinden: vergleicht man die Betriebskosten pro Stück mit dem zu erzielenden Preis pro Stück, so ergibt sich nur ein relativ kurzer Zeitraum, in dem das Unternehmen mit diesem Technologieknoten Gewinn erwirtschaften kann. Die Ursache dafür sind der exponentielle Zusammenhang zwischen Defektrate und Ausbeute, sowie der exponentiell fallende Preis für integrierte Schaltkreise bei weitgehend konstanten Fixkosten während der Massenproduktion. In Abbildung 1.2 lässt sich erkennen, dass die Betriebskosten pro gefertigten Chip so lange auf sehr hohem Niveau bleiben, bis die Ausbeute merklich angestiegen ist. Erst in der Phase des Ausbeutehochlaufs sinken die Betriebskosten pro Stück unterhalb der Marke des zu erzielenden Preises pro

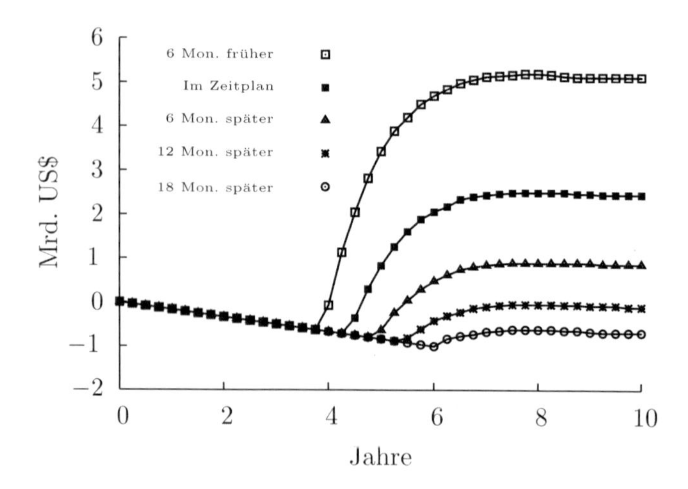

Abbildung 1.3: Die Auswirkung von schnellerem bzw. langsamerem Ausbeutehochlaufs auf den kumulierten Gewinn [Web04]

Stück. Die Fabrik arbeitet für diesen Technologieknoten für etwa drei Jahre profitabel.

Die Abbildung 1.3 zeigt, dass sich der kumulierte Gewinn mehr als verdoppelt, wenn es gelingt, sechs Monate vor dem Zeitpunkt, den die Roadmap [ITR06] für die Einführung einer neuen Technologie vorsieht, eine Ausbeute von annähernd 100 % zu erreichen. Verzögert sich der Beginn der Massenproduktion um sechs Monate, so werden zwei Drittel des möglichen Gewinns zunichte gemacht. Ist der Hersteller mehr als achtzehn Monate zu spät, so ist die Wahrscheinlichkeit, dass er mit diesem Technologieknoten Gewinn erwirtschaften kann, äußerst gering. Je früher man also mit einem Produkt am Markt ist, umso größer ist der Gewinn, der sich erwirtschaften lässt. Es gibt jedoch äußere Umstände, die es es sehr unwahrscheinlich machen, dass es einem Halbleiterhersteller gelingt, mehr als sechs Monate vor allen Konkurrenten eine Massenproduktion mit hoher Ausbeute zu erzielen. Die dazu erforderlichen Maschinen, Geräte und Dienste werden von Zulieferern entwickelt und bereitgestellt. Sie stehen i. A. allen Wettbewerbern gleichzeitig zur Verfügung, was den maximalen Entwicklungsvorsprung auf etwa sechs Monate limitiert.

Augenscheinlich hat die Phase des Ausbeutehochlaufs die größte Auswirkung auf die Rentabilität der Herstellung von integrierten Schaltkreisen. Das Aufspüren und Beseitigen von Fehlern an Prototypen und Schaltkreisen der frühen Phase der Serienproduktion geschieht in weiten Teilen der Halbleiterindustrie manuell von hochqualifizierten Fachkräften. Die Vorgehensweise besteht darin, die durch Messungen (elektrisch, thermisch, optisch, ...) gewonnene Beobachtungen, die ein Fehlverhalten vermuten lassen, zu analysieren, Hypothesen über die Ursache des Fehlverhaltens zu erarbeiten und für diese Hypothesen stützende Messungen zu definieren. Die daraus resultierenden neuen Beobachtungen werden wieder interpretiert usw. Im Normalfall sind mehrere Durchläufe durch diese Schleife notwendig, bis die Ursache des Fehlverhaltens eindeutig bestimmt ist. Das macht den gesamten Entwurfszyklus zeitaufwendig und damit kostenintensiv. Aus diesem Grunde sind software-basierte Methoden erforderlich, um die Experten bei ihrer Arbeit zu unterstützen und dadurch den Entwurfszyklus zu beschleunigen.

Man bezeichnet solche software-basierten Methoden und Verfahren als *Diagnose*. Unter diesem Begriff werden die drei Aspekte

- Detektion
- Lokalisierung
- Identifizierung

von Defekten zusammengefasst [DR79]. *Detektion* umfasst dabei das Feststellen einer Abweichung zwischen spezifizierten Nominalverhalten und dem tatsächlichen Verhalten des betrachteten Schaltkreises. Das setzt voraus, dass ein Defekt in der Schaltung wirksam wird und sich an äußeren Klemmen mit Hilfe von Messungen beobachten lässt. *Lokalisierung* meint die Bestimmung des Defektortes im Layout der Schaltung. *Identifizierung* schließlich bedeutet die Bestimmung von grundlegenden Parametern, die den Defekt in der Schaltung charakterisieren.

Integrierte Schaltungen werden heutzutage ausschließlich mit Hilfe des Computers entworfen. Das betrifft den gesamten Entwurfsprozess von der Spezifikation bis zum Erstellen der Masken für die Herstellung. Kernstück ist dabei die Simulation (auf verschiedenen Abstraktionsebenen), die mit genügender Genauigkeit das Verhalten der später gefertigten Schaltung vorhersagen soll (siehe Kapitel 2). Heutige Simulatoren sind so leistungsfähig und ausgereift, dass sie die Vorhersagen über logisches oder elektrisches Verhalten mit großer Genauigkeit machen können. Es liegt nahe, sich diese Eigenschaften auch für die Diagnose zunutze zu machen. Der überwiegende Teil der gefertigten integrierten Schaltkreise sind (im weitesten Sinne) *Logikschaltungen* oder die Funktion der Schaltung wird von Logikschaltungsteilen dominiert. Letztere werden als *Mixed-Signal-Schaltungen* bezeichnet. Es existieren Verfahren zur Diagnose integrierter Schaltungen auf der Logikebene (s. Abschnitt 1.1.1) mit deren Hilfe es möglich ist, einen gewissen Schaltungsteil oder größeren logischen Funktionsblock (z. B. Scan-Flip-Flop) als defekt zu bestimmen. Ein solcher Funktionsblock besteht seinerseits jedoch aus einer Vielzahl von Halbleiterbauelementen und umfasst ein größeres Gebiet im Layout der Schaltung.

Es ist daher vernünftig, in einem zweiten Schritt die einzelnen als defekt bestimmten Funktionsblöcke der integrierten Schaltkreise als elektrische Gebilde aufzufassen und sie mit Hilfe elektrischer Netzwerke zu modellieren, um das Ergebnis der Diagnose weiter zu verfeinern, d. h., den Ort des Defektes genauer zu bestimmen und die Parameter des elektrischen Verhaltens des Defektes genauer zu charakterisieren. Das wird noch deutlicher, wenn man berücksichtigt, dass das Verhalten der realen integrierten Schaltung mit Hilfe von *Messungen elektrischer Größen* beobachtet werden kann. Insofern bietet die Simulation elektrischer Netzwerke mit Hilfe von Schaltungssimulatoren wie *Spice*oder den kommerziell angebotenen Derivaten die größtmögliche Übereinstimmung zwischen Simulation und Messung[1] – einer wesentlichen Voraussetzung für den Erfolg der Diagnose wie diese Arbeit zeigen wird.

Mit der Nomenklatur von oben bedeutet *Lokalisierung* dann das Auffinden eines Fehlerortes im Netzwerk der Schaltung. Die *Identifizierung* lässt sich als das Bestimmen von Werten, die zu einem gewissen Netzwerkelement an diesem Fehlerort gehören, deuten.

1.1 Stand der Technik

Die Diagnose integrierter Schaltungen ist ein weit entwickeltes Forschungsfeld mit langer Tradition. Die ersten wissenschaftlichen Artikel stammen aus den frühen 1960er Jahren und fallen mit der Zeit der beginnenden Massenproduktion zusammen. Grundsätzlich lassen sich die Arbeiten abhängig von der Abstraktionsebene grob in die folgenden Kategorien unterteilen: Logik, nichtlineare elektrische Netzwerke und Layout.

1.1.1 Logik

Die Prinzipien der Diagnose auf Logikebene sind gut verstanden. Fast alle Ansätze benutzen dabei Fehlerverzeichnisse und die Tatsache, dass nur zwischen zwei verschiedenen logischen Werten „1“ oder „0“ unterschieden werden muss. Für kombinatorische Schaltungen [Kau68] werden ausschöpfende Fehler-Simulationen durchgeführt, d. h., für alle Eingangsbelegungen werden für jeden angenommenen Fehler sowie die fehlerfreie Schaltung die entsprechenden Ausgabewerte abgespeichert. Fällt ein Schaltkreis während des Tests aus, wird eine (minimale) Folge an Eingangsbelegungen gesucht, so dass die zugehörigen Ausgabewerte des Schaltkreises eindeutig einem Fehler im Fehlerverzeichnis zugeordnet werden können. Im Gegensatz zur Testpattern-Generierung (ATPG), bei der möglichst wenige Pattern gesucht werden, die alle

[1] Diese lässt sich sogar noch verbessern, wenn man auf die heute üblichen, aus dem Layout der integrierten Schaltkreise rückerkannten Netzwerke mit parasitären Elementen zurückgreift.

Fehler entdecken, wird bei der Diagnosepattern-Generierung (diagnostic test pattern generation, DATPG) [BF98] versucht, mit möglichst wenigen Pattern einzelne Fehler von allen anderen zu unterscheiden. Die wesentlichen Unterschiede zwischen den Fehlerverzeichnis-basierten Verfahren zur Logikdiagnose kombinatorischer Schaltungen bestehen darin, ob das Fehlerverzeichnis statisch im Vorfeld [ABF90] bereit gestellt wird oder dynamisch [WR00] während der Diagnose erzeugt wird [PR97]. Bei sequentiellen Schaltungen besteht zusätzlich das Problem, dass die Ausgabewerte nicht nur die logischen Werte „1" oder „0" annehmen können sondern auch unbestimmte Werte „X". Der Begriff der Unterscheidbarkeit zwischen einzelnen Fehlern wird entsprechend erweitert [VHF⁺95]. DATPG für sequentielle Schaltungen werden in [HBPF97] vorgestellt. Die heute üblichen Scan-Entwurfsprinzipien für sequentielle digitale Schaltungen ermöglichen auch die direkte Anwendung der Fehlerverzeichnis-Prinzipien [VD00], da sich die sequentiellen Schaltungen mit Hilfe einer zusätzlichen Beschaltung in einem Testmodus betreiben lassen. Im Testmodus können die Inhalte der Flip-Flops gesetzt und gelesen werden. Dadurch lassen sich Verfahren zur Testmustergenerierung für kombinatorische Schaltungen anwenden.

Neben den Methoden zur Fehlersimulation und Diagnose sind vor allem die Fehlermodelle, also die Abbildung der Defekte im Layout der Schaltung auf die Modellebene, ein wichtiges Problem. Die meisten Autoren berücksichtigen bei der Logikdiagnose stuck-at-Fehler auf (Komplex-)Gatter-Ebene oder bitflip-Fehler auf Leitungen [AF86]. In den letzten Jahren hat auch das Interesse an der Behandlung von resistiven Brückenfehlern auf Logikebene zugenommen [EPRB06]. Eine noch feinere Auflösung bei der Lokalisierung wird erreicht, indem man durch eine Transformation Transistorfehler so umformuliert, dass sie sich mit etablierten Simulationswerkzeugen auf Gatter-Ebene bearbeiten lassen [FMH⁺06].

1.1.2 Elektrische Netzwerke

Eine Vielzahl von Autoren hat sich mit der Diagnose von elektrischen Netzwerken auseinandergesetzt. Die Arbeit von Bandler und Salama [BS85] ist eine hervorragende Einführung in das Gebiet und schildert umfassend den Stand der Forschung der 1980er Jahre. Fast alle späteren Veröffentlichungen beziehen sich auf diesen Artikel. Die meisten Arbeiten der Diagnose von elektrischen Netzwerken beschränken sich auf die Analyse linearer elektrischer Netzwerke [TH05]. Häufig werden Analysen im Frequenzbereich vorgeschlagen, da sich die meisten Autoren auf analoge Schaltungen wie z. B. Verstärker und Filter konzentrieren, für die eine Beschreibung des elektrischen Verhaltens im Frequenzbereich auf Grund der gewünschten Funktion üblich ist.

Einige Autoren z. B. [Aug05] schlagen die Entwicklung von Simulationswerkzeugen vor, die an die besonderen Bedürfnisse der Diagnose linearer Netzwerke angepasst sind. Beim Aufstellen der Netzwerkgleichungen dieser Netzwerke mit Hilfe der *modifizierten Knotenspannungsanalyse* (Abschnitt 2.1.5) entstehen lineare Gleichungssysteme, die sich in geeigneter Weise so erweitern lassen, dass der Einfluss von Parameteränderungen (z. B. Widerstand oder Kapazität) mit berücksichtigt werden kann. Starke Parameteränderungen entsprechen in dieser Sichtweise einem Fehler (z. B. Kurzschluss oder Unterbrechung). Solange die Annahme der Linearität gilt, lassen sich so numerisch sehr effiziente Algorithmen für die Diagnose verwenden.

Um eine industrielle Anwendbarkeit zu gewährleisten, steht jedoch bei einer Vielzahl an Diagnoseverfahren die Kompatibilität mit etablierten Simulationswerkzeugen im Vordergrund.

Bedeutend weniger Aufmerksamkeit haben bislang nichtlineare elektrische Netzwerke erhalten. Für resistive Netzwerke existieren theoretische Überlegungen zur Diagnostizierbarkeit [VSV81], die auch auf dynamische Netzwerke [SSVV81] erweitert wurden. Neben netzwerktheoretischen Verfahren [FGK98, GR94], die zumeist die Beobachtbarkeit innerer Knoten voraussetzen - eine Forderung die in heutigen integrierten Schaltungen nicht mehr zu erfüllen ist - wurden vor allem Verfahren, die auf vordefinierten Fehlerverzeichnissen beruhen, entwickelt. Letztere sind eine direkte Übertragung der Fehlerverzeichnis-Verfahren [ACFM02] der Logik-Diagnose und haben nicht zuletzt wegen ihrer Einfachheit in der Implementierung und Anwendung auch die größte Verbreitung gefunden. Die größte Herausforderung stellt dabei der Vergleich von gemessenen Signalen mit den Einträgen im Fehlerverzeichnis [SVC+06, CF02] dar.

Ein weiteres Problem bei der Diagnose elektrischer Netzwerke mit Hilfe von Fehlerverzeichnissen ist die Erstellung sinnvoller Fehlermodelle [SH04]. Für eine Vielzahl von verschiedenen Fehlermechanismen existieren Modelle, die das elektrische Verhalten der Defekte realistisch nachbilden. Ein Hilfsmittel zur Konstruktion realistischer Fehlerverzeichnisse ist die induktive Fehleranalyse [SMF85, SA95]. Dabei werden die Layout-Daten der Schaltung herangezogen und unter Annahme verschiedener Partikelgrößen diejenigen Layout-Gebiete identifiziert, die anfällig für Unterbrechungen von Leitungen oder für Kurzschlüsse mit Nachbarleitungen sind. Um eine effiziente Abarbeitung der Fehlersimulation zu ermöglichen, ist es wünschenswert, ein einmal definiertes Fehlerverzeichnis zu kompaktieren. In [CC99] wird ein Algorithmus vorgestellt, der diejenigen Fehler aus dem Fehlerverzeichnis auswählt, die bei minimalem Simulationsaufwand am stärksten zur Diagnostizierbarkeit der Schaltung beitragen.

1.1.3 Analyse der physikalischen Ausfallursache

In den vorherigen Abschnitten wurden Methoden zur Fehlerlokalisierung auf verschiedenen Modellebenen genannt. Sie liefern als Ergebnis *Hypothesen* für mögliche Defektorte im realen Schaltkreis. Neben den simulationsbasierten Verfahren zur Untersuchung von Ausfallursachen auf verschiedenen Abstraktionsebenen existiert auch eine Reihe von Methoden zur Untersuchung physikalischer Ausfallursachen (engl. *physical failure analysis*, PFA) [Mar99]. Die Methoden der PFA dienen dazu, die Hypothesen, die man z. B. mit Hilfe von Verfahren unter Verwendung von Schaltungssimulationen gewonnen hat, auf ihre Gültigkeit hin zu überprüfen, indem der Defekt in der Schaltung sichtbar gemacht wird. Häufig sind die Verfahren nicht zerstörungsfrei. Neben Spannungs- und Strommessungen gehören z. B. auch speziell an die Bedürfnisse der Herstellung von integrierten Schaltkreisen angepasste Messverfahren. Dazu zählen neben Time Resolved Light Emmission (TRE) [KT97] und Electron Beam Probing [JF92] auch Verfahren, bei denen der Schaltkreis lokal mit Hilfe eines Lasers aufgeheizt wird, um die Auswirkung auf Versorgungsspannung oder -strom zu beobachten. Neben den eigentlichen Messverfahren stellt die PFA auch Werkzeuge bereit, um den gefertigten integrierten Schaltkreis zu manipulieren. Zum Beispiel lässt sich der Chip schichtweise abtragen, Metall-Leitungen können durchtrennt oder überbrückt werden. Diese Verfahren sind nicht zerstörungsfrei. Das Präparieren der integrierten Schaltkreise sowie die Messungen selbst sind sehr zeitaufwendig und damit auch kostenintensiv.

1.2 Einordnung in den Kontext

Im weiteren Verlauf dieser Arbeit werden zwei computergestützte Verfahren zur Diagnose integrierter Schaltungen vorgestellt. In beiden Verfahren spielt die Verwendung von Schaltungssimulationen eine zentrale Rolle. Ziel bei der Entwicklung der beiden Diagnoseverfahren war es, eine Integration in den industriellen Entwicklungsprozess zu ermöglichen. Aus diesem Grund kommen als ein Kernstück beider Verfahren kommerzielle Schaltungssimulatoren auf der Basis von *Spice*zum Einsatz.

Beide Verfahren lassen sich in die Diagnose nichtlinearer elektrischer Netzwerke einordnen, wie sie in Abschnitt 1.1.2 genannt wurden.

Der erste Ansatz beruht auf analoger Fehlersimulation und einigen grundlegenden Prinzipien der Klassifikation von Zeitreihen, um aus einer vorher definierten Fehlerliste geeignete Kandidaten auszuwählen. Gesucht ist derjenige Fehler aus der Fehlerliste, der den zu Grunde liegenden Defekt am besten modelliert. Dies erfolgt durch Berechnung von *Ähnlichkeiten* zwischen simulierten Signalen der fehlerbehafteten Netzwerke zu den an der defekten Schaltung gemessenen Signalen. Damit ist es ein Fehlerverzeichnis-basiertes Verfahren und vergleichbar mit [ACFM02, CF02, MZI05]. Die hier vorliegende Arbeit grenzt sich jedoch durch die Art und Weise, wie die Klassifikationsaufgabe aufgefasst wird, von den genannten Beiträgen ab. Es lassen sich grundsätzlich zwei verschiedene Sichtweisen auf die Diagnose integrierter Schaltungen als Klassifikationsproblem angeben:

1. Es existiert eine Datenbank mit *bereits bekannten* Fehlermechanismen in Form von abgespeicherten typischen Signalverläufen. Für eine konkrete defekte Schaltung soll ermittelt werden, welcher der im Fehlerverzeichnis vorhandenen Fehlermechanismen Ursache des Ausfalls war.

2. Der gemessene Signalverlauf der defekten Schaltung wird als einmaliges Ereignis aufgefasst, der einen *bislang unbekannten* Fehlermechanismus repräsentiert. Mit Hilfe von Schaltungssimulation und unter Annahme geeigneter Fehler soll die tatsächliche Ursache des Ausfalls ermittelt werden.

Die erste der genannten Auffassungen entspricht der Mustererkennung, d. h., eine vorher festgelegte Menge an Klassen ist gegeben. Das gemessene Signal wird bezüglich gewisser Kriterien (Merkmale) in eine der gegebenen Klassen einsortiert. Ein anschauliches Beispiel ist die automatische Erkennung handschriftlicher Zeichen, wie es zum Beispiel beim automatischen Sortieren von Briefen bei Postdienstleistern angewandt wird. Für diese Art von Klassifikationsproblemen sind z. B. neuronale Netze hervorragend geeignet, da es eine begrenzte Zahl an Klassen (im einfachsten Fall die Ziffern 0 bis 9) und eine große Anzahl an Samples (die einzelnen handschriftlichen Postleitzahlen) gibt. So existiert eine genügend große Datenbasis, um die neuronalen Netze zu trainieren und eine möglichst zuverlässige Klassifikation zu ermöglichen. Übertragen auf das hier behandelte Problem der Diagnose integrierter Schaltungen bedeutet dies, dass es eine festgelegte Anzahl an bereits bekannten Fehlermechanismen, die durch charakteristische Signalverläufe und der entsprechenden Messvorschrift eindeutig bestimmt sind (Klassen), und dass es eine große Anzahl an produzierten Wafern oder einzelnen Chips (Samples) geben muss, damit ein sinnvolles Training der neuronalen Netze erfolgen kann. Die dazu notwendige Datenbasis ist erst zu einem späteren Zeitpunkt im Lebenszyklus des Produkts, wenn bereits genügend viele Wafer produziert werden, verfügbar.

In der vorliegenden Arbeit wird die zweite der genannten Auffassungen des Klassifikationsproblems vertreten, da sie die Problematik des Ausbeutehochlaufs am besten abbildet: In dieser Phase des Entwicklungszyklus werden, wie bereits dargelegt, nacheinander bislang unbekannte Fehlerquellen identifiziert.

Überträgt man direkt die oben genannten Begriffe, so ergibt sich die Schwierigkeit, dass einerseits die Datenbasis in dieser Phase der Entwicklung typischerweise noch sehr gering ist, da erst wenige Wafer bzw. einzelnen Chips gefertigt (Samples) werden und andererseits die entsprechende Klasse, also der zu einem verstandenen Fehlermechanismus gehörige Signalverlauf samt Messvorschrift ja gerade gesucht ist.

Aus diesem Grunde lassen sich die für die Klassifikation häufig vorgeschlagenen neuronalen Netze [ACFM02, CF02, MZI05] für die Diagnose integrierter Schaltungen zum Zwecke der strukturierten Entdeckung der Ursachen von bislang wenig oder unverstandenen Fehlermechanismen auch nicht verwenden. In der vorliegenden Arbeit wird deshalb ein anderer Weg beschritten und statt neuronaler Netze werden Algorithmen aus der Klassifikation von Zeitreihen [Keo03] aufgegriffen und mit grundlegenden Operationen der Theorie unscharfer Mengen[KS77] verknüpft.

Der zweite hier vorgestellte Ansatz zur Diagnose integrierter Schaltungen ist ein konstruktives Diagnoseverfahren, das durch die Ansätze aus [SV02] zur Testsignal-Generierung mit Hilfe von elektrischen Netzwerken die Noratoren und Nullatoren enthalten, inspiriert ist. Es stellt einen völlig neuartigen Zugang zum Problem der Diagnose von integrierten Schaltungen, die sich durch nichtlineare resistive Netzwerke modellieren lassen, dar. Der Ansatz ist am ehesten mit der Arbeit [GR94] vergleichbar, setzt aber nicht die Beobachtbarkeit von vielen Knoten im Netzwerk voraus, sondern kommt mit einer einzigen Messung z. B. der Transfer- oder Eingangskennlinie aus. Durch die Verbindung mit den in [Cla04, Cla05, RMNT03] vorgestellten Methoden lässt sich eine effiziente und numerisch robuste Implementierung mit Schaltungssimulatoren angeben.

1.3 Aufbau der Arbeit

Die vorliegende Arbeit ist in acht Kapitel gegliedert. Die Kapitel 2 und 3 enthalten überwiegend Lehrbuchmaterial zu den Grundlagen und Algorithmen der Schaltungssimulationen sowie zu Methoden der Klassifikation von Zeitreihen. Kapitel 2 beinhaltet eine knappe Einführung in ausgewählte Abschnitte der Theorie resistiver Netzwerke (Widerstands-Netzwerke oder auch R-Netzwerke genannt). Ferner werden im Kapitel 2 Algorithmen zur Erzeugung der durch die Netzwerke implizierten Systeme der Netzwerkgleichungen sowie zur Lösung dieser Gleichungssysteme angegeben. Besonderes Augenmerk wird dabei auf die Arbeitspunktanalyse insbesondere mit Hilfe von Homotopieverfahren gelegt, da die Arbeitspunktanalyse eine wichtige Grundlage für einen der beiden in dieser Arbeit vorgestellten Ansätze zur Diagnose integrierter Schaltungen darstellt. Für weitere übliche Analysemethoden, wie z. B. die

Zeitbereichsanalyse (Transientensimulation) oder die Kleinsignalanalyse (AC-Simulation) sei auf die Standardliteratur, z. B. [Kun95] verwiesen. Auf ihre Darstellung wurde in dieser Arbeit verzichtet, weil sie nur mittelbar Anwendung im zweiten hier vorgestellten Ansatz zur Diagnose finden. Wenn auch in unterschiedlicher Ausprägung verwenden beide hier vorgestellten Verfahren einfache Methoden der Klassifikation von Zeitreihen, um aus einer Menge von vorher definierten Fehlern diejenigen Fehlerkandidaten auszuwählen, die den Defekt am besten modellieren. Die entsprechenden Begriffe werden in Kapitel 3 eingeführt. Die beiden Verfahren selbst werden, nachdem einige für beide gemeinsame Details im Kapitel 4 behandelt werden, im Kapitel 5 bzw. Kapitel 6 ausführlich beschrieben. Es wird besonders auf die Realisierungen mit Hilfe von Standard-Schaltungssimulatoren eingegangen, weil dadurch eine industrielle Anwendbarkeit der Diagnoseverfahren erreicht wird. Eine Reihe von Experimenten mit Testaufbauten und realen Schaltungen untermauert die Anwendbarkeit der hier vorgeschlagenen Vorgehensweise zur computergestützten Diagnose. Im Kapitel 7 werden Gemeinsamkeiten und Unterschiede der beiden vorgestellten Verfahren noch einmal zusammengefasst und anhand eines Beispiels Möglichkeiten der gemeinsamen Anwendung auf ein konkretes Diagnoseproblem angegeben. Den Abschluss der Arbeit bilden im Kapitel 8 Schlussfolgerungen und eine Darlegung von offenen Fragestellungen.

2 Numerische Verfahren zur Arbeitspunktanalyse

> ... for Distinction Sake, a Deceiving by Words, is commonly called a Lye, and a Deceiving by Actions, Gestures, or Behavior, is called Simulation.
>
> *(Robert South)*

Integrierte Schaltungen bestehen aus Halbleiterbauelementen mit zwei (z. B. Diode, Kondensator) oder mehreren (z. B. Bipolartransistor, Feldeffekttransistor) von außen zugänglichen Klemmen, durch die elektrische Energie eingespeist werden kann. Die einzelnen Halbleiterbauelemente sind auf einem gemeinsamen, typischerweise runden (Silizium-) Substrat (dem Wafer) aufgebracht und durch Metall- oder Polysilizium-Leitungen miteinander verbunden. Die Herstellung integrierter Schaltungen erfolgt schichtweise in einer Reihe von verschiedenen Fertigungsschritten (Dotierung, Implantieren, Lithographie, Ätzen, ...). Die einzelnen Schaltkreise werden getestet, bevor der Wafer zersägt wird. Diejenigen Schaltkreise, die den Wafer-Test bestehen, werden in ein Gehäuse gepackt und anschließend nochmals getestet. Insgesamt sind in heutigen Technologien etwa 600-700 Schritte vom Wafer bis zum fertigen Chip notwendig.

Reale integrierte Schaltungen genügen physikalischen Prinzipien, die sich mathematisch beschreiben lassen. Eine mathematische Beschreibung, welche die Wirklichkeit mit genügender Genauigkeit widerspiegelt, nennt man ein *Modell*. Die Vorgänge innerhalb der integrierten Schaltung lassen sich vollständig durch die i. A. zeit- und ortsabhängigen elektrischen Größen Strom i, Spannung u, Ladung q, magnetischer Fluss ϕ, Leistung p und Energie w charakterisieren. Abstrahiert man die räumliche Ausdehnung der integrierten Schaltung, so gelten zwischen den elektrischen Größen zu jedem Zeitpunkt t die folgenden fundamentalen Zusammenhänge:

$$\begin{aligned} i(t) &= \frac{dq(t)}{dt} \\ u(t) &= \frac{d\phi(t)}{dt} \\ p(t) &= \frac{dw(t)}{dt} = u(t)i(t) \end{aligned}$$

Diese Abstraktion ist auf Grund des *Postulats der Gleichzeitigkeit* vernünftig [Chu69, KMR04]: Legt man ein zeitveränderliches Signal an eine Klemme z. B. eines Feldeffekttransistors an, so ist die Wirkung *im selben Augenblick* an den anderen Klemmen zu beobachten. Diese Annahme ist physikalisch dann gerechtfertigt, wenn die Abmessungen der Halbleiterbauelemente viel kleiner sind als die Wellenlänge des Signals mit der höchsten Frequenz [KMR04]. Setzt man z. B. heutige Prozessoren an, die bei einer Taktfrequenz von etwa 3 GHz arbeiten und berücksichtigt außerdem, dass zur Übertragung von Signalen mit rechteckigem Verlauf ungefähr fünf Oberwellen notwendig [Joh03] sind, so ergibt sich eine Freiraumwellenlänge von $\lambda = c/f = (3,0 \cdot 10^{11}\,\text{mm/s})/(1,5 \cdot 10^{10}\,\text{1/s}) = 20\,\text{mm}$. Dieser Wert übersteigt um ein Vielfaches die typischen geometrischen Abmessungen der heutigen Transistoren, deren größte Ausdehnung, je nach Technologie und Verwendungszweck, zwischen etwa 40 nm und ungefähr 50 μm liegen. Unter diesen Voraussetzungen lassen sich integrierte Schaltungen mit Hilfe von *elektrischen Netzwerken* beschreiben. Elektrische Netzwerke sind Modelle, die es ermöglichen, das elektrische Verhalten der integrierten Schaltung vorher zu sagen, indem man die Lösung der durch das Netzwerk eindeutig festgelegten Netzwerkgleichungen bestimmt. Die Lösungen lassen sich sowohl analytisch als auch numerisch ermitteln. Man bezeichnet den Vorgang des numerischen Lösens der Netzwerkgleichungen als *Schaltungssimulation.* Für diese Zwecke existiert neben den Computeralgebrasystemen und Numerik-Softwaresystemen eine Reihe von dedizierten, kommerziellen oder frei verfügbaren Schaltungssimulatoren, die ihren Ursprung in *Spice*[QNPSV93] haben.

Für die in dieser Arbeit vorgestellten Ansätze zur Diagnose integrierter Schaltungen sind aus Sicht der Schaltungssimulationen insbesondere die Arbeitspunktanalyse von Interesse. In den folgenden Abschnitten wird deshalb ein kurzer Überblick über die Modellierung integrierter Schaltungen mit Hilfe elektrischer Netzwerke sowie die numerischen Verfahren zur Analyse dieser Netzwerke gegeben. Die dafür notwendigen Grundlagen werden in knapper Form wieder gegeben, wobei sich die Darstellung auf die Intuition hinter dem mathematischen Formalismus konzentriert. Die Theorie resistiver Netzwerke wird u. a. in [RLN07, Rei94, Cla04, Rei07a, Rei08] dargelegt. Diesen Arbeiten ist auch die Notation entnommen. Verfahren zum Erzeugen eines Satzes an linear unabhängigen Verhaltensgleichungen sowie zur numerischen Arbeitspunktanalyse sind etablierte Standardmethoden, zu denen eine breitgefächerte Literatur existiert. Moderne Schaltungssimulatoren verfügen über eine ganze Reihe weiterer Analysen, die andere Fragestellungen numerisch behandeln. Dazu zählen vor allem die Zeitbereichs- und die Kleinsignalanalyse, aber auch Pol-/Nullstellen-, Harmonische Balance oder Rauschanalysen. Diese Analysemethode sind allgemein bekannt. Einzelheiten finden sich in der Standardliteratur z. B. [Ogr94, Kun95]. Die Zeitbereichsanalyse findet in dem im Kapitel 5 vorgestellten Ansatz zur Diagnose integrierter Schaltungen mit Hilfe der analogen Fehlersimulation ihre Anwendung. Aufgrund der Tatsache, dass dieses Verfahren die ermittelten Simulationsergebnisse allein als Zeitreihen auffasst, deren Zustandekommen für das Verfahren selbst unerheblich ist, wird auf eine detaillierte Darstellung der Zeitbereichsanalyse in dieser Arbeit verzichtet.

2.1 Elektrische Netzwerke

Integrierte Schaltungen lassen sich mit Hilfe von Netzwerken modellieren. Dabei sind in der Literatur die beiden Auffassungen üblich, Netzwerke als eine Zusammenschaltung von einzelnen elementaren *Netzwerkelementen* bzw. als ein *einheitliches Gebilde*[1] aufzufassen. Die erste Sichtweise bildet auch die Grundlage für die Eingabesprachen der Schaltungssimulatoren wie *Spice*und dessen kommerzielle Derivate. Der Netzwerkbegriff fußt einerseits auf der Graphentheorie [Tin76, Die00] andererseits auf linearer Algebra [Beu94, Jän96, PÖ6], insbesondere den Konzepten von Mengen und Relationen. Mit Hilfe des Konzeptes *gerichteter Graphen* lässt sich die *Topologie* eines *elektrischen Netzwerks* oder kurz *Netzwerks*[2] beschreiben.

2.1.1 Topologie und physikalische Eigenschaften

Ein gerichteter Graph besteht aus *Zweigen* und *Knoten* sowie den *Inzidenzabbildungen*, die jedem Zweig eindeutig einen *Anfangsknoten* sowie einen *Endknoten* zuordnen. Damit ist auch für jeden Zweig eindeutig eine Richtung vom *Anfangsknoten* zum *Endknoten* festgelegt. Man nennt *gerichtete Graphen* auch *orientierte Graphen*. In Graphen lassen sich unter anderem *orientierte Maschen* und *orientierte Schnitte* einführen. Eine *orientierte Masche* ist anschaulich ein

[1] Dabei bestehen die kleinsten Netzwerke aus einem einzelnen Zweig mit einer gewissen u, i-Relation und finden damit ihre Entsprechung in den elementaren Netzwerkelementen. Diese Form der Netzwerktheorie hebt die in gewisser Weise künstliche Trennung zwischen Elementen und (Unter-)Netzwerken auf. Beide Sichten auf die Netzwerktheorie führen aber zu denselben Aussagen und Sätzen und lassen sich ineinander überführen.

[2] In dieser Arbeit wird der Begriff *Netzwerk* synonym mit dem Begriff *elektrisches Netzwerk* verwendet.

geschlossener Weg (d. h., Anfangsknoten und Endknoten sind identisch), wobei jeder Knoten entlang des Weges genau mit zwei Zweigen verbunden ist. Ein *orientierter Schnitt* teilt einen Graphen in zwei disjunkte Knotenmengen. Die Zweige, die Knoten aus der einen Knotenmenge mit Knoten aus der anderen Knotenmenge verbinden, heißen dann Schnittkanten. Je nach Orientierung (von der ersten Knotenmenge in die zweite Knotenmenge bzw. umgekehrt) ordnet man sie zwei unterschiedlichen Schnittkantenmengen zu.

Während sich die Topologie eines Netzwerks mit Hilfe von Graphen beschreiben lässt, werden die physikalischen Eigenschaften der einzelnen Zweige eines Netzwerks mit Hilfe einer *konstitutiven Relation* beschrieben. Für alle in dieser Arbeit betrachteten Netzwerke ist die *konstitutive Relation* identisch mit der u, i-Relation eines Zweiges. Damit wird der Zusammenhang zwischen Zweigspannung und Zweigstrom charakterisiert.

2.1.2 Die Netzwerkelemente Nullator und Norator

Für die im Kapitel 6 eingeführten *Diagnosenetzwerke* sind die zwei Netzwerkelemente *Nullator* und *Norator* [Rei94] von besonderer Bedeutung. Im Gegensatz zu den üblichen Netzwerkelementen Widerstand, Kapazität, Transistor, Diode ... haben Nullator und Norator *keine* direkte Entsprechung in den Eingabesprachen der Schaltungssimulatoren.

Die in Abbildung 2.1 dargestellte u, i-Relation des Nullators umfasst nur einen einzigen Punkt, nämlich den Ursprung der u, i-Ebene. Unabhängig von der äußeren Beschaltung des Netzwerks gilt für einen Nullator-Zweig also immer, dass sowohl Zweigspannung als auch Zweigstrom Null sind.

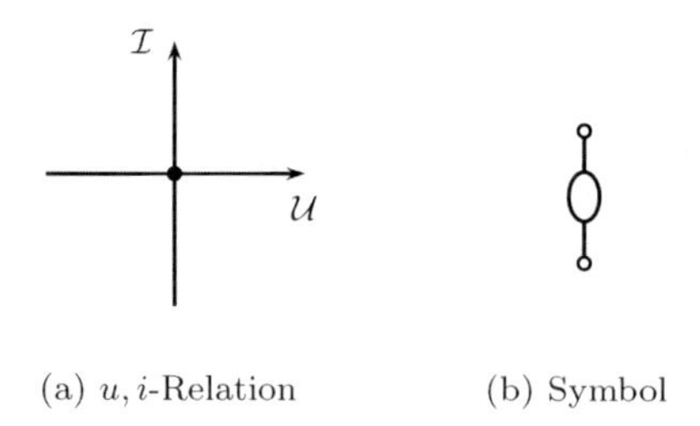

(a) u, i-Relation (b) Symbol

Abbildung 2.1: u, i-Relation und Netzwerksymbol eines Nullators

Die konstitutive Gleichung lässt sich als $U_1 = 0 \wedge I_1 = 0$ schreiben.

Gewissermaßen das zum Nullator duale Element stellt der Norator dar. Wie Abbildung 2.2 zeigt, umfasst die u, i-Relation eines Norators die gesamte u, i-Ebene. Das bedeutet, dass sowohl die konkrete Zweigspannung als auch der konkrete Zweigstrom nur durch die äußere Beschaltung festgelegt werden.

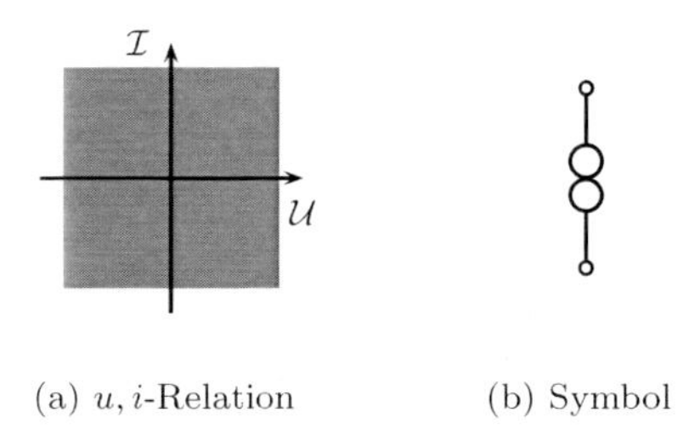

(a) u, i-Relation (b) Symbol

Abbildung 2.2: u, i-Relation und Netzwerksymbol eines Norators

Die konstitutive Relation eines Norators lässt sich durch die Gleichungen $0 \cdot U_1 = 0 \wedge 0 \cdot I_1 = 0$ beschreiben, wobei das Symbol 0 auf den jeweils linken Seiten der Gleichungen das Nullelement des Körpers der reellen Zahlen und auf den jeweils rechten Seiten das Nullelement des Raumes $\mathcal{U}$ bzw. $\mathcal{I}$ bezeichnet.

2.1.3 Verhalten von Netzwerken

Das elektrische Verhalten eines Netzwerks ergibt sich aus der Lösung der *Netzwerkgleichungen*, die einerseits durch die u, i-Relationen der einzelnen Netzwerkelemente, andererseits durch die Erfüllung der *Kirchhoffschen Gesetze* impliziert sind. Das *Kirchoffsche Spannungsgesetz* besagt, dass die Summe aller Spannungen in einer orientierten Masche gleich Null ist. Analog dazu besagt das *Kirchoffsche Stromgesetz*, dass die Summe aller Ströme in einem orientierten Schnitt gleich Null ist. Die Gleichungen, die man mit dem *Kirchhoffschen Spannungsgesetz* erhält, werden *Maschengleichungen* genannt. Die Gleichungen, die man mit dem *Kirchhoffschen Stromgesetz* erhält, werden *Knotengleichungen* genannt. Die Kirchhoffschen Gesetze führen zu einem System endlich vieler linearer homogener algebraischer Gleichungen. Besitzt ein Netzwerk $\|\mathcal{K}\|$ Knoten und $\|\mathcal{Z}\|$ Zweige, so kann man zeigen, dass ein solches Gleichungssystem aus $\|\mathcal{K}\| - 1$ unabhängigen Knotengleichungen und $\|\mathcal{Z}\| - (\|\mathcal{K}\| - 1)$ unabhängigen Maschengleichungen entsteht [CDK87]. Ein Algorithmus, der für gegebene Netzwerke Mengen unabhängiger Knotengleichungen und Maschengleichungen bestimmt, ist die so genannte *modifizierte Knotenspannungsanalyse*, die in Abschnitt 2.1.5 behandelt wird.

Netzwerke lassen sich zusammenschalten, indem ausgewiesene Knoten dieser Netzwerke in geeigneter Weise miteinander identifiziert werden. Ausgewiesene Knoten eines Netzwerks werden als *Klemmen* bezeichnet. Aus Sicht der Theorie resistiver Netzwerke sind Klemmen keine Richtungen zugeordnet. Das bedeutet, dass sich *Eingangsklemmen* und *Ausgangsklemmen* durch nichts unterscheiden. Die Bezeichnungen deuten lediglich eine gewisse Funktion an, die diese Klemmen in einer Schaltung einnehmen. Dafür müssen die Netzwerke gewisse Voraussetzungen erfüllen [Rei03a]. Die Untersuchung des Verhaltens eines Netzwerks, wenn es mit beliebigen Netzwerken zusammen geschaltet wird, nennt man die *Analyse des Klemmenverhaltens* von Netzwerken.

Man nennt zwei Netzwerke $\mathcal{N}_{A1}$ und $\mathcal{N}_{A2}$ *klemmenäquivalent*, falls für jede Zusammenschaltung mit einem weiteren Netzwerk $\mathcal{N}_B$ gilt, dass die Lösungsmenge der Zusammenschaltung identisch ist. Anschaulich gesprochen lässt sich am elektrischen Verhalten der Zusammenschaltung nicht erkennen, ob $\mathcal{N}_B$ mit $\mathcal{N}_{A1}$ oder mit $\mathcal{N}_{A2}$ zusammengeschaltet wurde.

Das Klemmenverhalten eines Netzwerkes wird durch die *Menge aller Familien* aus Klemmenpaarspannungen und Klemmenströmen beschrieben, die zu *allen* Lösungen korrespondieren, wenn das Netzwerk mit *jedem* Netzwerk zusammengeschaltet wird, für die eine solche Zusammenschaltung erklärt ist. Das Klemmenverhalten lässt sich offensichtlich durch die sukzessive Zusammenschaltung eines Netzwerks $\mathcal{N}$ mit jedem Netzwerk, für die eine solche Zusammenschaltung erklärt ist, ermitteln. Hat ein Netzwerk $\mathcal{N}$ zwei Klemmen, lässt sich die Ermittlung des Klemmenverhaltens von $\mathcal{N}$ auf die Analyse der Zusammenschaltung von $\mathcal{N}$ mit einem Norator $\mathcal{N}^{\infty}$ zwischen diesen beiden Klemmen reduzieren. Besitzt ein Netzwerk mehr als zwei Klemmen, wird es zur Ermittlung des Klemmenverhaltens mit einem Noratorbaum zusammengeschaltet.

Netzwerke mit gleichem Klemmenverhalten können durch einen kanonischen Repräsentanten ersetzt werden.

2.1.4 Verallgemeinertes Substitutionstheorem und Überdeckungssatz

Das *verallgemeinerte Substitutionstheorem* und der *Überdeckungssatz* sind zwei wichtige Sätze der Theorie resistiver Netzwerke, die für das im Kapitel 6 vorgeschlagene Verfahren zur Diagnose integrierter Schaltungen mit Hilfe der Kennlinienmethode grundlegend sind.

Die Grundidee des *verallgemeinerten Substitutionstheorems* besteht darin, die u,i-Relationen eines Netzwerkes zu modifizieren, ohne dabei die Lösungsmenge des Netzwerkes zu verändern. Das *verallgemeinerte Substitutionstheorem* besagt, wenn die Zweigspannung und der Zweigstrom eines Zweiges bekannt sind, dann lässt sich dieser Zweig durch jeden Zweig mit einer u,i-Relation ersetzen, die zu derselben Zweigspannung und demselben Zweigstrom führen, ohne dass dadurch das Verhalten des gesamten Netzwerks verändert wird. Beispielsweise lässt sich ein Leerlauf zwischen zwei Klemmen durch eine unabhängige Spannungsquelle ersetzen, die exakt die Spannung in das Netzwerk einprägt, die sich am Leerlauf im ursprünglichen Netzwerk eingestellt hat.

Der *Überdeckungssatz* liefert die Grundlage, die Analyse eines Netzwerks $\mathcal{N}$ mit einer gegebenen u, i-Relation $\mathcal{V}$ auf die Analyse einer Familie von Netzwerken $\mathcal{N}^l$ mit u, i-Relationen $\mathcal{V}^l$, wobei $\mathcal{V}$ die Vereinigung der (nicht notwendigerweise disjunkten) u, i-Relationen $\mathcal{V}^l$ ist, zurück zu führen. Der Satz rechtfertigt z. B. ein gegebenes Netzwerk, das einen Norator enthält, durch Netzwerke zu ersetzen, die anstelle des Norators unabhängige Stromquelle enthalten, und sukzessive *alle*[3] Ströme einzuprägen und die einzelnen Netzwerke zu analysieren. Die u, i-Relation des Norators wird durch die Vereinigung *aller* u, i-Relationen von unabhängigen Stromquellen, d. h., für *jeden denkbaren eingeprägten Strom*, ersetzt. Die u, i-Relation des Norators wird durch die eingeprägten Ströme parametrisiert[4].

Eine ausführliche Diskussion des verallgemeinerten Substitutionstheorems liefert [HR85]. Eine Darstellung des Überdeckungssatzes mit Beweis findet man in [RMNT03].

2.1.5 Erzeugen eines Satzes linear unabhängiger Verhaltensgleichungen

Sofern ein Netzwerk $\mathcal{N}$ durch *konstitutive Gleichungen* beschrieben werden kann, ist eine Analyse des Netzwerks durch einen dedizierten Schaltungssimulator möglich. Vor der eigentlichen Analyse muss zunächst das Gleichungssystem aufgestellt werden. Dazu existieren in der Literatur verschiedene Methoden. Im folgenden werden ausschließlich zusammenhängende Netzwerke $\mathcal{N}$ mit einer u, i-Relation $\mathcal{V}$ und einem Skelett $\mathcal{C}$ mit der Zweigmenge $\mathcal{Z}$ sowie der Knotenmenge $\mathcal{K}$ betrachtet.

Tableau-Analyse

Die Tableau-Analyse *sparse tableau analysis* oder STA liefert ein System von Verhaltensgleichungen. Besteht das Netzwerk $\mathcal{N}$ aus einer Zweigmenge $\mathcal{Z}$ mit $z = |\mathcal{Z}|$ Zweigen, so sind durch die Bedingungen der Kirchhoffschen Gesetze z Gleichungen gegeben. Die konstitutiven Gleichungen implizieren z weitere Gleichungen (für jeden Zweig eine). Die Tableau-Analyse liefert ein Matrixgleichungssystem mit $2z \times 2z$ Gleichungen

$$\begin{pmatrix} B & 0 \\ 0 & A \\ Y & Z \end{pmatrix} \cdot \begin{pmatrix} u \\ i \end{pmatrix} = \begin{pmatrix} 0 \\ 0 \\ s \end{pmatrix} \tag{2.1}$$

[3] in praktischen Anwendungen: *hinreichend viele*

[4] *Spice* und seine Derivate bieten für diese Art von Analysen vorgefertigte Simulationsanweisungen an, mit deren Hilfe der Strom einer unabhängigen Stromquelle variiert werden kann. Meist werden diese Analyse mit Begriffen wie *parameter alteration* oder *sweep* bezeichnet.

Dabei bezeichnet A die Knoten-Inzidenzmatrix, B die Schleifen-Inzidenzmatrix mit dem maximalen Rang. Die Matrix B kann aus der Matrix A abgeleitet werden, indem man einen Baum in Netzwerk sucht und die fundamentale Schleifenmatrix, die durch diesen Baum definiert ist, aufstellt. Die Matrizen Y und Z beschreiben die Koeffizienten, die sich aus den u, i-Relationen der einzelnen Zweige ergeben. s beschreibt die Beiträge der unabhängigen Quellen im Netzwerk. Schließlich bezeichnen u die Zweigspannungen und i die Zweigströme des Netzwerks.

Modifizierte Knotenspannungsanalyse

Die modifizierte Knotenspannungsanalyse (*modified nodal analysis*) liefert vor allem im Vergleich zur Tableau-Analyse ein verhältnismäßig kompaktes Gleichungssystem zum vollständigen Beschreiben des Netzwerkverhaltens. Die modifizierte Knotenspannungsanalyse ist leicht zu implementieren und hat daher eine weite Verbreitung in dedizierten Schaltungssimulatoren gefunden. Es ist das Standardverfahren in *Spice*sowie in den etablierten kommerziellen Derivaten. Zunächst soll die Knotenspannungsanalyse betrachtet werden, bevor die Modifikation der Knotenspannungsanalyse diskutiert wird. Ziel der Knotenspannungsanalyse ist es, eine Knotenspannungsbelegung $U^{\emptyset} \in \mathcal{U}^{\mathcal{K}\setminus\{k_0\}}$ bezüglich eines Referenzknotens $k_0 \in \mathcal{K}$ zu bestimmen. Mit Hilfe dieser Knotenspannungsbelegung sollen dann *alle* Zweiggrößen (U, I) eindeutig bestimmt werden. Es soll gelten $U^{\emptyset}_{k_0} := 0$. Mit Hilfe der Zuordnungsvorschrift

$$A^T : \mathcal{U}^{\mathcal{K}\setminus\{k_0\}} \to \mathcal{U}^{\mathcal{Z}} \tag{2.2}$$

ordnet man der Zweigmenge $\mathcal{Z}$ diejenige Spannungsbelegung $U \in \mathcal{U}^{\mathcal{Z}}$ zu, die durch die Bedingung

$$\bigwedge_{b \in \mathcal{Z}} U_b := U^{\emptyset}_{\mathcal{A}^-(b)} - U^{\emptyset}_{\mathcal{A}^+(b)} \tag{2.3}$$

eindeutig festgelegt ist. Damit ist zum einen jeder Knotenspannungsbelegung eindeutig eine Belegung derZweigspannungen zugeordnet, die das Kirchhoffsche Spannungsgesetz erfüllt, und zum anderens eindeutig jeder Zweigspannungsbelegung, die das Kirchhoffsche Spannungsgesetz erfüllt, auch eine Knotenspannungsbelegung zugeordnet [CDK87].

Da offensichtlich eine entsprechende Belegung der Knotenspannungen existiert, kann mit den Bezeichnungen $U^{\emptyset} \in \mathcal{U}^{(|\mathcal{K}|-1)}$, $I^{\emptyset} \in \mathcal{I}^{(|\mathcal{K}|-1)}$ sowie $U^{\circ} \in \mathcal{U}^{(|\mathcal{K}|-|\mathcal{Z}|-1)}$, $U \in \mathcal{U}^{|\mathcal{Z}|\times 1}$ und $I \in \mathcal{I}^{|\mathcal{Z}|\times 1}$ eine Matrixformulierung der Netzwerkgleichungen angegeben werden.

Aus der reduzierten Inzidenzmatrix erhält man durch die Inzidenzschnitte $|\mathcal{K}| - 1$ unabhängige Schnittgleichungen

$$0 = AU^{\emptyset} \tag{2.4}$$

und $|\mathcal{Z}| - 1$ unabhängige Maschengleichungen

$$U^{\circ} = A^T U^{\emptyset}. \tag{2.5}$$

Damit ist die Topologie des Netzwerks beschrieben. Nimmt man an, dass für die u, i-Relation eine Leitwertdarstellung $G : \mathcal{U}^{\mathcal{Z}} \to \mathcal{I}^{\mathcal{Z}}$ mit $\mathcal{V} := \{(U, I) \in \mathcal{R} | I = G(U)\}$ existiert, so kann man die Gleichung (2.4) und Gleichung (2.5) zu einem algebraischen Gleichungssystem in der Form

$$0 = AG(A^T U^{\emptyset}) \tag{2.6}$$

darstellen, wobei G durch eine bijektive Abbildung $\zeta : \{1, 2, \ldots, |\mathcal{Z}|\} \to \mathcal{Z}$ gegeben ist. Folglich enthält das Gleichungssystem $|\mathcal{K}| - 1$ Gleichungen in $|\mathcal{K}| - 1$ Unbekannten.

Aufgrund der Tatsache, dass nicht für jedes Netzwerk, das durch Verhaltensgleichungen beschrieben werden kann, eine Leitwertdarstellung der u, i-Relation existiert (z. B. eine unabhängige Spannungsquelle), lassen sich mit der Knotenspannungsanalyse nicht alle diese Netzwerke analysieren. Um diesen Nachteil der Methode zu überwinden, wurde in der Literatur [HRB75] eine Modifikation vorgeschlagen. Man nennt das Verfahren dann die *modifizierte Knotenspannungsanalyse* oder abgeleitet vom englischen Fachbegriff *modified nodal analysis* auch MNA.

Sei $\bar{\mathcal{Z}} \in \mathcal{Z}$ die Menge der Zweige, für die keine Leitwertdarstellung der u, i-Relation existiert. Mit $\bar{\mathcal{Z}} \subset \mathcal{Z}$, $f : \mathcal{U}^{\mathcal{Z}} \times \mathcal{I}^{\bar{\mathcal{Z}}} \to \mathcal{I}^{\mathcal{Z} \setminus \bar{\mathcal{Z}}}$ und $g : \mathcal{U}^{\mathcal{Z}} \times \mathcal{I}^{\bar{\mathcal{Z}}} \to \mathbb{R}^{\bar{\mathcal{Z}}}$ lässt sich die u, i-Relation dieser Zweige durch $\mathcal{V} = \{(U, I) \in \mathcal{R} | f(U, I_{\bar{\mathcal{Z}}} = I_{\mathcal{Z} \setminus \bar{\mathcal{Z}}}) \wedge g(U, I_{\bar{\mathcal{Z}}}) = 0\}$ darstellen. Im Vergleich zu Gleichung (2.6) wird das System nun erweitert. Mit $I \in \mathcal{I}^{|\bar{\mathcal{Z}}| \times 1}$ erhält man das Gleichungssystem

$$0 = A \begin{pmatrix} f\left(A^T U^{\emptyset}, \bar{I}\right) \\ \bar{I} \end{pmatrix} \tag{2.7}$$

$$0 = g(A^T U^{\emptyset}, \bar{I}) \tag{2.8}$$

Das Gleichungssystem hat also eine um $|\bar{\mathcal{Z}}| - |\mathcal{Z}|$ größere Anzahl an Gleichungen bzw. Unbekannten im Vergleich zum Gleichungssystem, das aus der Knotenspannungsanalyse entsteht. Im Allgemeinen ist jedoch die Zahl der Zweige für die keine Leitwertdarstellung der u, i-Relation existiert, klein im Vergleich zur Gesamtanzahl der Zweige eines Netzwerks. Der rechentechnische Mehraufwand für die modifizierte Knotenspannungsanalyse hält sich in Grenzen. Bei der numerischen Lösung von Gleichung (2.7) erhält man die Lösungen $U^{\emptyset}$ und $\bar{I}$. Die Zweiggrößen $U = A^T U^{\emptyset}$ und $I_{\mathcal{Z} \setminus \bar{\mathcal{Z}}} = f\left(U, \bar{I}\right)$ fallen bei der Lösung als Zwischenergebnis mit ab.

2.2 Arbeitspunktanalyse

Mit Hilfe der in [RMNT03, Rei03a, Rei03b, Rei94, Rei07a] beschriebenen Netzwerktheorie existiert ein mathematischer Apparat, eine gewisse Klasse von technischen Schaltungen zu modellieren. Ergebnis dieser Modellierung sind i. A. *RLC-Netzwerke*. Ersetzt man in einem RLC-Netzwerk alle Kapazitäten durch Leerläufe und alle Induktivitäten durch Kurzschlüsse so erhält man ein resistives zeitinvariantes Netzwerk, *Widerstandsnetzwerk* oder *R-Netzwerk* genannt[RMNT03, RLN07, Cla04]. Konstruiert man auf diese Art und Weise aus einem gegebenen RLC-Netzwerk ein resistives Netzwerk, so sind die Gleichgewichtslagen des RLC-Netzwerks die Arbeitspunkte des zugehörigen R-Netzwerks. Diese Klasse von Netzwerken führen mit den Methoden aus Abschnitt 2.1.5 zu Systemen von nichtlinearen algebraischen Gleichungen. Die Lösungen eines solchen Gleichungssystems wird die Menge der Arbeitspunkte des Netzwerks genannt. Der Vorgang der numerischen Berechnung dieser Arbeitspunkte ist insbesondere in der Literatur zur Bedienung von Schaltungssimulatoren mit den Begriffen "DC-Simulation" und "OP-Simulation" oder "Arbeitspunktanalyse" verknüpft.

Für die numerische Berechnung von Lösungen nichtlinearer algebraischer Gleichungssysteme gibt es in der Literatur eine große Anzahl von Algorithmen. Die weitaus größte Verbreitung in Schaltungssimulatoren haben dabei das Newton-Verfahren sowie Homotopieverfahren. Insbesondere das Verfahren der Kurvenverfolgung als eine besondere Form der Homotopie eignet sich für einen der in dieser Arbeit vorgestellten Ansätze zur Diagnose integrierter Schaltungen in besonderem Maße.

Die im Abschnitt 2.1 behandelten resistiven Netzwerke führen, insbesondere wenn es sich um nicht-degenerierte Netzwerke handelt, zu nichtlinearen Gleichungssystemen der Form

$$F(x) = 0, \quad F : \mathbb{R}^n \to \mathbb{R}^n. \tag{2.9}$$

Verfahren zur numerischen Lösung nichtlinearer Gleichungssysteme sind i. A. Iterationsverfahren. Diese werden eingehender im Abschnitt 2.2.1 erläutert. Für hinreichend glatte Funktionen gibt es Algorithmen, die immer konvergieren, sofern ein günstiger Startwert gewählt wurde. Die Wahl günstiger Startwerte ist eine der größten Schwierigkeiten bei der numerischen Lösung nichtlinearer Gleichungssysteme. Insbesondere wenn das Gleichungssystem mehr als eine Lösung hat und die Anzahl der Lösungen im Vorhinein unbekannt ist. Um diesen Problemen besser zu begegnen, wurden Homotopieverfahren entwickelt, die kurz in Abschnitt 2.2.2 behandelt werden.

2.2.1 Iterationsverfahren

Unter *Iterationsverfahren* versteht man in der numerischen Mathematik Algorithmen, die sich der Lösung eines Gleichungssystems *schrittweise* aber zielgerichtet nähern. Meist werden die errechneten Ergebnisse eines Iterationsschrittes als Ausgangspunkt für den nächsten Iterationsschritt verwendet. Die Iterationen werden so lange ausgeführt bis die Änderung einer Größe von einem Iterationsschritt zum nächsten eine gewisse vorher festgelegte Fehlerschranke ϵ unterschreitet.

Bisektionsverfahren

Das Bisektionsverfahren ist ein numerischer Algorithmus zum Bestimmen von Nullstellen von *eindimensionalen* Funktionen. Damit eignet sich das Bisektionsverfahren allein nicht zur numerischen Analyse von resistiven Netzwerken, für die im allgemeinen $n > 1$ gilt. Jedoch kann das Bisektionsverfahren in Schaltungssimulatoren dazu verwendet werden, um Schaltungsparametern hinsichtlich gewisser Kriterien (z. B. die Größe einer Spannungsverstärkung) zu optimieren. Dabei werden aufeinanderfolgend numerische Analysen eines gegebenen Netzwerks durchgeführt, bei denen von einem Simulationslauf zum nächsten ein Parameter (z. B. der Wert eines Widerstands) verändert werden. Mit Hilfe des Bisektionsalgorithmus lässt sich beispielsweise der Widerstandswert bestimmen, der zu einer Spannungsverstärkung von 10 führt. Dieser Mechanismus findet in dieser Arbeit Anwendung bei der Realisierung der Diagnose mit Hilfe der Kennlinienmethode und soll deshalb kurz beschrieben werden.

Sei $f(x)$ eine auf dem abgeschlossenen Intervall $[a, b]$ stetige Funktion. Wenn für $f(a) < 0$ und $f(b) > 0$ gilt, so muss $f(x)$ wenigstens eine Nullstelle im Intervall $[a, b]$ haben. Das ist eine direkte Folgerung aus dem *Satz von Bolzano* [Voi07]. Die Idee der Bisektion ist sehr einfach. Das Intervall $[a, b]$ wird halbiert (es entsteht ein linkes und ein rechtes Teilintervall) und die Funktion f wird am Mittelpunkt $\frac{a+b}{2}$ ausgewertet und das Vorzeichen bestimmt. Das neue Intervall wird aus dem vorhergehenden gebildet, indem man diejenige Intervallgrenze austauscht, die das gleiche Vorzeichen besitzt.

Algorithmus: Starte mit $a_1 := a$ und $b_1 := b$. Berechne $y_1 = f(\frac{a_1 + b_1}{2})$

1. Falls $y_1 > 0$: setze $a_2 := a_1$, $b_2 := \frac{a_1 + b_1}{2}$
2. Falls $y_1 < 0$: setze $a_2 := \frac{a_1 + b_1}{2}$, $b_2 := b_1$
3. Falls $y_1 = 0$: Abbruch; $\xi = \frac{a_1 + b_1}{2}$ ist Nullstelle.

Die fortgesetzte Halbierung der Intervalle führt zu einer monoton wachsenden von oben beschränkten Folge $a_1 \leq a_2 \leq \cdots \leq b$. Da die reellen Zahlen vollständig sind, existiert der Grenzwert dieser Folge $\xi = \lim_{n\to\infty} a_n$. Andererseits geht $|a_n - b_n| \leq |a - b| / 2^{n-1} \to 0$ und damit hat auch die Folge b_n den Grenzwert $\lim_{n\to\infty} b_n = \xi$.

Es folgt also, dass das Bisektionsverfahren unter den genannten Voraussetzungen immer konvergiert. Sollten im ursprünglichen Intervall $[a, b]$ mehrere Nullstellen enthalten sein, so konvergiert der Algorithmus zu einer dieser Nullstellen. Wenn die Funktion nicht stetig aber beschränkt ist, kann es aufgrund der endlichen Rechengenauigkeit zu der Situation kommen, dass der Algorithmus eben diese Unstetigkeit als Nullstelle identifiziert. Enthält das Intervall $[a, b]$ eine Singularität, so besteht die Möglichkeit, dass die Bisektion zur Singularität konvergiert, was aber leicht durch Auswerten der Funktion an dieser Stelle zu überprüfen ist.

Das Konvergenzverhalten des Bisektionsalgorithmus ist linear.

Newton-Verfahren

Um ein nichtlineares Gleichungssystem (2.9) mit Hilfe von Iterationsverfahren zu lösen, kann (2.9) in seine äquivalente Fixpunktform

$$x = G(x) \tag{2.10}$$

umgewandelt werden. Unter *äquivalent* versteht man in diesem Zusammenhang, dass jede Nullstelle von (2.9) auch eine Lösung von (2.10) ist und umgekehrt. Dabei werden die Lösungen von (2.10) als *Fixpunkte* von G bezeichnet. Das Gleichungssystem (2.10) kann mit Hilfe eines *Iterationsverfahrens* gelöst werden.

$$x_{k+1} = G(x_k), \quad (k \in \mathbb{N}) \tag{2.11}$$

Dabei wird die Iteration abgebrochen, sobald eine vorgegebene Fehlerschranke ϵ mit

$$\|G(x_k) - x_k\| \leq \epsilon \tag{2.12}$$

unterschritten wird.

Das Newton-Verfahren lässt sich wie folgt herleiten: Die Funktion $F(x)$ wird an der Stelle x_0 in eine Taylor-Reihe entwickelt. Sei $x - x_0 \equiv \Delta x \iff x \equiv x_0 + \Delta x$, dann gilt:

$$F(x_0 + \Delta x) = F(x_0) + F'(x_0)\Delta x + O(\Delta x^2) \tag{2.13}$$

Bricht man die Entwicklung nach dem linearen Glied ab, so gilt:

$$F(x_0 + \Delta x) \approx F(x_0) + F'(x_0)\Delta x \tag{2.14}$$

Dieser Ausdruck kann verwendet werden, um den Wert einer Verschiebung Δx zu ermitteln, der notwendig ist, um ausgehend von einem Startwert x_0 näher an die tatsächliche Nullstelle von F heranzurücken. Setzt man $F(x_0 + \Delta x) = 0$ und löst Gleichung (2.14) für $\Delta x \equiv \Delta x_0$, so erhält man:

$$\Delta x_0 = -F'^{-1}(x_0) F(x_0) \tag{2.15}$$

Setzt man $x_1 = x_0 + \Delta x_0$, so erhält man eine verbesserte Näherung für die Nullstelle von F. Dieser Prozess kann fortgesetzt werden, und man erhält mit

$$\Delta x_k = -F'^{-1}(x_k) F(x_k) \tag{2.16}$$

eine Fixpunktform $x_{k+1} = x_k + \Delta x_k$ wie in Gleichung (2.10). Die Konvergenz dieses Verfahrens ist jedoch nicht in jedem Fall gesichert.

Für die Berechnung des Ausdrucks (2.16) wird die Inverse der Jakobimatrix F' benötigt, deren Bestimmung numerisch aufwändig ist. Aus diesem Grund wird i. A. das äquivalente lineare Gleichungssystem $F'(x_k)\Delta x_k = F(x_k)$ z. B. mit Hilfe des Gauß-Verfahrens gelöst.

Moderne Schaltungssimulatoren nutzen für die Abschätzung eines geeigneten Startwertes x_0 Informationen über die Topologie des zu analysierenden Netzwerks aus. Durch die modifizierte Knotenspannungsanalyse sind bereits diejenigen Knotenspannungen bekannt, die ausschließlich durch unabhängige Spannungsquellen eingeprägt werden. Weiterhin sind diejenigen Ströme bekannt, die durch unabhängige Stromquellen eingeprägt werden. Im Startvektor x_0 werden die entsprechenden Komponenten auf den jeweiligen Wert gesetzt. Alle anderen Komponenten werden i. A. auf Null gesetzt.

Wie bereits erwähnt ist das Newton-Verfahren nicht in jedem Fall konvergent. Existieren mehrere Lösungen von F, so wird immer nur eine Lösung berechnet, und es kann nicht a priori angegeben werden, zu welcher Lösung das Verfahren konvergieren wird. Aus diesem Grund bezeichnet man das Newton-Verfahren auch als *lokal konvergentes Verfahren.* Eine wesentliche Eigenschaft des Newton-Verfahrens ist, dass es in der Umgebung der Lösung quadratisch konvergiert.

2.2.2 Homotopieverfahren

Die bislang diskutierten Iterationsverfahren zur Lösung von nichtlinearen algebraischen Gleichungssystemen zeichnen sich durch gute Konvergenzeigenschaften aus, sofern hinreichend gute Startwerte angegeben werden können. Das setzt jedoch eine gewisse Kenntnis über die Eigenschaften des Gleichungssystems voraus, die im Falle der Analyse von Netzwerken, die integrierte Schaltungen modellieren, i. A. nicht a priori verfügbar ist. Häufig ist es so, dass nicht einmal die Anzahl der zu erwartenden Lösungen des Gleichungssystems

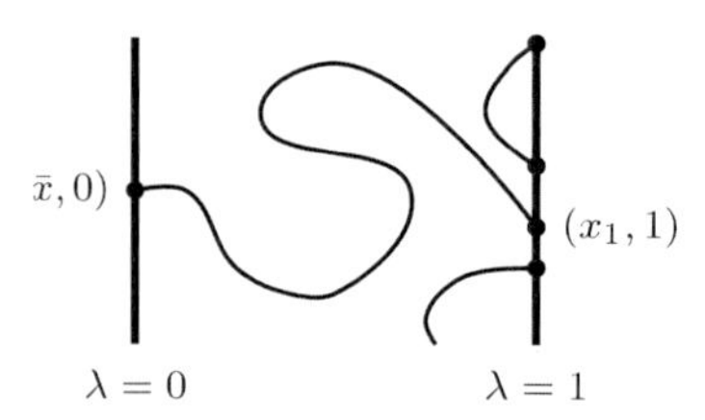

Abbildung 2.3: Mögliche Verläufe der Lösungskurven

im Vorfeld bekannt sind. Es gehört sogar zu den Aufgaben der Netzwerkanalyse, Methoden bereitzustellen, mit denen die Anzahl der Lösungen eines solchen Gleichungssystems überhaupt erst ermittelt werden soll. Dieses Problems hat sich eine Reihe von Autoren wie [Cla04, RMNT03] angenommen.

Eine Methode, diese Schwierigkeiten der Iterationsverfahren zur Lösung von nichtlinearen algebraischen Gleichungssystemen zu überwinden, stellen die so genannten *Homotopie-* oder *Einbettungsverfahren* dar [AK90, WBM87]. Die Idee der Homotopieverfahren lässt wie folgt skizzieren. Es wird angenommen, dass die Lösung eines Systems von n nichtlinearen Gleichungen in n Unbekannten, also

$$F(x) = 0, \tag{2.17}$$

wobei $F : \mathbb{R}^n \to \mathbb{R}^n$ eine glatte, d. h., hinreichend oft differenzierbare Abbildung ist, bestimmt werden soll. Anstatt z. B. das in Abschnitt 2.2.1 genannte Newton-Raphson-Verfahren zu verwenden, definiert man eine Homotopie oder Einbettung $H : \mathbb{R}^n \times \mathbb{R} \to \mathbb{R}^n$ derart dass

$$H(x, 1) = G(x), \qquad H(x, 0) = F(x), \tag{2.18}$$

wobei $G : \mathbb{R}^n \to \mathbb{R}^n$ eine glatte Abbildung mit bekannten Nullstellen und H ebenfalls glatt ist. Mögliche Formen der Einbettung sind z. B. die *konvexe Homotopie*

$$H(x, \lambda) := \lambda G(x) + (1 - \lambda)\, F(x) \tag{2.19}$$

oder die *globale Homotopie*

$$H(x, \lambda) := F(x) + \lambda F'(x). \tag{2.20}$$

Durch diese Umformulierung ist das ursprüngliche Problem auf ein unterbestimmtes nichtlineares algebraisches Gleichungssystem zurückgeführt worden. Dieses Systems definiert i. A. implizit eine Kurve oder eindimensionale Mannigfaltigkeit. Die Idee der Homotopieverfahren ist es, dieser implizit definierten

Lösungskurve $c(s) \in H^{-1}(0)$ vom Startpunkt $(x_1, 1)$ zu einem Endpunkt $(\bar{x}, 0)$ numerisch zu folgen. Wenn dieser Vorgang erfolgreich ist, dann hat man mit $\bar{x}$ auch eine Nullstelle von F berechnet. Die Existenz einer solchen Lösungskurve $c(s) \in H^{-1}(0)$ ist durch den Satz über implizite Funktionen [Voi07] zumindest lokal gesichert. Der Punkt $(x_1, 1)$ wird regulärer Nullpunkt von H genannt, wenn die Jacobi-Matrix H^{-1} den vollen Rang n besitzt. Dann existiert die Kurve $c(s) \in H^{-1}(0)$ mit dem Startwert $c(0) = (x_1, 1)$ und einer Tangente $c' \neq 0$ zumindest lokal in einem gewissen offenen Intervall um Null. Es lässt sich zeigen, dass unter gewissen Bedingungen eine solche Lösungskurve $c(s) \in H^{-1}(0)$ entweder diffeomorph zu einer Geraden oder zu einem Kreis ist. Für eine tiefere Diskussion mit den entsprechenden Beweisskizzen sei auf [AK90] verwiesen.

Abbildung 2.3 verdeutlicht, dass mit der Existenz der Lösungskurve allein noch nicht gesichert ist, dass sie auch mit endlicher Länge das Homotopie-Niveau $\lambda = 0$ erreicht. Es sind auch solche Situationen denkbar, in denen die Lösungskurve ins Unendliche läuft, bevor es das gewünschte Homotopie-Niveau erreicht, oder dass die Lösungskurve wieder zum Ausgangsniveau $\lambda = 1$ zurückkehrt. Die Fragestellung nach der Gutartigkeit der Einbettung ist nicht allgemein zu beantworten und hängt vom konkreten Problem, d. h., vom nichtlinearen algebraischen Gleichungssystem, dessen Lösung gesucht ist, sowie von der Art der Einbettung ab.

Die wichtigste Fragestellung ist natürlich, wie man eine solche implizit gegebene Kurve numerisch berechnen kann. Die grundsätzliche Idee liegt darin, die Kurve s durch einen Parameter, im einfachsten Fall λ selbst, zu parametrisieren. Beispielsweise beginnt man bei $\lambda = 1$ und geht mit fester Schrittweite $\Delta\lambda$ bis zum Endwert $\lambda = 0$. Der in Algorithmus 1 angegebene Einbettungsalgorithmus kann verwendet werden.

Algorithm 1 Einfacher Einbettungsalgorithmus

Require: $x_1 \in \mathbb{R}^n$, so dass $H(x_1, 1) = 0$
Require: $m \in \ltimes, \quad m > 0$
  $x \leftarrow x_1$
  $\lambda \leftarrow (m-1)/m$
  $\Delta\lambda \leftarrow 1/m$
  for $i = 0 \ldots m$ **do**
    Löse $H(y, \lambda) = 0$ iterativ für y mit x als Startwert
    $x \leftarrow y$
    $\lambda \leftarrow \lambda - \Delta\lambda$
  end for
  return x

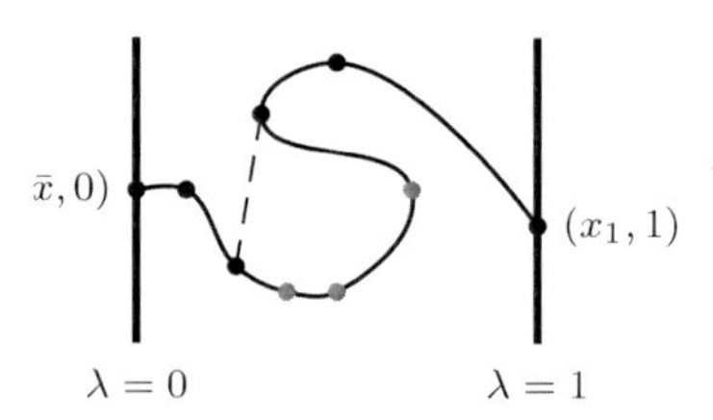

Abbildung 2.4: Falsche Berechnung an Umkehrpunkten

Der iterative Algorithmus konvergiert für genügend kleine Schrittweiten $\Delta\lambda$, da der Startwert x nahe an der Lösung $H(y, \lambda)$ liegt. Eine Realisierung dieses Algorithmus in Schaltungssimulatoren ist als so genanntes *source stepping* bekannt. Der Startvektor für das Newton-Verfahren ist durch die Knotenspannungen derjenigen Knoten, deren Spannung ausschließlich durch unabhängige Spannungsquellen festgelegt sind, sowie diejenigen Ströme durch unabhängige Stromquellen gegeben. Eine elementare Einbettung ergibt sich dadurch, dass man die unabhängigen Spannungsquellen und unabhängigen Stromquellen mit Werten U_k bzw. I_k durch welche mit den Werten $(1 - \lambda)U_k$ bzw. $(1 - \lambda)I_k$ ersetzt. Offensichtlich ist die Lösung der ursprünglichen Netzwerkgleichungen für den Fall $\lambda = 0$ gegeben und der oben beschriebene Algorithmus liefert die gesuchte Lösung, sofern die Lösung für den Startwert $H(x_1, 1) = 0$ mit $x_1 \equiv 0$ existiert.

Der große Nachteil dieser Methode ist jedoch, dass sie versagt, wenn die Lösungskurve Umkehrpunkte in Bezug auf die Parametrierung durch λ besitzt. Diese Situation ist in Abbildung 2.4 dargestellt. Selbst dann, wenn die Lösungskurve $c(s)$ durch λ parametrierbar ist, ist es oftmals notwendig, extrem kleine Schrittweiten zu wählen, damit der Algorithmus konvergiert. In vielen Situationen ist der Parameter λ eine Wahl zur Parametrierung der Lösungskurve.

Ein Ausweg ergibt sich darin, die Lösungskurve bezüglich ihrer Kurvenlänge zu parametrieren [UC84], wobei es für das numerische „Entlanglaufen“ auf der Kurve nicht notwendig ist, den exakten Wert der Kurvenlänge zu bestimmen. Vielmehr genügt eine hinreichend gute Approximation, die so genannte *Pseudo-Kurvenlänge*.

Diese Überlegungen führen zu der Neuformulierung des Problems als die Lösung eines Systems gewöhnlicher Differenzialgleichungen im Sinne einer Anfangswertaufgabe, indem man die Gleichung

$$H\left(c(s)\right) = 0 \tag{2.21}$$

nach s ableitet und

$$H'(c)c' = 0, \quad \|c'\| = 1, \quad c(0) = (x_1, 1) \tag{2.22}$$

erhält. Eine geometrische Interpretation der numerischen Lösung der Gleichung (2.22) ist, dass man *schrittweise auf der Lösungskurve entlang läuft* oder *die Kurve verfolgt*. Daher nennt man solche Verfahren auch *Kurvenverfolgung*. Diese Art von Anfangswertproblemen sind exakt diejenigen, die bei der Zeitbereichsanalyse von Netzwerken (s. z. B. [Ogr94], [Kun95]) zu lösen sind. Schaltungssimulatoren sind also aufgrund ihrer numerischen Infrastruktur in der Lage, solche Aufgaben zu bewältigen. Ein besonders interessanter Ansatz die eingeschränkten Möglichkeiten von *Spice*zu nutzen, um die Kurvenverfolgung auszuführen, wird in [Cla04] vorgestellt. Eine Realisierung derselben Idee mit VHDL-AMS findet man in [HPU03].

Kommerzielle Simulatoren gehen noch einen Schritt weiter und implementieren direkt Kurvenverfolgungsalgorithmen, die durch Setzen gewisser Optionen dem Benutzer zur Verfügung stehen. Wesentlich effizienter als mit den Standardverfahren zur Lösung gewöhnlicher Differentialgleichungen unter Anfangsbedingungen lässt sich die Kurvenverfolgung ausführen, wenn man die Information, dass die Lösungskurve c aus Nullstellen von H besteht, berücksichtigt. Es sind grundsätzlich zwei verschiedene Klassen von Algorithmen zu Kurvenverfolgung zu unterscheiden,

1. Prädiktor-Korrektor-Verfahren (PC)
2. Stückweise lineare Verfahren (PL).

Im Allgmeinen sind in Schaltungssimulatoren Prädiktor-Korrektor-Verfahren (PC) implementiert, da im Verlaufe des Algorithmus die Verwendung von Newton-Raphson-Verfahren günstig ist und dieser Algorithmus in hoch optimierter Form ohnehin vorhanden ist. Aus diesem Grunde wird in dieser Arbeit das Prädiktor-Korrektor-Verfahren zur Kurvenverfolgung kurz skizziert.

Die grundsätzliche Idee bei der Kurvenverfolgung durch Prädiktor-Korrektor-Verfahren ist, eine Folge von Punkten u_i, $i = 1, 2, \ldots$ entlang der Kurve zu bestimmen, die ein gewisses Toleranzkriterium, wie z. B. $\|H(u_i)\| \leq \epsilon$ für ein gewisses $\epsilon > 0$ erfüllen. Es wird vorausgesetzt, dass durch $u_0 \in \mathbb{R}^{N+1}$ ein geeigneter Startwert mit $H(u_0) = 0$ gegeben ist. Wenn $\epsilon > 0$ klein genug gewählt wurde, gibt es einen eindeutig bestimmten Parameterwert s_i, so dass der Punkt $c(s_i)$ auf der Kurve dem Punkt u_i unter der Euklidischen Norm am nächsten ist. Der Algorithmus 2 beschreibt die grundsätzliche Vorgehensweise eines Prädiktor-Korrektor-Verfahrens.

Das Lösung des während des Korrektor-Schritts auftretenden Minimierungsproblem

$$min_w\{\|u - w\| | H(w) = 0\} \tag{2.23}$$

Algorithm 2 Generischer Algorithmus für ein Prädiktor-Korrektor-Verfahren

Require: $u \in \mathbb{R}^{n+1}$, so dass $H(u) = 0$
Require: $l > 0$
repeat
Ermittle einen Schätzwert v so dass $H(v) \approx 0$ und $\|u - v\| \approx l$ gilt
Mit $w \in \mathbb{R}^{n+1}$ löse näherungsweise $min_w\{\|u - w\| H(w) = 0\}$
$u \leftarrow w$
Wähle eine neue Schrittweite $l > 0$
until Ende der Kurvenverfolgung

lässt sich beispielsweise mit der Newton-Raphson-Methode ermitteln. Allerdings ist die Jacobi-Matrix H' in diesem Zusammenhang nicht quadratisch, kann also nicht invertiert werden und erfordert somit eine Anpassung des Algorithmus. Es lässt sich jedoch zeigen, dass eine geeignet definierte Pseudo-Inverse im vorliegenden Fall an die Stelle der Inversen der Jacobi-Matrix benutzt werden kann. Beispielsweise lässt sich die durch

$$H^+ = H^* \left(HH^*\right)^{-1} \tag{2.24}$$

definierte Moore-Penrose-Pseudoinverse der Matrix H dafür verwenden. Eine ausführliche Darstellung dieser Thematik findet sich in [GL83]. Eine hinreichend genaue Näherung der Lösung von Gleichung (2.23) ist dann

$$N(v) := v - H'(v)^+ H(v). \tag{2.25}$$

Für den Prädiktor-Schritt kann z. B. die Euler-Methode [AK90, PTVF03] verwendet werden. Damit lässt sich die wichtige Klasse der Euler-Newton-Methode zur Kurvenverfolgung angeben.

Es ist zu erkennen, dass sich das numerische Verfolgen einer Lösungskurve $c(s)$ auf das Berechnen von Tangentenvektoren und die Ausführung eines Korrektor-Schritts zurückführen lässt. Beide Aufgaben beinhalten im wesentlichen die Lösung von linearen Gleichungssystemen, für die eine Reihe von ausgereiften Standardverfahren existieren [PTVF03].

Algorithm 3 Euler-Newton-Methode

Require: $u \in \mathbb{R}^{n+1}$, so dass $H(u) = 0$
Require: $l > 0$
  repeat
    $v \leftarrow u + lt\,(H'(u))$
    repeat
      $w \leftarrow v - lH'(v)^{+}H(v))$
      $v \leftarrow w$
    until Konvergenz
    $u \leftarrow w$
    Wähle eine neue Schrittweite $l > 0$
  until Ende der Kurvenverfolgung

3 Unscharfe Mengen und Abstände zwischen Zeitreihen

There is nothing worse than a sharp image of a fuzzy concept.

(Ansel Adams)

Im Abschnitt 1.2 wurde als wesentliches Unterscheidungsmerkmal der Diagnose integrierter Schaltungen mit Hilfe analoger Fehlersimulation, wie sie ausführlich in Kapitel 5 beschrieben werden wird, von anderen ähnlich gelagerten Arbeiten die Anwendung von Prinzipien der Zeitreihenanalyse auf das Diagnoseproblem ausgemacht. Im Fokus stehen dabei insbesondere die Methoden zur Auswertung großer Datenmengen (engl.:*data mining*). Aus diesem Grunde werden in den folgenden Abschnitten wesentliche Grundlagen dieses Forschungsgebiets in knapper Form dargestellt. Für eine tiefgreifende Einführung in die Thematik sei auf die Arbeiten [Keo03] und [Keo07] sowie die dort genannten Literaturstellen verwiesen. Weiterhin stehen die in dieser Arbeit angewandten Konzepte für die Bestimmung von Ähnlichkeiten zweier Zeitreihen im engen Zusammenhang mit den Begriffen *Klassifikation*, *Maschinenlernen* sowie *künstlicher Intelligenz*. Eine Einführung dazu liefert das Standardwerk [RN03].

Im Gegensatz zu den im Abschnitt 1.3 gemachten Aussagen in denen *Signale* und *numerische Lösungen von Gleichungssystemen* diskutiert wurden, stehen in diesem Kapitel *Daten* im Vordergrund. Das bedeutet, dass die Objekte mit denen sich die folgenden Methoden auseinander setzen, *Beobachtungen* repräsentieren, die sowohl einem messtechnischen Prozess als auch einer numerischen Berechnungsvorschrift entspringen können. In jedem Fall sind sie jedoch ihrem Wesen nach gewissen Unbestimmtheiten oder Fehlern ausgesetzt. Diese Objekte spiegeln also nur zu einem bestimmten, nicht notwendigerweise quantifizierbaren Grad den *wahren Wert* einer beobachtbaren Größe wieder. Sie sind *fehlerbehaftet* und *unscharf*.

3.1 Unscharfe Mengen

Die Theorie unscharfer Mengen (*fuzzy sets*) [Zad65, KS77] stellt einen Versuch dar, Objekte oder Sachverhalte, die einer gewissen Unbestimmtheit unterliegen, mathematisch exakt zu beschreiben[1]. Das geschieht indem man Klassen von Objekten untersucht, wobei die Klassen keine scharfen Grenzen besitzen. Im Gegensatz zur gewöhnlichen Mengenlehre in der ein Objekt entweder genau zu einer Klasse gehört oder nicht, gibt man bei unscharfen Mengen einen Grad der Zugehörigkeit eines Objektes zu einer Klasse an. Als Beispiel seien die unscharfe Mengen "aller Zahlen ungefähr gleich K" und "aller Zeitreihen, die besonders ähnlich zu einer Referenz-Zeitreihe sind" genannt. Die Unbestimmtheit drückt sich hier in den Worten *ungefähr* und *besonders ähnlich* aus. In dieser Arbeit werden nur die grundlegenden Begriffe *unscharfe Menge* sowie *Verknüpfungen unscharfer Mengen* benötigt. Die entsprechenden Definitionen sind [KS77] entnommen.

3.1.1 Definition unscharfer Mengen

Definition 3.1. Es seien X und L Mengen. Eine *unscharfe Menge f auf X* ist eine Abbildung $f : X \to L$. Für $x \in X$ heißt $f(x)$ der *Grad der Zugehörigkeit.*

Die Klasse aller unscharfen Mengen werde mit L^X bezeichnet. Falls L eine zweielementige Menge $L = \{0, 1\}$ ist, dann stellt jede unscharfe Menge eine *Indikatorfunktion* einer Teilmenge von X dar. Dann gehört ein Objekt x zu einer Klasse ($f(x) = 1$) oder nicht ($f(x) = 0$).

Vom Bildbereich L wird in der Definition 3.1 nichts weiter gefordert. Um jedoch gewisse Elemente von X hinsichtlich der Eigenschaft, die durch die unscharfe Menge beschrieben wird, vergleichen zu können, muss L zumindest *halbgeordnet* sein. Häufig hat L deshalb die Struktur eines *Verbands*. Am gebräuchlichsten sind $L \equiv \mathbb{R}$ und $L \equiv I := [0, 1]$.

[1] Die Theorie unscharfer Mengen und insbesondere deren Anwendung in der Automatisierungstechnik (Fuzzy-Logik) hat Mitte der 1990er Jahre eine große Euphorie ausgelöst, da sich eine Reihe von Steuerungs- und Regelungsaufgaben einfach und elegant umsetzen lassen. Vielfach übertreffen die auf Fuzzy-Logik basierenden Lösungen diejenigen der linearen, zeitinvarianten Systeme in Bezug auf Stabilität, Einschwingverhalten und Anpassbarkeit an sich verändernde Prozessbedingungen. Diese Tatsache hat dazu geführt, dass versucht wurde, unscharfe Mengen auf alle möglichen Probleme anzuwenden und sie gewissermaßen als "Allheilmittel" anzusehen. Einem Anspruch, dem Fuzzy-Logik genauso wenig gerecht werden kann, wie alle anderen Theorien. Infolgedessen bauten sich große Vorurteile gegenüber den Begriff der unscharfen Mengen als solche auf. Es sei bemerkt, dass in dieser Arbeit nicht versucht wird, obskure Modelle mit Hilfe der unscharfen Mengen zu erstellen, sondern dass lediglich die Algebra der Theorie unscharfer Mengen herangezogen wird, um den Begriff der Ähnlichkeit und das Ordnen der Fehler gemäß ihrer Ähnlichkeiten mit dem gemessenen Referenzsignal mathematisch zu fassen.

3.1.2 Verknüpfungen unscharfer Mengen

Um mit unscharfen Mengen arbeiten können, müssen möglichst interpretierbare Operationen auf L^X eingeführt werden. Dazu werden die Verbandsoperationen auf L punktweise auf L^X induziert. Im folgenden werden die Verbandsoperationen Supremum mit $\vee$ und Infinum mit $\wedge$ bezeichnet. Dann gilt:

Satz 3.1. *Ist L ein Verband, so ist auch L^X bezüglich der Operationen*

$$\begin{array}{l}(f \vee g)(x) := f(x) \vee g(x) \\ (f \wedge g)(x) := f(x) \wedge g(x)\end{array} \quad f, g \in L^X, \quad \forall x \in X \tag{3.1}$$

ein Verband.

Die Operation $\bigvee_{i \in 1,\ldots,n} f_i$, $f_i \in L^X$ heißt *Vereinigung* und die Operation $\bigwedge_{i \in 1,\ldots,n} f_i$, $f_i \in L^X$ heißt *Durchschnitt* der unscharfen Mengen f_i.

Beispiel. Es sei

$$X = \{x_1, x_2, x_3, x_4, x_5\}$$

und

$$L = [0, 1] .$$

Weiterhin seien die unscharfen Mengen

$$A = \{(x_1, 0.9), (x_2, 0.4), (x_3, 0.5), (x_4, 0.1), (x_5, 0.0)\}$$

sowie die unscharfe Menge

$$B = \{(x_1, 0.8), (x_2, 1.0), (x_3, 0.7), (x_4, 0.2), (x_5, 0.3)\}$$

gegeben. Man erhält als Vereinigung

$$A \vee B = \{(x_1, 0.9), (x_2, 1.0), (x_3, 0.7), (x_4, 0.2), (x_5, 0.3)\}$$

und als Durchschnitt

$$A \wedge B = \{(x_1, 0.8), (x_2, 0.4), (x_3, 0.5), (x_4, 0.1), (x_5, 0.0)\} .$$

Definition 3.2. In L^X lässt sich eine Halbordnung "$\leq$" definieren:

$$f \leq g \Longleftrightarrow f(x) \leq g(x), \quad \forall x \in X$$

Falls auf L weitere Operationen definiert sind, so können auch diese punktweise auf L^X induziert werden.

$$(f * g)(x) := f(x) * g(x), \quad f, g \in L^X, \quad \forall x \in X \tag{3.2}$$

Für $L = [0, 1]$ lässt sich die gewöhnliche Multiplikation reeller Zahlen auf L^X übertragen. Da die Struktur $(L, \cdot)$ eine kommutative Halbgruppe mit Einselement ist und darüber hinaus das Einselement 1 bzw. Nullelement 0 der Multiplikation gleichzeitig das Eins- bzw. Nullelement des Verbandes ist gilt $1 \cdot a = 1 \wedge a = a$ und $0 \cdot a = 0 \wedge a = 0$ für alle $a \in [0, 1]$. Es gilt also

$$(f \cdot g)(x) := f(x) \cdot g(x), \quad f, g \in L^X, \quad \forall x \in X \tag{3.3}$$

Beispiel. Mit den unscharfen Mengen A und B von oben gilt:

$$A \cdot B = \{(x_1, 0.72), (x_2, 0.4), (x_3, 0.35), (x_4, 0.02), (x_5, 0)\} .$$

Auf ähnliche Art und Weise lässt sich auch die algebraische Summe als Operation angeben:

$$(f \oplus g)(x) := f(x) + g(x) - f(x) \cdot g(x), \quad f, g \subset L^X, \quad \forall x \in X \tag{3.4}$$

Die Struktur $(L, \oplus)$ ist eine kommutative Halbgruppe mit Einselement, wobei 0 das neutrale Element ist. Außerdem gilt $1 \oplus a = 1, \quad a \in [0, 1]$.

Beispiel. Mit den unscharfen Mengen A und B von oben gilt:

$$A \oplus B = \{(x_1, 0.98), (x_2, 1), (x_3, 0.85), (x_4, 0.28), (x_5, 0.3)\} .$$

Die folgende Bezeichnung findet bei der Auswahl an Kandidaten während der Diagnose mit Hilfe der analogen Fehlersimulation im Abschnitt 5.2 Anwendung. Es sei f eine unscharfe Menge auf X. Mit f_α bezeichnet man eine Teilmenge von X, für die gilt:

$$f_\alpha = \{x \in X | f(x) \geq \alpha, \alpha \in L\} \tag{3.5}$$

Mit Hilfe von f_α erhält man aus einer unscharfen Menge eine gewöhnliche Menge der Elemente der Grundmenge.

3.2 Zeitreihen

Der Begriff der *Zeitreiehen* findet in vielen Gebieten der Wissenschaft und Technik seine Anwendung. Die Ursprünge der Methoden, die in dieser Arbeit verwendet werden, liegen in der *künstlichen Intelligenz* und dem *data mining*. In diesem informationstechnischen Zusammenhang werden Zeitreihen wie folgt definiert:

Definition 3.3. Eine Zeitreihe ist eine Ansammlung von Beobachtungen, die nacheinander über einen gewissen Zeitraum gemacht wurden. Jedem diskreten Zeitpunkt $t_i \in \mathcal{T}$ wird eindeutig eine Beobachtung c_i zugeordnet.

Häufig ist es unnötig, die konkreten Zeitpunkte t_i entlang der Zeitachse abzuspeichern. Das ist insbesondere dann der Fall, wenn alle betrachteten Zeitreihen dieselbe Zeitbasis haben, z. B. als in derselben Art und Weise abgetastete Signale vorliegen. In diesem Fall lässt sich eine Zeitreihe, bestehend aus n Beobachtungen entlang einer Zeitachse $\mathcal{T}$ als ein Element des normierten metrischen Raums $c \in \mathbb{R}^n$ auffassen.

Einige Beispiele für Zeitreihen sind:

1. Messung elektrischer Signale über Zeit

2. Wöchentliche Umfrageergebnisse zu Wahlforschungszwecken

3. Täglich festgestellte Wertpapierkurse

4. Erfassung der Emissionsspektren von Sternen mit Hilfe von Radioteleskopie

Weniger offensichtlich ist, dass auch zweidimensionale Symbole z. B. Buchstaben oder Ziffern als Zeitreihen aufgefasst werden können, sofern sie sich "ohne Absetzen" mit einem Stift zeichnen lassen, d. h., von einer Variable parametrieren lassen. Dann kann man den zurückgelegten Weg des Stiftes durch die Zeit parametrieren. Das gilt z. B. auch für Handschriften. Ebenso lassen sich praktisch alle Messungen von analogen Größen (Spannung, Strom, Temperatur, Druck ...) als Zeitreihen auffassen, sofern ein funktionaler Zusammenhang zwischen den Größen existiert und dieser punktweise aufgezeichnet werden kann. Damit lassen sich Zeitreihen insbesondere auch auf die Diagnose integrierter Schaltungen mit Hilfe analoger Fehlersimulation anwenden, wie im Kapitel 5 ausführlich dargelegt wird.

3.3 Abstand und Ähnlichkeit

Unsere Vorstellungen vom Begriff der *Ähnlichkeit* sind sehr stark empirisch geprägt. Wir *wissen* oder *können sehen* wann zwei Objekte ähnlich sind und wann nicht, weil wir die Bedeutung des Begriffes im Laufe unseres Lebens *erfahren* haben. Wesentlich dabei ist, dass wir die Einschätzung wie ähnlich sich zwei unterschiedliche Objekte sind i. A. mit einer großen Gruppe anderer Personen teilen.

3.3.1 Visueller Vergleich zweier Zeitreihen

Für die meisten Menschen stellt das Sehen die wichtigste Sinneswahrnehmung dar. Auch deshalb sind Begriffe wie *Ähnlichkeit* besonders stark an visuelle

Eindrücke gekoppelt. Im folgenden wird versucht, die Ähnlichkeit von Zeitreihen zu quantifizieren, indem ein *visueller Vergleich* der Graphen der Zeitreihen nachgebildet wird[2]. Trotz des empirischen Charakters, lässt sich eine mathematisch sinnvolle Formalisierung des Begriffs der *Ähnlichkeit* angeben, insbesondere da einerseits mit der Definition 3.3 *Zeitreihen* und andererseits mit der Definition 3.1 *unscharfe Mengen* als mathematische Objekte eingeführt wurden. Die Verwendung von unscharfen Mengen erlaubt es, die Unbestimmtheit des Begriffs der Ähnlichkeit zu berücksichtigen.

In dieser Arbeit werden *Mengen von Zeitreihen* hinsichtlich ihrer Ähnlichkeit zu *einer Referenzzeitreihe* untersucht. Mit der Notation aus Abschnitt 3.1 gilt $f : X \to [0, 1]$. Die betrachteten Objekte $x_i \in X, \quad i = 1, \ldots, k$ sind k Zeitreihen, während $f(x)$ den Grad der Zugehörigkeit zur Klasse "ist ähnlich zur Referenzzeitreihe q" und damit den *Grad der Ähnlichkeit* zur Referenzzeitreihe q angibt.

Es ist günstiger, für eine mathematische Beschreibung des visuellen Vergleichs zweier Zeitreihen, zunächst den *Grad der Unähnlichkeit* einzuführen. Berücksichtigt man die Tatsache, dass sich die Zeitreihen x_i und q als Elemente desselben Vektorraums $\mathbb{R}^n$ auffasssen lassen, so kann der *Abstand* der Punkte x_i zum Punkt q berechnet werden. Ist der Abstand der Punkte gleich Null, so sind der Punkt x_j und der Punkt q identisch (s. Abschnitt 3.3.2). Diese Tatsache suggeriert, dass ein kleiner Abstand eine "annähernde" Identität oder "große Ähnlichkeit" der zugehörigen Zeitreihen bedeutet, während ein großer Abstand eine geringe Ähnlichkeit vermuten lässt. Folglich ist der Abstand der Punkte im $\mathbb{R}^n$ ein Maß für die *Unähnlichkeit* zweier Zeitreihen. Im Sinne von Definition 3.1 ergibt sich die unscharfe Menge $g : X \to [0, \infty)$. Dieses Maß lässt sich wie die Abschnitte 3.3.2, 3.3.3 und 3.3.4 zeigen werden, leicht berechnen. Im Abschnitt 5.2.1 wird angegeben, wie in dieser Arbeit der Grad der Ähnlichkeit aus dem Abstand berechnet wird.

3.3.2 Metriken

Definition 3.4. Sei $\mathcal{X}$ eine Menge. Eine Metrik auf $\mathcal{X}$ ist eine Abbildung $d : \mathcal{X} \times \mathcal{X} \to [0, \infty)$ mit

1. $\forall x, y \in \mathcal{X} : d(x, y) = d(y, x)$ (Symmetrie)

2. $\forall x, y, z \in \mathcal{X} : d(x, z) \leq d(x, y) + d(y, z)$ (Dreiecksungleichung)

3. $\forall x \in \mathcal{X} : d(x, x) = 0$. Aus $x, y \in \mathcal{X}$, $d(x, y) = 0$ folgt $x = y$ (Trennungseigenschaft)

[2] Anders formuliert: zwei Zeitreihen sind einander ähnlich, wenn uns ihre Kurvenverläufe ähnlich erscheinen.

Definition 3.5. Ein *metrischer Raum* ist ein geordnetes Paar einer Menge $\mathcal{X}$ und einer Metrik d.

Beispielsweise ist $(\mathbb{R}, d)$ mit $d(x, y) := |x - y|$ ein metrischer Raum. Ferner lässt sich für den Raum $\mathbb{R}^n = \{(x_1, \ldots, x_n); x_1, \ldots, x_n \in \mathbb{R}\}$ die *euklidische Norm* wie folgt definieren:

Definition 3.6. Sei $x \in \mathbb{R}^n$. Die Norm $\|x\| = \|x\|_2 = \sqrt{\sum |x_j|^2}$ heißt *euklidische Norm.*

Satz 3.2. *Seien $x, y \in \mathbb{R}^n$. Dann ist mit $d(x, y) = |x - y|_2$ eine Metrik auf $\mathbb{R}^n$ definiert. Sie wird euklidischer Abstand genannt.*

Intuitiv beschreibt eine Metrik den *Abstand* zweier Elemente des Raumes. Damit erfüllt eine Metrik die im Abschnitt 3.3.1 genannten Anforderungen und stellt ein Maß für Unähnlichkeit dar.

Die oben genannten Eigenschaften des euklidischen Abstands bleiben auch für das Quadrat des euklidischen Abstands erhalten. In konkreten Implementierungen verzichtet man zumeist auf die Berechnung der Wurzel, um Rechenzeit einzusparen. Man spricht in diesem Zusammenhang auch vom *quadratischen euklidischen Abstand.*

Definition 3.7. Sei $x \in \mathbb{R}^n$. Die Norm $\|x\| = \sum |x_j|^2$ heißt *quadratische euklidische Norm.*

Satz 3.3. *Seien $x, y \in \mathbb{R}^n$. Dann ist mit $d(x, y) = |x - y|_2$ eine Metrik auf $\mathbb{R}^n$ definiert. Sie wird quadratischer euklidischer Abstand genannt.*

Für Vektorräume über dem Körper der reellen Zahlen lassen sich auch eine Reihe weiterer Metriken, basierend auf der p-Norm $|\cdot|_p$ mit $p \in 1, .., \infty$ definieren, die je nach Anwendungsfall zu sinnvollen Ergebnissen bei der Bestimmung der Unähnlichkeit zweier Zeitreihen sein können. Aufgrund der einfachen Implementierung sowie der anschaulichen geometrischen Interpretation, genießt der (quadratische) euklidische Abstand die weitaus größte Verbreitung.

Zusammengefasst lassen sich Zeitreihen als Punkte im n-dimensionalen (metrischen) Raum auffassen. Das Bestimmen von *Unähnlichkeiten* zwischen verschiedenen *Zeitreihen* lässt sich unter dieser Voraussetzung auf die Berechnung von *Abständen* zwischen *Punkten im Raum* reduzieren.

3.3.3 Gewichtete Abstände

In einigen Fällen kann es sinnvoll sein, beim Vergleich zweier Zeitreihen einzelne Abschnitte stärker zu bewerten als andere, z. B. weil der Nutzer in diesem Abschnitt eine größere Signifikanz der Daten erwartet oder umgekehrt, weil andere Abschnitte möglicherweise mehr Rauschen als Informationen enthalten. Eine Möglichkeit solchen Anforderungen gerecht zu werden ist es, *gewichtete Abstände* anstelle der Metriken zu verwenden. Man erhält gewichtete Abstände, indem man zusätzlich zu den betrachteten Zeitreihen q und c einen Vektor w mit *Gewichten* definiert, wobei gilt $w, c, w \in \mathbb{R}^n$ und $0 \leq w_i < \infty$. Anstelle der euklidischen Norm definiert man:

Definition 3.8. Sei $x \in \mathbb{R}^n$. Die Norm $|x| = |x|_2^* = \left(\sum |w_j x_j|^2\right)^{1/2}$ heißt *gewichtete euklidische Norm* mit dem *Gewicht* w.

Mit dieser Norm lässt sich dann eine neue gewichtete Metrik[3] definieren.

Satz 3.4. *Seien $x, y \in \mathbb{R}^n$. Dann ist mit $d(x, y) = |x - y|_2^*$ eine Metrik auf $\mathbb{R}^n$ definiert. Sie wird gewichteter euklidischer Abstand genannt.*

Die verwendeten Gewichte entsprechen einer Art von Skalierung. Die Verwendung von Skalierungen bei der Bestimmung von Unähnlichkeiten zwischen Zeitreihen birgt zwei grundsätzliche Probleme, die eng miteinander verknüpft sind:

1. Mit Hilfe von Skalierung lässt sich grundsätzlich jede denkbare Ordnung bezüglich des Abstands der Zeitreihen von einem gewissen Referenzpunkt erzeugen.

2. Die Ermittlung einer *vernünftigen* Wichtung ist ein nicht-triviales Problem, dass nur in Interaktion mit dem Nutzer unter Verwendung von dessen Expertenwissen gelöst werden kann.

Zur Illustration von Punkt 1 sei das folgende Beispiel genannt [Str07].

Beispiel. Gegeben seien drei Punkte im zweidimensionalen Anschauungsraum $o = (0, 0)$, $a = (3, 4)$ und $b = (2, 5)$. Ferner seien mit $w = (2, 1)$ die Gewichte gegeben. Berechnet man nun die Abstände der Punkte a und b zum Punkt o unter Verwendung des euklidischen Abstands, so ergeben sich $|a-o| = |(3, 4)| = 5$ sowie $|b - o| = |(2, 5)| = 2\sqrt{7}$. Offenbar gilt $5 < 2\sqrt{7}$. Es folgt, dass a näher an o liegt als b.

Unter Verwendung der Wichtung mit w ergeben sich jedoch $|a - o|^* = |(6, 4)| = 2\sqrt{13}$ sowie $|a - o|^* = |(4, 5)| = \sqrt{37}$ und wegen $\sqrt{37} < 2\sqrt{13}$ gilt dann dass b näher an o liegt als a. Die Ordnung der Abstände hat sich also gerade vertauscht.

[3] Mit derselben Argumentation von oben, lässt sich auch ein gewichteter quadratischer euklidischer Abstand einführen.

3.3.4 Dynamic Time Warping

Metriken haben als Maß für die Unähnlichkeit zweier Zeitreihen einen entscheidenden Nachteil: sie setzen die Werte der Zeitreihen an *exakt denselben Indizes* zueinander in Beziehung. Das bedeutet einerseits, dass nur Zeitreihen miteinander bezüglich ihrer Unähnlichkeit untersucht werden können, die in derselben Art und Weise, d. h., mit derselben Abtastrate und derselben Anzahl an Abtastpunkten, z. B. von einer Messeinrichtung aufgenommen wurden. Andererseits begrenzt diese Eigenschaft von Metriken auch die Anwendbarkeit auf Zeitreihen, die zwar augenscheinlich dieselben signifikanten Signalverläufe haben, aber z. B. eine Verschiebung, Streckung oder Stauchung entlang der *Zeitachse*[4] erfahren haben. Diese Problematik wird vom *dynamic time warping (DTW)* addressiert, das in der jüngeren Vergangenheit vor allem in der Literatur zur künstlichen Intelligenz und zum data mining ausführlich diskutiert wurde. Die Anwendung des DTW auf Zeitreihen geht auf [BC94] zurück. Einige nachfolgende Autoren haben in den letzten Jahren Verbesserungen des Grundalgorithmus insbesondere hinsichtlich der Abarbeitungsgeschwindigkeit vorgestellt [LW07].

Wie Metriken stellt auch DTW ein Maß für den Abstand und damit für die Unähnlichkeit zweier Zeitreihen dar. Durch die Möglichkeit der nichtlinearen Verformung der Zeitachsen derjenigen beiden Zeitreihen, deren Grad der Unähnlichkeit ermittelt werden soll[5], lassen sich im Grunde auch Zeitreihen miteinander vergleichen, deren Zeitbasis bzw. Abtastbedingungen unterschiedlich sind. Es werden für die folgende Diskussion jedoch dieselben Bedingungen wie für Metriken als Maß für Unähnlichkeit angenommen. DTW besitzt zwei der Eigenschaften von Metriken, nämlich

1. Symmetrie
2. Trennungseigenschaft.

Es verletzt jedoch die Eigenschaft der *Dreiecksungleichung*, wie in [Keo02] gezeigt wird. Dennoch ergibt sich der subjektive aber auch quantifizierbare Eindruck, dass DTW als Maß für die Unähnlichkeit wesentlich bessere Ergebnisse liefert als die Verwendung von Metriken. Der Schlüssel liegt in der bereits erwähnten dynamischen Abbildung der einzelnen Zeitpunkte der einen Zeitreihe auf die der anderen. Die Berechnung von DTW zweier Zeitreihen q mit m Abtastpunkten $(q_1, \ldots, q_m)$ und c mit n Abtastpunkten $(c_1, \ldots, c_n)$ lässt sich wie folgt darstellen: Es wird nach folgendem Schema eine Matrix D erstellt.

[4] Wie mit diesen Störeinflüssen entlang der *y-Achse* umgegangen werden kann, wird im Abschnitt 3.4 erörtert.

[5] Das englische Wort *warp* bedeutet so viel wie *wölben* oder *verwinden*. Der Begriff *dynamic time warping* bezieht sich auf eben diese Verformung der beiden Zeitachsen der zueinander in Beziehung gesetzten Zeitreihen c und q.

Definition 3.9. Die Matrix

$$D := \begin{pmatrix} (q_1 - c_1)^2 & (q_1 - c_2)^2 & \dots & (q_1 - c_n)^2 \\ \vdots & \vdots & & \vdots \\ (q_m - c_1)^2 & (q_m - c_2)^2 & \dots & (q_m - c_n)^2 \end{pmatrix},$$

deren Elemente die Differenzen zwischen jedem Paar an Werten der beiden Zeitreihen sind, heißt *DTW-Matrix*.

Jede mögliche Verformung der beiden Zeitachsen beschreibt einen Pfad w innerhalb der Matrix – den so genannten Warping-Pfad – welcher der Eigenschaft genügt, dass die Indizes der Zeitreihen von einem Punkt auf dem Pfad zum nächsten Punkt nie kleiner werden. Damit ist sicher gestellt, dass man keine "Zeitschleifen" erlaubt. Die quadratische Summe aller entlang dieses Pfades liegenden Abstände w_k in der DTW-Matrix repräsentiert den Abstand der beiden betrachteten Zeitreihen bezüglich dieses gegebenen Pfades. Wählt man als Pfad die Hauptdiagonale der DTW-Matrix, so erhält man den euklidischen Abstand zwischen den beiden Zeitreihen.

Innerhalb der DTW-Matrix beschreibt jeder Eintrag (i, j), $i = 1, \dots, m; j = 1, \dots, n$ die Übereinstimmung der (Abtast-)Punkte c_i und q_j. Der Wert dieses Eintrags in der DTW-Matrix entspricht dem Quadrat des euklidischen Abstand der beiden Punkte c_i und q_j

Nachdem die DTW-Matrix aufgestellt wurde, lässt sich der Warping-Pfad vom Punkt $(0, 0)$ bis zum Punkt (m, n) als eine Folge von Abstandswerten $w = (w_1, w_2, \dots, w_l)$ berechnen. Diese Berechnung lässt sich als eine Abbildung $f : \mathbb{R} \times \mathbb{R} \to [0, \infty)$ mit $w_k = f(c_i, q_j)$ und $1 \leq k \leq l$; $i = 1, \dots, m$; $j = 1, \dots, n$ formalisieren. Sie hat die folgenden drei Eigenschaften: *Abschluss durch Endpunkte, Stetigkeit* und *Monotonie*.

1. Der Warping-Pfad beginnt beim Startpunkt und endet beim Endpunkt beider Zeitreihen, d. h.,

$$\begin{aligned} w_1 &= f(c_1, q_1) \\ w_l &= f(c_m, q_n). \end{aligned}$$

2. Benachbarte Elemente des Warping-Pfads verknüpfen jeweils aufeinander folgende Punkte der Zeitreihen, d. h.,

$$w_k = f(c_i, q_j) \wedge w_{k+1} = f(c_{i'}, q_{j'}) \implies i' \leq i + 1 \wedge j' \leq j + 1. \quad (3.6)$$

3. Der Warping-Pfad ist monoton bezüglich der Zeit, d. h.,

$$w_k = f(c_i, q_j) \wedge w_{k+1} = f(c_{i'}, q_{j'}) \implies i \leq i' \wedge j \leq j'. \quad (3.7)$$

	1	4	2	5	1
0	1	17	21	46	47
2	2	5	5	14	15
4	11	2	6	6	15
3	15	3	3	7	10
2	16	7	3	12	8
1	16	16	4	19	8

Tabelle 3.1: Beispiel für eine kumulierte DTW-Abstandsmatrix für zwei Zeitreihen $u = (0, 2, 4, 3, 2, 1)$ und $v = (1, 4, 2, 5, 1)$

Der DTW-Abstand ergibt sich aus der kumulierten Summe eines optimalen Warping-Pfades. Es gibt mehrere Implementierungen für die Bestimmung des optimalen Warping-Pfades und damit des DTW-Abstands. Am häufigsten wird in der Literatur jedoch die genannte *dynamische Programmierung* diskutiert, die auf der Berechnung einer *kumulierten DTW-Abstandsmatrix* mit Hilfe einer rekursiven Funktion basiert. Es gilt

$$\begin{aligned} d_{DTW}(c, q) &= \gamma(m, n) \\ \gamma(i, j) &= d(c_i, q_j) + min(\gamma(i-1, j), \gamma(i-1, j-1), \gamma(i, j-1)) \\ \gamma(0, 0) &= 0 \\ \gamma(0, i) &= \gamma(j, 0) = \infty, \ i \leq 0 \vee i > m, \ j \leq 0 \vee j > n \end{aligned}$$

Wann immer die Zeitreihen "visuell" ähnliche Verläufe besitzen, die jedoch entlang der Zeitachse entweder

1. verschoben
2. gestaucht
3. gedehnt

sind, liefert DTW deutlich bessere Ergebnisse als es mit der Verwendung des euklidischen Abstands möglich ist. Abbildung 3.1 stellt eine solche Situation dar: Die Zeitreihen haben einen periodischen Verlauf mit geringfügig unterschiedlichen Frequenzen.

Es ist allgemein anerkannt, dass DTW in der *Genauigkeit* der Bestimmung von Unähnlichkeit zweier Zeitreihen Vorteile gegenüber anderen Abstandsmaßen besitzt. Der größte Nachteil besteht jedoch im vergleichsweise hohen Rechenaufwand und der damit verbundenen langen Verarbeitungszeit des Algorithmus. Aus diesem Grunde haben sich eine Reihe von Autoren in den letzten Jahren damit beschäftigt, Algorithmen zu entwerfen, die eine untere Schranke bezüglich des DTW darstellen, aber wesentlich effizienter zu implementieren sind. Beispielhaft sei hier der Algorithmus von [LW07] genannt.

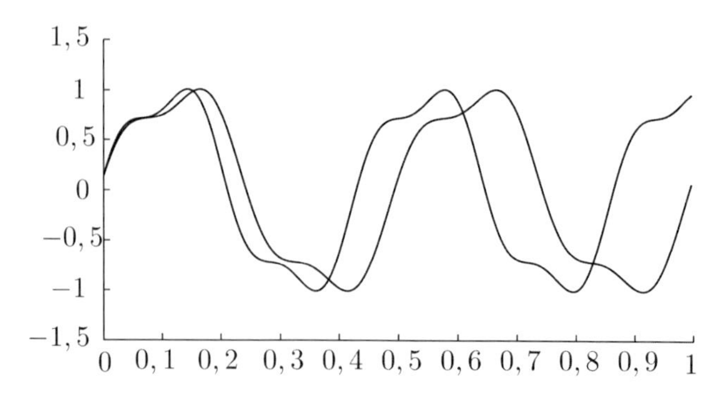

Abbildung 3.1: Zwei Zeitreihen mit geringfügig unterschiedlicher Frequenz der Grundwelle

3.4 Vorverarbeitung der Daten zur Verbesserung der Bestimmung von Abständen

Das Aufnehmen von Zeitreihen mit Hilfe von Messeinrichtungen ist ein nicht-idealer Vorgang. Insbesondere wenn unterschiedliche miteinander zu vergleichende Zeitreihen unter verschiedenen Messbedingungen aufgenommen wurden, sind sie häufig einer Reihe von Störeinflüssen ausgesetzt, die unterschiedlich stark ausgeprägt sein können. Dazu gehören z. B. :

1. Offsets
2. Amplitudenskalierung
3. Lineare Trends entlang der Zeitachse
4. Rauschen

Um eine möglichst genaue Bestimmung der Ähnlichkeit bzw. Unähnlichkeit zwischen den einzelnen Zeitreihen zu gewährleisten, ist es erforderlich, die zugrunde liegenden Daten in geeigneter Weise vor zu verarbeiten um die genannten Artefakte in den Daten bestmöglich zu unterdrücken.

Offsets Offsets sind konstante Verschiebungen entlang der y-Achse. Sie lassen sich einfach "heraus rechnen", indem man sämtliche betrachteten Zeitreihen so normiert, dass ihr Mittelwert Null ist. Für zwei gegebene Zeitreihen c

und q berechnet man den Abstand durch die Vorschrift:

$$d(c,q) := d(c - \bar{c}, q - \bar{q}) \tag{3.8}$$

Dabei charakterisiert $\bar{q}$ den Mittelwert der Zeitreihe q.

Amplitudenskalierung Unterschiedlich starke Amplituden in verschiedenen Zeitreihen lassen sich unterdrücken, indem man die einzelnen Zeitreihen so normiert, dass ihr Mittelwert Null und ihre Standardabweichung Eins ist. Für zwei gegebene Zeitreihen c und q bedeutet das

$$d(c,q) := d((c - \bar{c})/\sigma_c, (q - \bar{q})/\sigma_q) \tag{3.9}$$

Lineare Trends in Richtung der Zeitachse Lineare Trends in Richtung der Zeitachse finden sich häufig in Daten, die von Messungen, die über einen längeren Zeitraum (mehrere Minuten oder Stunden) aufgenommen werden, stammen. Lineare Trends lassen sich aus den Daten entfernen, indem man diejenige Gerade bestimmt, die (im Sinne der kleinsten Quadrate, s. [PTVF03]) die Daten am besten repräsentiert, und diese von den Daten abzieht.

Rauschen Zufällige Messungenauigkeiten aber auch Rundungsfehler bei numerischen Prozessen bewirken Rauschen in den Daten. Es gibt verschiedene Möglichkeiten dieses Rauschen zu unterdrücken. Zu den wichtigsten zählen:

1. Gleitender Mittelwert

2. Optimale Filter

Für Details zur dahinter liegenden Theorie sei auf das Grundlagenbuch [OSB04] sowie auf [Can85] verwiesen. Ferner sei darauf hingewiesen, dass sich Rauschen nicht komplett und verlustlos aus Daten entfernen lässt. Häufig gilt es einen Kompromiss zwischen *genügend glatten Daten* und der *möglichst getreuen Auflösung von Details* zu finden.

3.5 Merkmale und Merkmalsauswahl

Zeitreihen wurden in Abschnitt 3 als Elemente von Vektorräumen, also Vektoren eingeführt. Die Länge der Zeitreihen, d. h., die Anzahl der Abtastpunkte oder Samples, charakterisiert dabei die *Dimension* des Vektorraums und damit die Gesamtheit der Unbekannten, mit der ein spezifisches Problem, in diesem Falle also die Zeitreihen, beschrieben werden kann. Die bislang eingeführten Begriffe und Methoden zur Berechnung von Abständen zwischen den Zeitreihen sind unabhängig von der Dimension des Vektorraums, den die betrachteten Zeitreihen aufspannen. Dennoch gibt es zwei verschiedene Beweggründe, welche die Reduktion der Dimension des Klassifikationsproblems, d. h., der Berechnung der Abstände von Zeitreihen, erforderlich machen. Einerseits sinkt die *Komplexität* des Problems mit seiner Dimension. Das bedeutet, dass zur Berechnung des Abstandes generell weniger Operationen erforderlich und man auf diese Weise sowohl Rechenzeit als auch benötigten Speicherplatz einspart, was insbesondere bei Datenbanken mit hoher Anzahl an Zeitreihen von enormen Vorteil ist. Andererseits ermöglicht eine Reduktion der Dimension, d. h., Verringerung der Anzahl an Unbekannten, eine größere *Genauigkeit* der Berechnung der Abstände zwischen Zeitreihen. Dies geschieht dadurch, dass *irrelevante* Daten in den Zeitreihen unterdrückt und nicht weiter berücksichtigt werden, während man *signifikante* Anteile der Zeitreihen identifiziert und die Abstandsberechnung auf diese beschränkt. Auf diese Art und Weise reduziert man die Anfälligkeit der vorgestellten numerischen Methoden zur Abstandsberechnung z. B. gegenüber Rauschen bzw. statistisch nicht signifikanter Anteile in den betrachteten Daten, die jedoch zu fehlerhaften Klassifikationen führen könnten. Grundsätzlich versucht man, die Zeitreihe mit einer geringeren Anzahl an unabhängigen Variablen mit genügend guter Genauigkeit zu approximieren, um die Abstandsberechnung dann auf der neuen Repräsentation der Zeitreihen mit geringeren Aufwand und höherer Genauigkeit durchzuführen. Da es darum geht, möglichst signifikante *Merkmale* der Zeitreihe zu ermitteln, spricht man in diesem Zusammenhang auch von der *Merkmalsauswahl*.

Weisen verschiedene Zeitreihen gewisse *charakteristische Eigenschaften* auf, anhand derer sie sich eindeutig gewissen Klassen ("Zeitreihe c besitzt Merkmal M, aber Zeitreihe q nicht") zuordnen lassen, so nennt man diese charakteristische Eigenschaften einer Zeitreihe ein *Merkmal*. Der Begriff Merkmal beschreibt dabei eine Vorschrift oder Operation, die auf die Zeitreihe angewandt wird, während man das *Ergebnis* dieser Operation als *Merkmalswert* oder synonym *Ausprägung* bezeichnet.

Es gibt verschiedene Arten von Merkmalen, z. B. *nominale* Merkmale oder *metrische* Merkmale [Vor06]. Nominale Merkmale entsprechen Aufzählungen verschiedener Ausprägungen: Eine Zeitreihe ist beispielsweise "monoton steigend" eine andere "streng monoton fallend". Die Klassifikation erlaubt nur qualitative Aussagen bezüglich solcher Merkmale. Im Gegensatz dazu lassen sich metrischen Merkmalen reelle Zahlen oder Vektoren aus einem metrischen Raum zuordnen, die eine quantitativen Auswertung erlauben: Der Maximalwert der Zeitreihe c ist die reelle Zahl $max(c)$.

Für eine gegebene Klassifikationsaufgabe lassen sich zwei verschiedene Gruppen von Merkmalen unterscheiden: Diejenigen, die für die Abbildung von Zusammenhängen zwischen verschiedenen Zeitreihen benötigt werden und jene, die für Darstellung der Abhängigkeit zwischen den Zeitreihen ohne Bedeutung sind. Man unterscheidet folglich *irrelevante, redundante* und *relevante* Merkmale.

In [JKP94] werden *irrelevante* Merkmale wie folgt definiert.

Definition 3.10. Merkmale, die einen dem Ziel einer guten Klassifizierung unabhängig von den Voraussetzungen nicht näher bringen, werden *irrelevante Merkmale* genannt.

Irrelevant sind Merkmale dann, wenn es keine Korrelation zwischen den Merkmalswerten, die einer Zeitreihe zugeordnet werden, und der Zugehörigkeit zu einer bestimmten Klasse gibt.

Beispiel. Den vier Zeitreihen $c^{(1)}, \ldots c^{(4)}$ sind die verschiedenen Merkmalswerte $M(c^{(1)}) = 1$, $M(c^{(2)}) = 0$, $M(c^{(3)}) = 1$, $M(c^{(4)}) = 0$ zugeordnet. Die Zeitreihen $c^{(1)}$ und $c^{(2)}$ gehören der Klasse K_1 und die Zeitreihen $c^{(3)}$ und $c^{(4)}$ der Klasse K_2 an. Offensichtlich ist die Zugehörigkeit der Zeitreihen zu einer gewissen Klasse unabhängig vom Merkmal M.

Weisen die Ausprägungen zweier verschiedener Merkmale immer identische Werte auf bzw. korrelieren die beiden Merkmale jeweils in derselben Art und Weise mit der Zugehörigkeit zu einer gewissen Klasse, so ist eins der Merkmale *redundant.*

Definition 3.11. Ein Merkmal M ist redundant, wenn eine Funktion f mit $f(M) = A$ existiert, wobei $\mathcal{M}$ die Menge aller Merkmale ohne M ist.

Von größtem Interesse sind diejenigen Merkmale, bezüglich derer sich die Abhängigkeiten zwischen verschiedenen Zeitreihen, d. h., die Zugehörigkeit von Mengen von Zeitreihen zur selben Klasse eindeutig darstellen lassen.

Definition 3.12. Ein Merkmal ist *relevant,* wenn es weder irrelevant noch redundant ist.

Die relevanten Merkmale beschreiben tatsächlich die gewünschten charakteristischen Eigenschaften von Zeitreihen bezüglich der Klassifikationsaufgabe.

Definition 3.13. Den Prozess für gegebene Zeitreihen *relevante* Merkmale von *irrelevanten* und *redundanten* Merkmalen zu trennen, nennt man *Merkmalsauswahl.*

Im Rahmen dieser Arbeit werden überwiegend metrische Merkmale betrachtet, da nur für diese die oben beschriebenen Methoden zur Berechnung von Abständen zwischen Zeitreihen einen Sinn haben. Ziel der Merkmalsauswahl ist es, die Zeitreihen in geeigneter Weise durch eine geringere Anzahl an Unbekannten zu beschreiben. Dazu eignen sich eine Reihe von mathematischen Abbildungen. Je nach Verlauf der Zeitreihen ergeben die einen eine günstigere

Dimensionsreduktion als andere. Eine sorgfältige Auswahl an zu verwendenden Merkmalen ist ein wesentlicher Schritt für eine erfolgreiche Klassifikation. Im folgenden werden *elementare Merkmale*, *diskrete Signaltransformationen*, *Fouriertransformation*, *Walsh-Hadamard-Transformation*, *Prony-Methode* und *Parameteridentifikation* beschrieben.

Elementare Merkmale

Unter den elementaren Merkmalen für die Zeitreihenanalyse werden hier solche Merkmale verstanden, die mit einfachen mathematischen Operationen aus der Zeitreihe gewonnen werden können. Dazu zählen z. B. Minimum, Maximum, Anzahl der Nullstellen oder Mittelwert und Standardabweichung. Ferner lassen sich gegebenenfalls Flanken in der Zeitreihe detektieren und diese entweder zählen (was einem Ordinal-Merkmal entspräche) oder deren Anstiegs-/Abfallzeiten bestimmen (ein metrisches Merkmal). Weitere elementare Merkmale sind je nach konkretem Verlauf der Zeitreihe denkbar und müssen unter Umständen für jedes neue Klassifikationsproblem entwickelt werden.

Diskrete Signaltransformationen

Eine besonders effiziente Methode zur Dimensionsreduktion von Zeitreihen stellt die Anwendung von diskreten Signaltransformationen auf die Zeitreihen dar. Häufig lassen sich Zeitreihen in mittels geeigneter mathematischer Vorschriften in einen Bildbereich transformieren und mit genügender Genauigkeit in diesem durch eine sehr viel kleinere Anzahl an unabhängigen Variablen darstellen. Die diskreten Signaltransformationen selbst reduzieren die Dimension der Zeitreihen noch nicht. Im Allgemeinen lassen sich die Verläufe der Zeitreihen jedoch durch eine *Auswahl* an Koeffizienten, z. B. die ersten k, approximieren. Die übrigen $n - k$ Koeffizienten werden dann einfach weggelassen. Welche Signaltransformation eine besonders gute Approximation mit wenigen Koeffizienten liefert, ist stark vom Verlauf der Zeitreihe abhängig. Im Rahmen dieser Arbeit wurden zufriedenstellende Ergebnisse in Experimenten mit der diskreten Fouriertransformation sowie der diskreten Walsh-Hadamard-Transformation erzielt. Einige Autoren berichten auch gute Ergebnisse von der Anwendung der Wavelet-Transformation oder Singulärwertzerlegung zur Dimensionsreduktion von Zeitreihen.

Allen diskreten Signaltransformationen ist das Problem gemeinsam, *welche* Koeffizienten tatsächlich ausgewählt werden sollen. In Zeitreihen-Datenbanken werden die Zeitreihen nur in ihrer komprimierten Form abgespeichert, um Speicherplatz zu sparen. Die eigentlichen Ausgangsdaten sind dann nicht mehr vorhanden und können auch nicht mehr verlustfrei rekonstruiert werden. Aus diesem Grunde müssen alle Einträge in der Datenbank die Dimensionsreduktion in *derselben Art und Weise* erfahren. Dabei ist es unerheblich, *welche* Koeffizienten nun genau abgespeichert werden (z. B. der 1., 5., 71., ...), es müssen jedoch für alle Zeitreihen dieselben sein, um eine sinnvolle Abstandsberechnung bezüglich der gestellten Suchanfrage zu erhalten. Aus diesem Grunde werden häufig einfach die ersten k Koeffizienten abgespeichert.

Fouriertransformation

Besonders anschaulich wird diese Vorgehensweise am Beispiel der Diskreten FourierTransformation. Die Zeitreihe wird als eine endliche Linearkombination von Sinus- und Kosinusfunktionen mit ganzzahligen Vielfachen einer Grundfrequenz dargestellt. Besonders Zeitreihen, die von sich aus einen eher sinusförmigen Charakter haben (was z. B. bei Messungen analoger elektrischer Größen häufig der Fall ist), lassen sich so meist mit einer Hand voll Fourier-Koeffizienten approximieren. Die Diskrete Fouriertransformation ist ein weithin angewandtes mathematisches Werkzeug, deren Theorie gut verstanden ist [OSB04]. Sehr effiziente numerische Realisierungen existieren, allen voran die *Fast Fourier Transform* (*FFT*).

Walsh-Hadamard-Transformation

Eine große Ähnlichkeit zur diskreten Fouriertransformation weist die diskrete Walsh-Hadamard-Transformation [Gau94] auf. Als Basisfunktionen kommen hier jedoch anstelle von Sinus- und Kosinusfunktionen, eine orthogonale Untermenge der Rademacher-Funktionen, die so genannten Walsh-Funktionen [Wal23] zum Einsatz. Das sind nicht-stetige binäre Funktionen, die auf dem Intervall $[0, 1]$ definiert sind und in jedem der endlichen Teilintervalle entweder den Wert -1 oder 1 annehmen ("Rechteckfunktionen"). Analog zur Diskreten Fouriertransformation lassen sich die Koeffizienten durch eine schnelle bzw. *Fast Walsh-Hadamard Transformation* bestimmen. Die Diskrete Walsh-Hadamard-Transformation ist aufgrund der Eigenschaften ihrer Basisfunktionen besonders geeignet um die Dimension von Zeitreihen zu reduzieren, die einen eher rechteckigen Verlauf haben, wie sie zum Beispiel durch Messungen von Spannungen an einer Analog-Digital-Wandler Schaltung auftreten können.

Prony-Methode

Viele Zeitreihen, die bei der Beobachtung der elektrischen Wirkung von integrierten Schaltungen entstehen, lassen sich durch eine Überlagerung von gedämpften Sinusfunktionen approximieren. Sofern die betrachteten Zeitreihen durch das äquidistante Abtasten von kontinuierlichen Zeitsignalen mit N Abtastpunkten entstehen, lassen sie sich als eine Linearkombination von $N/2$ komplexen Exponentialfunktionen näherungsweise darstellen. Die Prony-Methode liefert einen Algorithmus zur Bestimmung der Koeffizienten der Linearkombination, indem das Problem auf die Lösung eines linearen Gleichungssystems mit N Gleichungen und N Unbekannten reduziert wird [CM92].

Parameteridentifikation

Neben den diskreten Signaltransformationen eignen sich die Methoden der Parameteridentifikation in besonderer Weise zur Dimensionsreduktion. Im Gegensatz zu den Signaltransformationen liefert die Parameteridentifikation eine vorher eindeutig festgelegte Anzahl an Koeffizienten zurück, und zwar genau diejenigen, welche bezüglich einer vorgegebenen Ansatzfunktion den geringsten Fehler im Sinne der kleinsten Quadrate aufweisen. Neben den Koeffizienten selbst ist die Bestimmung der Genauigkeit der ermittelten Werte der Koeffizienten entscheidend. Sie liefert Aufschluss darüber, wie gut die a priori angenommene Ansatzfunktion den tatsächlichen Verlauf der Zeitreihe approximiert. Eine hohe Güte der Parameter ist für eine sinnvolle Abstandsberechnung der Zeitreihen von entscheidender Bedeutung. Die Abstände zweier Zeitreihen lassen sich bezüglich einer gewählten Ansatzfunktion immer berechnen. Jedoch sind die ermittelten Abstände für eine Klassifikation der eigentlichen Zeitreihen wertlos, wenn die gewählte Ansatzfunktion die Zeitreihe gar nicht oder nicht mit genügender Genauigkeit approximiert.

Als Ansatzfunktionen für die Zeitreihenanalyse eignen sich z. B. Linearkombinationen von Polynomfunktionen, Exponentialfunktionen oder trigonometrische Funktionen.

4 Grundsätze der Diagnose unter Verwendung von Schaltungssimulationen

> A defect to the customer is a violation of the specification.
>
> *(Stephen Sunter)*

Schaltungssimulationen sind ein integraler und nicht mehr weg zu denkender Bestandteil des Entwurfsprozesses von integrierten Schaltungen. Das gilt gleichermaßen für Digital- als auch für Analogschaltungen. Mit zunehmender Akzeptanz der Schaltungssimulationen in den 1970er Jahren, kamen auch die ersten Ansätze auf, diese Technologie für die Entwicklung von Tests und später auch zur Diagnose von Schaltungen zu verwenden.

Leider werden die Begriffe, die im Zusammenhang mit dem Abweichen vom Nominalverhalten einer Schaltung stehen, in der Literatur des Fachgebiets zum Teil widersprüchlich benutzt. In Übereinstimmung mit [SMV⁺00] wird in dieser Arbeit die Auffassung vertreten, dass zwischen dem Fehlermechanismus selbst und dem ihn beschreibenden Modell unterschieden werden muss. Daher wird im Verlauf der Arbeit die folgende Bezeichnung verwendet:

Bezeichnung 4.1. Das physische Objekt (als Ergebnis des Herstellungsprozesses), dessen elektrisches Verhalten innerhalb gewisser Toleranzgrenzen dem spezifizierten Verhalten entspricht, nennt man *defektfreie Schaltung*.

Herstellungsverfahren für integrierte Schaltungen sind enorm komplexe Prozesse, die von einer Vielzahl von Parametern abhängig sind. Aufgrund dieser Komplexität sowie der Anfälligkeit gegenüber schwankenden Umgebungseinflüssen gibt es eine ganze Reihe von Phänomenen, die dazu führen können, dass eine gefertigte Schaltung ein von der Spezifikation abweichendes Verhalten aufweist. Ziel der Prozessentwicklung ist es, die wesentlichen Störfaktoren zu erkennen und Maßnahmen zu erarbeiten, die den resultierenden negativen Effekten entgegen wirken. Ziel des Entwurfs ist es, von vornherein bekannten Schwächen durch gezielte Maßnahmen entgegen zu wirken. Ziel der Testentwicklung ist es, für alle gefertigten Chips nachzuweisen, dass sie nicht von den bereits bekannten Schwächen betroffen sind. Alle drei an der Produktentwicklung beteiligten Instanzen haben folglich ein Interesse daran, die elektrischen und physikalischen Ursachen dieser Schwächen – die *Fehlermechanismen* – zu verstehen.

Bezeichnung 4.2. Als *Defekt* bezeichnet man die Ursache eines Fehlverhaltens einer Schaltung.

Gemeint ist hier eine Verwerfung im Aufbau der Schaltung, hervorgerufen durch z. B. Partikel und Maskenversatz. Ein Defekt ist diese Verwerfung gemäß Definition nur dann, wenn sie zu einer messbaren Abweichung des elektrischen Verhaltens der Schaltung führt. Zusammen mit dem Begriff der defektfreien Schaltung ist die folgende Bezeichnung sinnvoll:

Bezeichnung 4.3. Als *defekte Schaltung* bezeichnet man das physische Objekt, z. B. ein Die auf einem Wafer oder einen verkapselten Chip, dessen elektrisches Verhalten sich vom spezifizierten Verhalten der *defektfreien Schaltung* unterscheidet.

Damit lässt sich schließlich der Begriff *Defektort* einführen.

Bezeichnung 4.4. Die geometrische Lage des Defektes im Layout der Schaltung nennt man den *Defektort*.

Man unterscheidet in der englischsprachigen Literatur zwischen *spot defects* und *parametric defects*. Unter *spot defects* werden lokal begrenzte Verwerfungen im Aufbau der gefertigten integrierten Schaltung verstanden. Typische Vertreter dieser Klasse sind Partikel oder abgerissene Vias. Traditionell werden *spot defects* als diejenigen Defekte angesehen, welche die Ausbeute des Herstellungsprozesses am stärksten limitieren. Aus diesem Grund beschäftigen sich die meisten Verfahren zur Diagnose integrierter Schaltungen mit den *spot defects*. Unter *parametric defects* werden physikalische (z. B. Abmessungen von Leiterbahnen) oder elektrische (z. B. Leitfähigkeit gewisser Schichten) Parameter verstanden, die außerhalb akzeptabler Grenzen liegen. Sie führen häufig zu ganzen Gebieten auf einem Wafer, die keinerlei Ausbeute liefern [Ber96].

Defekte können bereits während der Produktion z. B. durch Fehler in der Fotolithografie, Schwächen in der Qualität der Prozesse oder des Entwurfs entstehen. Sie können sich als Kontamination, unzulängliche Kontaktierungen, Korrosion, beschädigte Oxidschichten, etc. manifestieren. Selbst nach der Herstellung können Defekte durch Elektromigration, dem Einbringen heißer Elektronen, Verlust von Ladungen durch Streuung, etc. entstehen. Auch Umwelteinflüsse wie z. B. kosmische Strahlung können den physischen Aufbau der Schaltung schädigen und zu Defekten führen. Jede dieser Ursachen führt zu unterschiedlichen Auswirkungen auf das elektrische Verhalten der Schaltung.

Die hinreichend genaue Modellierung dieser Effekte auf der elektrischen Ebene ist eine wesentliche Voraussetzung für die Diagnose integrierter Schaltungen. Es zeigt sich, dass viele unterschiedliche physikalische Ursachen zu ähnlichen elektrischen Verhalten führen. Die wichtigsten *Fehlerarten* sind [AF86]:

1. Kurzschlüsse
2. Unterbrechungen
3. Verzögerungen
4. Kopplung und Übersprechen
5. Degradation von Parametern

Dabei beziehen sich der Begriff *Verzögerung* darauf, dass sich unter Einwirkung des Fehler eine gewisse Signallaufzeit im Gegensatz zum Nominalverhalten verändert (meistens verlängert). *Kopplung und Übersprechen* sind ebenfalls Phänomene, die auch in als defektfrei anzusehenen Schaltungen auftreten. Auch hier spricht man von einem Fehler nur dann, wenn der Parameter einen nicht mehr akzeptablen Wert überschreitet und in dessen Folge zu einem möglicherweise funktionalen Ausfall der Schaltung führt.

Defekte treten entweder zufällig oder systematisch auf. Ziel ist es, einerseits die von zufälligen oder systematischen Defekten betroffenen Chips zuverlässig beim Wafertest auszusortieren und andererseits die entscheidenden systematischen Einflüsse zu identifizieren und zu eliminieren.

Die in dieser Arbeit vorgestellten Verfahren adressieren in erster Linie *spot defects*, d. h., punktuelle, lokal begrenzte Defekte. Insbesondere dann ist die Annahme gültig, dass sich der nicht vom Defekt betroffene Rest der gefertigten Schaltung wie spezifiziert verhält und mit Hilfe von Schaltungssimulationen genügend genau vorhergesagt werden kann. Für diesen Simulationsvorgang ist das elektrische Netzwerk der defektfreien Schaltung unabdingbar. Die Begriffe *Defekt*, *defektfreie Schaltung*, *defekte Schaltung* und *Defektort* haben auf der Modellebene der elektrischen Netzwerke ihre jeweilige Entsprechung.

Bezeichnung 4.5. Im Zusammenhang mit Diagnose nennt man das elektrischen Netzwerk, das die *defektfreie Schaltung* mit genügender Genauigkeit modelliert, das *fehlerfreie Netzwerk*.

Damit lässt sich der *Fehler* als zweiter wichtiger Begriff einführen:

Bezeichnung 4.6. Es sei vorausgesetzt, dass sich nicht nur die integrierte Schaltung selbst, sondern auch die möglichen Defekte als elektrische Netzwerke modellieren lassen. Das elektrische Modell eines Defektes wird als *Fehler* bezeichnet.

Bezeichnung 4.7. Injiziert man in das *fehlerfreie Netzwerk* einen beliebigen Fehler, so nennt man das resultierende Netzwerk das *fehlerbehaftete Netzwerk.* Man nennt die Menge der inzidierenden Zweige und Knoten, in die der Fehler injiziert wurde, den *Fehlerort.*

Von wesentlicher Bedeutung für den Test bzw. die Diagnose integrierter Schaltungen ist der Begriff der *Entdeckbarkeit* von Fehlern.

Bezeichnung 4.8. Man bezeichnet einen Fehler als *entdeckt*, wenn das dazugehörige *fehlerbehaftete Netzwerk* unter Einwirkung einer gewissen Erregung, dem Test-Stimulus, ein vom *fehlerfreien Netzwerk* abweichendes elektrisches Verhalten zeigt, d. h., wenn die ausgangsseitig aufgenommenen Kurven außerhalb eines vorher festgelegten Toleranzbandes liegen.

Liegen diese Kurven für den gesamten betrachteten Zeitraum innerhalb des Toleranzbandes, so nennt man den Fehler *nicht entdeckt.*

An dieser Stelle sei angemerkt, dass es noch weitere Ursachen für das Fehlverhalten einer Schaltung gibt, die sich nicht auf den Fertigungsprozess zurück führen lassen. Dazu zählen in erster Linie *Entwurfsfehler*, bei der bereits der Entwurf der Schaltung nicht die Spezifikation erfüllt. Heutige Schaltungen werden immer komplexer und verbinden nicht mehr nur analoge mit digitalen Teilen, sondern enthalten häufig auch Mikroprozessoren, auf denen Software läuft. Als Entwurfsfehler auf Software-Ebene können z. B. Endlosschleifen angesehen werden. Auf Logikebene könnte spezifiziert sein, dass zwei Signale eines Gatters durch ein logisches UND verknüpft werden sollen, der Entwurf jedoch eine logische ODER-Verknüpfung implementiert. Für einen Analogteil könnte ein Verstärkungsfaktor von 10 spezifiziert sein, das elektrische Netzwerk realisiert jedoch eine Verstärkung von -100. Ferner ist ebenso denkbar, dass zwar das elektrische Netzwerk korrekt im Sinne der Spezifikation entworfen wurde, jedoch Entwurfsschwächen im Layout aufgetreten sind. Als Konsequenz realisiert die gefertigte Schaltung nicht die Funktion des korrekten elektrischen Netzwerks. Diese Art von Entwurfsfehlern sind grundsätzlich bei jeder Übertragung des Entwurfs von einer höheren auf eine niedrigere Abstraktionsebene denkbar, es sei denn, dazu wird ein formales Verfahren angewandt. Da in dieser Arbeit für die Diagnose integrierter Schaltungen mit Hilfe von Schaltungssimulationen gewisse Annahmen getroffen werden, wird im weiteren vorausgesetzt, dass die betrachteten Schaltungen frei von *Entwurfsfehlern* sind. Nur dann gelten die Argumentationen aus Abschnitt 4.2.

4.1 Fehlermechanismen und Fehlerarten

Je nach Art und Verwendung der integrierten Schaltung werden Fehlermechanismen auf verschiedenen Abstraktionsebenen beschrieben, um effizient geeignete Tests zu entwickeln bzw. defekte Schaltungen zu diagnostizieren. Neben der Untersuchung von physikalischen Ausfallursachen werden überwiegend Logikfehler und elektrische Fehler analysiert.

4.1.1 Fehler auf der Logik-Bit-Ebene

Unter den integrierten Schaltungen nehmen die digitalen Logikschaltungen von jeher eine besonders dominierende Rolle ein. Aus diesem Grund sind auch Fehlermechanismen und deren Abbildung auf die Logik-Bit-Ebene besonders gut untersucht. Im Bereich des Tests von digitalen Logikschaltungen haben sich vor allem die *Haftfehler* (engl. *stuck-at-Fehler*) als Modelle durchgesetzt [Str03]. Für ein gegebenes fehlerfreies logisches Netzwerk lässt sich für jeden Knoten im Netzwerk zu jedem Zeitpunkt eindeutig ein logische Pegel „0“, „1“ oder „X“ zuordnen.

Die ursprüngliche Idee von Haftfehlern war es, den Effekt von Verunreinigungen durch Partikel auf das logische Verhalten von integrierten Logikschaltungen nachzubilden und einen strukturellen Test von integrierten Logikschaltungen zu ermöglichen. Die Tatsache, dass eine solche Abbildung das Testproblem auf die Analyse von Systemen von logischen Gleichungen reduziert, hat zu sehr effizienten Algorithmen zur Testsignal-Generierung und zur Diagnose von integrierten Logikschaltungen geführt. Ein Grund für die Effizienz dieser rechentechnischen Verfahren besteht darin, dass sich das zugrundeliegende Netzwerk in seiner Struktur nicht ändert. Ein weiterer Grund ist, dass logische Variablen nur eine endliche Anzahl an Werten (im einfachsten Fall die logischen Werte „0“ und „1“) annehmen können. Dadurch lässt sich die Lösung des logischen Gleichungssystems für *alle* Variablenbelegungen ermitteln.

In mehreren Veröffentlichungen (z. B. [LRA90]) wurde gezeigt, dass Haftfehler bereits seit mehr als 20 Jahren kaum noch die tatsächlich zu Grunde liegenden Fehlermechanismen mit hinreichender Genauigkeit beschreiben [LRA90]. Dies gilt erst recht für heutige Technologien mit ihren Strukturgrößen um die 50 nm. Ihre weiterhin weite Verbreitung verdanken die Haftfehler jedoch der Tatsache, dass sie zumindest auf funktionaler Ebene ein Abbild möglichen Fehlverhaltens beschreiben: *Reale* Fehlermechanismen wirken sich in Logikschaltungen in Folge einer gewissen Kette von Ereignissen häufig so aus, dass mindestens über einen gewissen Zeitraum hinweg eine logische Variable einen anderen als den spezifizierten Wert annimmt. Insofern gilt zwar nicht mehr die ursprüngliche Intention mit Haftfehlern das Fehlverhalten von integrierten Logikschaltungen strukturell zu beschreiben, jedoch liefert ihre Anwendung als funktionale Fehler immer noch sehr befriedigende Aussagen.

Es zeigt sich, dass in heutigen Technologien verschiedene Fehlermechanismen in integrierten Logikschaltungen zu einer größeren Verzögerung der logischen Signale gegenüber dem Nominalverhalten führen. Solche Phänomene werden mit Hilfe von *Verzögerungsfehlern* modelliert (*delay fault*).

Ziel ist es, eine Abbildung dieser Fehlermechanismen auf die Logik-Bit-Ebene zu finden und die etablierten Methoden und Werkzeugen für die Analyse von Haftfehlern (mit gewissen Modifikationen) weiter zu verwenden.

4.1.2 Fehler auf der elektrischen Ebene

Während sich bei der Modellierung von Defekten auf der Logik-Bit-Ebene einheitliche Begriffe und Definitionen durchgesetzt haben, ist die Terminologie zu Defekten und Fehlermechanismen in der Literatur zum Test und zur Diagnose von analogen Schaltungen weniger klar umrissen. Es gibt jedoch einige Arbeiten, insbesondere [SH04], die sich mit der Modellierung von typischen technologieabhängigen Fehlermechanismen auf der Ebene elektrischer Netzwerke beschäftigen. Häufig werden Fehler, aufgefasst als elektrische Modelle der Defekte (vgl. Abschnitt 4.1), in die folgenden Klassen eingeteilt:

1. Unterbrechungen
2. Kurzschlüsse oder nicht gewollte leitende Verbindungen
3. Leckströme
4. Parametrische Abweichungen

Bei der Modellierung von Unterbrechungen und Kurzschlüssen werden für gewöhnlich lineare resistive Netzwerke als Modelle verwendet. Selbst mit dieser Idealisierung bleibt das grundsätzliche Problem unberührt, dass die Parameter dieser Fehler, d. h., die Werte für den Widerstand, im Gegensatz zu Logikfehlern reelle Zahlen sind und damit nicht für jeden Wert simuliert werden können. Als einziger Ausweg erscheint in der Literatur zu Fehlersimulationsverfahren zumeist, den Parameterraum nur an ausgewählten Punkten zu betrachten und z. B. eine Reihe fester Widerstandswerte vorzugeben. Dadurch erhöht sich zum einen der Simulationsaufwand linear mit der Anzahl der Parameterwerte. Zum anderen ist (insbesondere für stark nichtlineare Netzwerke) die Auswirkung der Auswahl der Parameterwerte für die Fehler auf das elektrische Verhalten des Netzwerks nicht vorhersehbar. Entsprechend fein quantisiert muss die Abstufung der Parameterwerte für die einzelnen Fehlerorte folglich gewählt werden, was wiederum den Simulationsaufwand noch weiter erhöht.

Aus Gründen der Komplexität werden in dieser Arbeit nur *Einzelfehler* behandelt, d. h., aus einer zuvor definierten Fehlerliste ist immer nur *ein Fehler gleichzeitig* aktiv. Das schließt nicht aus, dass man einen gewissen Parameter, z. B. die Steilheit eines Transistors, über den ganzen betrachteten Teil einer Schaltung für alle enthaltenen Transistoren gleichzeitig verändert. Auf diese

Art und Weise lassen sich auch globale parametrische Abweichungen behandeln. Grundsätzlich ist die Behandlung von Mehrfachfehlern für die Diagnose mit Hilfe der analogen Fehlersimulation denkbar, dann muss die Komplexität der Diagnoseaufgabe aber geeignet eingeschränkt werden, z. B. indem nur ein sehr kleines Netzwerk betrachtet wird oder klare Vorgaben gemacht werden, welche Einzelfehler zu einem Mehrfachfehler zusammengefasst werden dürfen.

4.2 Diagnose als Analyse elektrischer Netzwerke

Integrierte Schaltungen sind dreidimensionale Objekte, die während des Herstellungsprozesses schichtweise auf einem Substrat (i. A. Silizium) aufgebracht werden. Dieses Substrat wird an verschiedenen Orten unterschiedlich stark dotiert und weitere Oxid- oder Nitritschichten, Metallisierungsebenen und Kontaktierungen (Vias) werden darauf abgeschieden. Für die gezielte Strukturierung des Wafers werden Masken benötigt, welche die Geometrie, der in einem gewissen Prozessschritt auf den Wafer aufgebrachten Struktur, vorgeben. Aus diesem Grunde ist eine natürliche Beschreibungsform für integrierte Schaltungen – noch dazu eine für die Herstellung unabdingbare – *die Geometrie* der einzelnen Masken oder auch das *Layout* der Schaltung.

Andererseits, und auch das wurde bereits im Kapitel 2 verdeutlicht, sind integrierte Schaltungen auch Zusammenschaltungen von einzelnen Halbleiterbauelementen – dem Wesen nach also Objekte, die sich durch ihre elektrischen Eigenschaften charakterisieren lassen. Eine zweite aber ebenso wichtige Beschreibungsform für integrierte Schaltungen ist also ihre Darstellung als lineare oder nichtlineare, dynamische oder resistive *elektrische Netzwerke.*

Diese Argumentation lässt sich auch auf die Struktur und das elektrische Verhalten einer integrierten Schaltung im Fehlerfall übertragen:

Augenscheinlich gibt es eine Korrespondenz zwischen den Beschreibungsformen der Schaltung einerseits und denen der Defekte andererseits. Diese sind am Beispiel zweier Defekte an einem CMOS-NAND-Gatter in Abbildung 4.1 veranschaulicht. Aufgabe des Entwurfs integrierter Schaltungen ist es, ausgehend von einem spezifizierten elektrischen Netzwerk, eine geeignete Geometrie zu finden, die das gewünschte elektrische Verhalten realisiert. Umgekehrt kann aus einem bereits bestehendem Layout das elektrische Netzwerk zurückgewonnen werden. Diesen Schritt bezeichnet man als *Extraktion.* Er dient normalerweise dazu, den Einfluss parasitärer Elemente mit zu modellieren. Entscheidend ist jedoch, dass damit eine Verknüpfung zwischen Layout und elektrischem Netzwerk geschaffen wird, die sich für die Lokalisierung des Defektes in der Schaltung ausnutzen lässt: Einerseits werden geometrische Informationen über die Positionen der verschiedenen Elemente direkt in die Netzliste geschrieben (*back annotation*), andererseits geben die extrahierten parasitären Kapazitäten Aufschluss über die räumliche Nähe z. B. zweier Leiterbahnen. Sie sind umso größer, je näher sich die beiden Metallstreifen sind oder je länger sie parallel verlaufen [SVC+06]. Diese Tatsache lässt sich zum Beispiel bei der Auswahl sinnvoller Fehlerkandidaten ausnutzen, indem man vermutete Kurzschlüsse zwischen geometrisch weit entfernt liegenden Leitungen aus der Liste der Fehlerkandidaten streicht. Eine weitere Korrespondenz ergibt sich zwischen Layout und realer Schaltung insofern, als dass das Layout die Grundlage für die Fertigung bildet. Die Rückgewinnung der geometrischen Abmessungen ist nur mit Mitteln der PFA mögliche und typischerweise nicht zerstörungsfrei. Das elektrische Verhalten der gefertigten Schaltung lässt sich durch Messungen elektrischer Größen mit Hilfe von Messgeräten oder automatischer Tester charakterisieren. Insofern sind genügend Verknüpfungen der verschiedenen Beschreibungsformen der integrierten Schaltung gegeben.

Im Abschnitt 1 wurden unter dem Begriff „Diagnose“ die einzelnen Teilaspekte *Detektion, Lokalisierung* und *Identifizierung* zusammengefasst. Die Detektion erfolgt durch direkte oder indirekte Messungen elektrischer Größen mit Hilfe eines Messgerätes oder eines Testers. Für eine erfolgreiche Diagnose sind zwei Bedingungen an die Beobachtungen geknüpft:

1. Die Messdaten der defekten Schaltung unterscheiden sich von denen der defektfreien Schaltung.

2. Die Messdaten der defekten Schaltung mit einem Defekt D_1 unterscheiden sich von denen der defekten Schaltung mit einem Defekt D_2.

Die erste Bedingung bedeutet anschaulich, dass ein Defekt entdeckbar ist, sofern mindestens eine Messung an einer ausgewählten Schaltung vom Nominalverhalten abweicht. Die zweite Bedingung ist verknüpft mit der Eindeutigkeit des Diagnoseproblems. Zeigen zwei verschiedene Defekte bezüglich eines Satzes an Messungen dasselbe Verhalten, so gehören sie zur selben *Fehlerklasse*. Das Diagnoseproblem ist in diesem Fall unentscheidbar. Zur vollständigen Diagnose verbleiben die Aufgaben Lokalisierung und Identifizierung unter der Berücksichtigung der aufgenommenen Messdaten.

Ziel der Diagnose ist es denjenigen *Fehler* zu finden, der den zugrunde liegenden *Defekt* am besten modelliert und über die aufgezeigten Verknüpfungen denjenigen Ort in der Schaltung zu lokalisieren, der Ursache des Fehlverhaltens ist. Es handelt sich dabei um einen Prozess, bei dem wiederholt Hypothesen über den Defektort aufgestellt und anschließend deren Sinnfälligkeit mit geeigneten Mitteln (z. B. mit weiteren Messungen oder Methoden der PFA) überprüft werden. Die in dieser Arbeit vorgeschlagenen Ansätze zur Diagnose unter Verwendung von Schaltungssimulationen dienen dazu, vernünftige Hy-

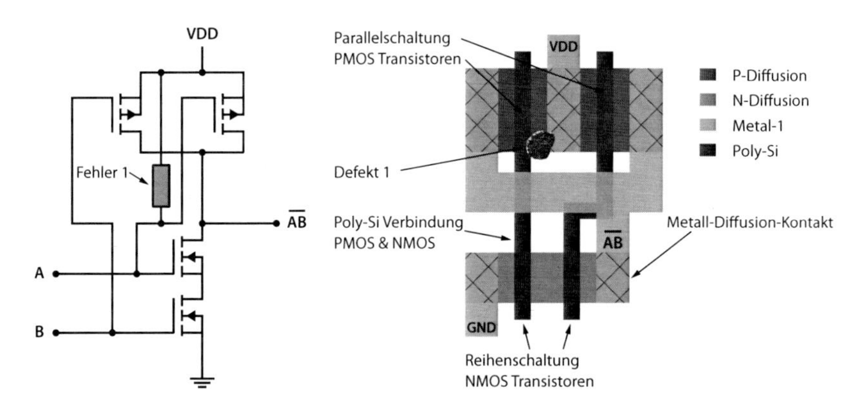

(a) Kurzschluss zwischen Leitung A und VDD auf Grund eines Partikels

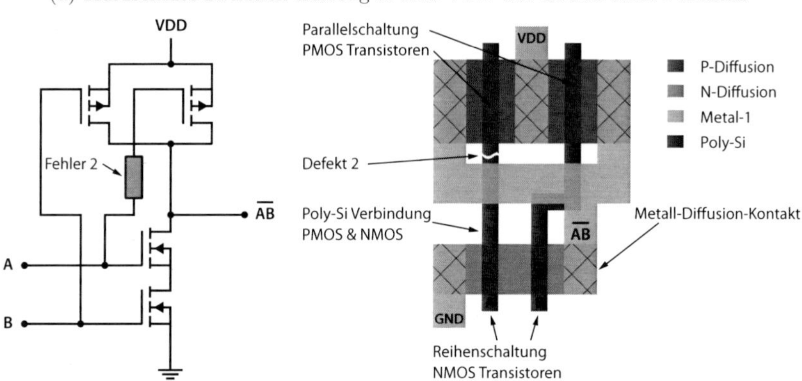

(b) Unterbrechung der Poly-Si-Verbindung in Leitung A

Abbildung 4.1: Mögliche Defekte und zugehörige Fehler am Beispiel eines CMOS-NAND-Gatters

pothesen aufzustellen und anhand der bereits verfügbaren Informationen zu überprüfen. Auf diese Weise lassen sich Fehlerorte, die *sicher nicht* ein Modell für den zugrunde liegenden Defekt sind, leicht ausschließen. Übrig bleibt eine (im Vergleich zur ursprünglich definierten Fehlerliste) geringere Anzahl an Kandidaten zur weiteren manuellen Untersuchung. Insofern sind die hier vorgestellten Verfahren *computergestützt* aber nicht *automatisch.*

4.3 Voraussetzungen und Annahmen

Es werden zwei verschiedene Ansätze zur Diagnose integrierter Schaltungen unter Verwendung von Schaltungssimulationen verfolgt. Beide Ansätze haben gemeinsam, dass sie das elektrische Netzwerk der *defektfreien* Schaltung (das *fehlerfreie* Netzwerk) in einer simulierbaren Form (d. h., als SPICE-Netzliste oder in einer der Eingabesprachen der kommerziellen Schaltungssimulatoren) sowie geeignete Messdaten der *defekten* Schaltung benötigen.

Definition 4.1. Die Diagnose unter Verwendung von Schaltungssimulationen hat zum Ziel ausgehend vom *fehlerfreien* Netzwerk diejenigen *fehlerbehafteten* Netzwerke zu ermitteln, die das Verhalten der *defekten* Schaltung am besten modellieren.

Die Messdaten werden in geeigneter Weise vorverarbeitet, anschließend erfolgen Simulationen der entsprechenden Netzwerke und zum Schluss die Klassifikation der erhaltenen Simulationsergebnisse.

Beiden Ansätzen liegt die Annahme zu Grunde, dass sich die defekte Schaltung im wesentlichen nur in einem eng begrenzten Gebiet – dem Defekt – von der defektfreien Schaltung unterscheidet. Das ist auch unter Berücksichtigung von Schwankungen der Prozessparameter dann gerechtfertigt, wenn defekte und defektfreie Schaltung aus derselben Region desselben Wafers stammen[1]. Weiterhin wird angenommen, dass sich diese Tatsache auch auf die Modellebene übertragen lässt, d. h., dass sich das fehlerfreie Netzwerk im wesentlichen nur im Fehlerort vom fehlerbehafteten Netzwerk unterscheidet. Dann ist gewährleistet, dass ein Fehler einem Defektort im Layout der Schaltung zugeordnet werden kann. Dabei ist zu berücksichtigen, dass elektrische Netzwerke i. A. eine Vergröberung des Modells hinsichtlich der geometrischen Abmessungen darstellen. Zum Beispiel kann ein Zweig in einem Netzwerk eine Metallleiterbahn die sich über mehrere Verdrahtungsebenen und eine nicht zu

[1] Herstellungsprozesse integrierter Schaltungen haben große *absolute* Toleranzen aber vergleichsweise geringe *relative* Toleranzen. Strukturen, die auf dem Wafer nahe beieinander liegen, haben also in etwa die gleichen Parameter [Nas98]. Noch stärker gilt diese Aussage, wenn mehrere gleichartige Strukturen auf einem einzelnen Chip untergebracht sind, von denen einige offenbar wie gewünscht funktionieren und andere nicht.

vernachlässigende Länge besitzt modellieren. In diesem Fall wäre eine Unterbrechung des Zweiges nicht eindeutig einer gewissen Position im Layout zuzuordnen. Die Unterbrechung der Leiterbahn könnte zum Beispiel an einem der möglicherweise zahlreichen Vias liegen.[2] Im Allgemeinen wird es mehrere Fehlerorte mit entsprechenden Parametern geben, die den Defekt genügend genau modellieren. Die letztendliche Entscheidung über die Sinnfälligkeit der Ergebnisse der Diagnose liegt immer beim Nutzer!

Wie man im Vorfeld der Diagnose zu einer sinnvollen Liste an potentiellen Fehlern – der *Fehlerliste* – gelangt, soll hier nur umrissen werden. Die Problematik ist einerseits, vernünftige Annahmen über die *Fehlerarten* zu machen. Die häufigsten Defekte sind Unterbrechungen von Leitungen (vor allem an Durchkontaktierungen oder Vias) und Kurzschlüsse zwischen eng benachbarten Leitungen [SH04] (meistens durch Partikel hervorgerufen). Im Allgemeinen werden solche Defekte als lineare Widerstände modelliert. Je nach Technologie sind jedoch auch nichtlineare resistive Fehler (Dioden, Latch-up) möglich, genauso wie induktive oder kapazitive Fehler. Zumeist werden für einen konkreten Herstellungsprozess Datenbanken über bereits identifizierte Defekte und Fehlermechanismen erstellt und gewartet, so dass aus einem Pool an Erfahrungen bei den zu betrachtenden Fehlerarten geschöpft werden kann. Der andere Teil der Problematik betrifft die *Fehlerorte*. Vernünftige Annahmen über mögliche Defektorte zu treffen, ist nur durch genaue Kenntnis des konkreten Layouts einer Schaltung möglich. Zur Übertragung der möglichen *Defektorte* der Schaltungen auf die Modellebene, d. h., in mögliche *Fehlerorte* im Netzwerk lassen sich verschiedene Heuristiken anwenden. Beispielsweise sind Kurzschlüsse nur zwischen Leitungen denkbar, die verhältnismäßig nah beieinander liegen. Unterbrechungen von ringförmigen Leitungen sind zwar möglich, zeigen jedoch unter der Annahme eines einzelnen Defekts keinen Unterschied im Verhalten im Vergleich zur defektfreien Schaltung [VKM+07]. Wiederum haben Durchkontaktierungen zwischen zwei Metallisierungsebenen eine vergleichsweise hohe Ausfallwahrscheinlichkeit. All diese möglichen Schwachstellen zu identifizieren ist eine schwierige Aufgabe. Es ist jedoch offensichtlich, dass man mit der Diagnose, wenn man sie als Auswahl geeigneter Kandidaten aus einer vordefinierten Fehlerliste begreift, nicht besser werden kann als die ursprünglichen Fehler im Verzeichnis sind. Oder anders formuliert: man kann nur diejenigen Fehler(-orte) lokalisieren, deren Existenz man im Vorfeld zumindest annimmt.

[2] Eine Unterscheidung an *welchem* Via ließe sich bestenfalls erreichen, wenn man die betreffende Leiterbahn als ein Netzwerk aus Zweigen und Netzwerkelementen modelliert.

4.4 Komplexität und Simulationsdauer

Es wurde eingangs erwähnt, dass sich integrierte Schaltungen immer in gewisse zusammengehörende Schaltungsblöcke unterteilen lassen, die für sich genommen eine überschaubare Komplexität haben und deren elektrische Netzwerke deshalb einerseits schnell zu simulieren sind und andererseits eine moderate Anzahl an möglichen Fehlerorten bieten. Die Diagnose komplexer integrierter Schaltungen ist i. A. ein mehrstufiger, hierarchischer Prozess, bei dem die Ursache des Fehlverhaltens immer weiter eingegrenzt wird. Die Anwendung auf rein analoge Schaltungen ist offensichtlich, es lassen sich jedoch auch digitale Schaltungen mit Diagnose mit Hilfe der analogen Fehlersimulation behandeln, wenn man an einem augenscheinlich defekten Chip zunächst etablierte Verfahren der Logikdiagnose, wie sie in Abschnitt 1.1.1 aufgezählt wurden, behandelt und die Ergebnisse als Ausgangspunkt für die tiefere Analyse der Ursache des Fehlverhaltens auf der elektrischen Ebene nimmt. Besonders deutlich wird dieser Ansatz bei sequentiellen Logikschaltungen, die heute typischerweise im Scan-Design-Paradigma entworfen werden. Das bedeutet, dass die digitalen Speicherelemente zu so genannten Scan-Flip-Flops erweitert, die neben dem normalen Betriebsmodus auch einen speziellen Testmodus unterstützen. Im Testmodus lassen sich die Werte der einzelnen Scan-Flip-Flops lesen und setzen. Damit wird der strukturelle Test ermöglicht, und die Testbarkeit der gesamten Logikschaltung verbessert sich erheblich[GV06][EPRB06]. Scan-Diagnose-Verfahren haben ihre Auflösungsgrenze auf der Ebene von Komplexgattern und einzelner Scan-Flip-Flops. Ein einzelnes industrielles Scan-Flip-Flop ist jedoch bereits eine verhältnismäßig komplexe Schaltung mit ca. 40-50 Transistoren, die im Layout der Schaltung eine Fläche von einigen μm^2 ausmacht. Eine noch feinere Diagnose-Auflösung ist wünschenswert, insbesondere wenn man in Betracht zieht, dass die Messverfahren der PFA eine Fläche von eher ein bis zwei Transistoren abdecken. Auf der anderen Seite ist die Komplexität eines einzelnen Scan-Flip-Flops klein genug, um sie sinnvoll mit Hilfe elektrischer Netzwerke zu modellieren und mit Hilfe von Schaltungssimulationen zu analysieren. Damit ist es gerechtfertigt, Verfahren zur Diagnose integrierter Schaltungen unter Verwendung von Schaltungssimulationen anzuwenden, wie die in dieser Arbeit vorgestellten Diagnose mit Hilfe der analogen Fehlersimulation sowie der Diagnose mit Hilfe der Kennlinienmethode.

Im folgenden sei für beide vorgestellten Ansätze angenommen, dass durch eine vorher durchlaufene Prozedur

1. das Netzwerk der defektfreien Schaltung
2. die Analysemethode
3. eine geeignete Fehlerliste

4. eine kalibrierte Messung des defekten Schaltung

jeweils von "angemessener Komplexität" vorhanden sind. Um den Begriff "angemessene Komplexität" für die in dieser Arbeit vorgestellten Verfahren zu quantifizieren, sind zwei Faktoren zu berücksichtigen: Einerseits hängt die Simulationsdauer *unmittelbar* von der Komplexität des Netzwerks ab, da die Anzahl der Knoten und Zweige die Anzahl der Netzwerkgleichungen, die numerisch gelöst werden müssen, bestimmt (s. Kapitel 2.1.5). Die Simulationsdauer t_{sim} ist abhängig von der Art der Analyse (Arbeitspunktbestimmung, Zeitbereichsanalyse, usw.). Eine sinnvolle Abschätzung über die Dauer t_{sim} einer einzelnen Simulation eines Netzwerks $\mathcal{N}$ mit einer Zweigmenge $\mathcal{Z}$ mit $z = |\mathcal{Z}|$ Zweigen und einer Knotenmenge $\mathcal{K}$ mit $k = |\mathcal{K}|$ Knoten kann a priori nicht angegeben werden, da diese Verfahren iterativ arbeiten und bereits zwei gekoppelte hochgradig nichtlineare Gleichungen eine hohe Anzahl an Iterationen benötigen können. Unter Umständen verschlechtert sich diese Situation nur wenig, wenn noch eine weitere (Netzwerk-)Gleichungen hinzugefügt wird. Grundsätzlich wird im jeden Iterationsschritt der Arbeitspunktanalyse ein lineares Gleichungssystem mit n Gleichungen gelöst (vgl. Abschnitt 2.2.1). Das häufig verwendete Gauß-Seidel-Verfahren benötigt $O(n^3)$ Operationen für die Lösung. Tendenziell besteht also ein kubischer Zusammenhang zwischen Anzahl der Netzwerkgleichungen und der Dauer für eine einzelne Simulation.

Die gesamte Simulationsdauer hängt andererseits auch *mittelbar* von der Anzahl der Knoten und Zweige im Netzwerk ab: Die Anzahl der Zweige bestimmt die Anzahl der Fehlerorte für Unterbrechungsfehler, während die Anzahl der Fehlerorte für Kurzschlussfehler durch die Anzahl der Knoten bestimmt wird. Vernachlässigt man Layout-Informationen über die konkret zu betrachtende Schaltung, so kann man als eine worst-case Abschätzung annehmen, dass zwischen jedem Knotenpaar ein Kurzschlussfehler möglich ist. Die Gesamtanzahl der möglichen Fehlerorte für ein Netzwerk $\mathcal{N}$ mit einer Zweigmenge $\mathcal{Z}$ mit $z = |\mathcal{Z}|$ Zweigen und einer Knotenmenge $\mathcal{K}$ mit $k = |\mathcal{K}|$ Knoten ist dann $z + \binom{k}{2} = z + \frac{k!}{(k-2)!2!} = z + \frac{(k-1)k}{2} \in O(k^2)$. Die tatsächliche Zahl der Fehler in der Fehlerliste ergibt sich aus der Anzahl der Fehlerorte mal der Anzahl der Parameterwerte die vorher festgelegt wurden. Zieht man in Betracht, dass die Fehlersimulation durch den analogen Fehlersimulator aFSIM (s. Abschnitt 5.1) seriell abgearbeitet wird, so multipliziert sich die Simulationszeit für die Gutsimulation mit der Anzahl der Fehlerorte und der Anzahl der Parameterwerte.

Zum Zeitpunkt der Entstehung dieser Arbeit ist die Grenze der Komplexität der Schaltung, die noch in einer sinnvollen Zeit (d. h., einige Stunden bis einige Tage) bearbeitet werden können, etwa 200 Transistoren für eine Zeitbereichsanalyse.

4.5 Vorbereitung der fehlerfreien Netzwerke für die Diagnose

Wie eingangs erwähnt, wird für beide hier vorgestellten Ansätze zur Diagnose integrierter Schaltungen das entsprechende fehlerfreie Netzwerk in einer vom jeweils verwendeten Simulator akzeptierten Form, d. h., als Netzliste z. B. im SPICE-Format, benötigt. Beim Entwurf integrierter analoger Schaltungen sind Netzlisten ohnehin elementarer Bestandteil des Entwurfsprozesses. Beim Entwurf integrierter digitaler Logikschaltungen müssen die Netzlisten unter Umständen erst aus anderen Formaten heraus erzeugt bzw. aus dem erstellten Layout der Schaltung rückerkannt werden.

Für die dem Entwurfsprozess zuzuordnende Überprüfung der Funktionalität der entworfenen Schaltung mit Hilfe von Simulationen ist es vielfach ausreichend, einzelne Schaltungsblöcke isoliert zu betrachten und eine ideale Ankopplung an andere Schaltungsblöcke anzunehmen. Unter dieser Annahme lassen sich die einzelnen frei geschnittenen Schaltungsblöcke mit idealen Quellen (z. B. idealen Spannungs- oder Stromquellen) stimulieren und die nicht getriebenen Klemmen des Netzwerks ideal (z. B. mit Leerlauf oder Kurzschluss) abschließen.

Für die Zwecke der Diagnose mit Hilfe von Schaltungssimulationen sind diese Vereinfachungen nicht haltbar, da sie

1. die elektrischen Verhältnisse an den Klemmen unter Belastung durch tatsächliche Messeinrichtungen nicht genau genug nachbilden
2. zwangsläufig zur Annahme von einigen ausschließlich pathologischen Fehlern führen.

Die Relevanz des ersten Punktes ist offensichtlich. Bei der simulativen Entwurfsüberprüfung steht der eigentliche Messvorgang nicht im Vordergrund. Das Verhalten der Schaltung kann sich unter Einwirkung von Tastköpfen und Signalgeneratoren z. B. durch zusätzliche kapazitive und resistive Lasten jedoch messbar verändern. Für die Zwecke der Diagnose ist aber gerade die Nachbildung der realen Verhältnisse mit angelegten Messeinrichtungen entscheidend, da genau diese Daten auch gemessen wurden. Simulation und Messung müssen also zunächst in Übereinstimmung gebracht werden.

Die Relevanz des zweiten Punktes soll an einem Beispiel demonstriert werden.

Beispiel. Gegeben sei ein fehlerfreies Netzwerk mit einem Eingang und einem Ausgang. In der betrachteten Messanordnung soll das Netzwerk durch eine ideale Spannungsquelle mit der Eingangsspannung U_1 erregt werden, der Ausgang sei durch einen Leerlauf abgeschlossen, an der die Ausgangsspannung U_2

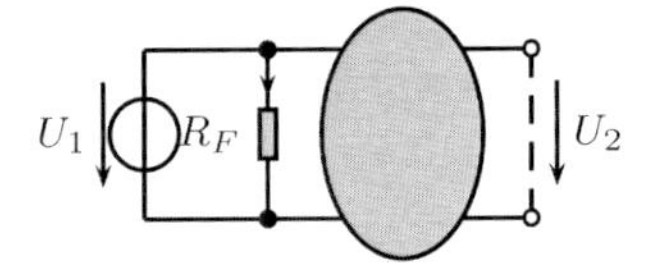

(a) Ein fehlerbehaftetes Netzwerk mit idealer Quelle am Eingang

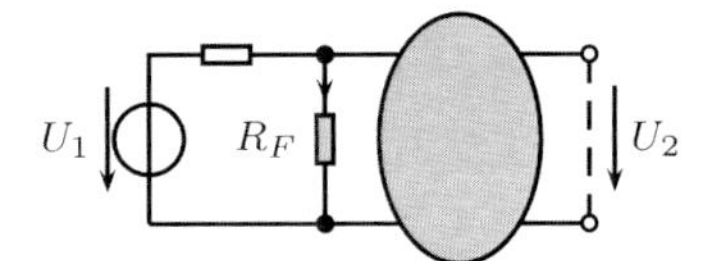

(b) Ein fehlerbehaftetes Netzwerk mit zusätzlichem Innenwiderstand am Eingang

Abbildung 4.2: Demonstration eines nicht entdeckbaren Kurzschlussfehlers R_F durch zu idealisierter Modellierung der Eingangsquelle

gemessen wird. Als Defekt in der Schaltung wird ein Kurzschluss zwischen dem Eingangsklemmenpaar vermutet. Dieser Defekt sei rein resistiv und durch den linearen Fehler-Widerstand R_F parallel zur Spannungsquelle modelliert (vgl. dazu Abbildung 4.2a). Unter diesen Voraussetzungen ist der Fehler bzgl. der Ausgangsspannung U_2 nicht entdeckbar. Auf Grund der idealen Spannungsquelle als Modell für den Signalgenerator fließt zwar ein hoher Strom durch den Fehler-Widerstand R_F, die Spannung über dem Eingangsklemmenpaar des Netzwerks bleibt jedoch unverändert. Aus diesem Grund ändert sich auch die Spannung an den Ausgangsklemmen des Netzwerks nicht. Da keine Änderung des relevanten Verhaltens feststellbar ist, gilt der Fehler als nicht entdeckt!

Die Erfahrung zeigt, dass ein solches Verhalten in einer realen Schaltung nicht auftritt. Ist in der defekten Schaltung tatsächlich ein physischer Kurzschluss zwischen der Signalleitung und der Masseleitung, wird es zu einem Einbruch der Spannung kommen, da die Spannung des realen Signalgenerators unter Einwirkung des großen Stromes der durch den Kurzschluss zu treiben ist, zusammenbrechen wird. Die veränderte Eingangsspannung würde auch zu einer Veränderung der Ausgangsspannung führen. Der tatsächliche Defekt in der Schaltung wäre messtechnisch nachweisbar.

Offenbar ist die Modellierung des Signalgenerators als ideale Spannungsquelle unzulänglich. Im konkreten Fall führt bereits die Modellierung des Signalgenerators als eine Reihenschaltung aus idealer Spannungsquelle mit Innenwiderstand (vgl. Abbildung 4.2b) zu dem erwarteten Ergebnis: die Spannung an der Eingangsklemme des Netzwerks bricht zusammen; ein Unterschied in der Ausgangsspannung ist beobachtbar. Der Fehler wird in diesem Fall entdeckt.

Ein Ausweg stellt die Einbettung des fehlerfreien Netzwerks der zu untersuchenden Teilschaltung in ein Netzwerk, das möglichst realistisch die direkte Umgebung modelliert. Dazu zählen z. B. Modelle für Quellen die den nichtlinearen Charakter von Treiberstufen, die aus Transistoren aufgebaut sind, berücksichtigen. Das gleiche gilt für die Senken als Last an den Ausgängen der Teilschaltung. Mit Blick auf die Komplexität ist es nicht erforderlich, Quellen und Senken als Transistorschaltungen aufzufassen. Es genügen einfache elektrische Verhaltensmodelle, die z. B. die u, i-Kennlinie stückweise linear oder mit Hilfe von Splines approximieren.

5 Diagnose mit Hilfe der analogen Fehlersimulation

With sufficient thrust, pigs fly just fine.

(R. Callon)

Die Diagnose mit Hilfe der analogen Fehlersimulation stellt einen besonders pragmatischen Ansatz dar, Defekte in integrierten Schaltungen mit Hilfe von Computern aufzudecken. Vorausgesetzt werden lediglich eine Beschreibung des Netzwerks der zu untersuchenden Schaltung in Form einer SPICE-Netzliste, eine vorher definierte Fehlerliste sowie Messdaten vom defekten Chip. Keinerlei Restriktionen gibt es die konkreten Analysemethoden betreffend, d. h., es sind sowohl Arbeitspunkt-, Zeitbereich-, Kleinsignal-, Rausch- oder beliebige andere Analysemethoden denkbar, sofern es möglich ist, entsprechende Messungen an defekten und defektfreien Chips mit Simulationsergebnissen an den dazugehörigen i. A. nichtlinearen dynamischen Netzwerken in Einklang zu bringen.

Der allgemeine Ablauf der Diagnose mit Hilfe der analogen Fehlersimulation ist in Abbildung 5.1 dargestellt. Das Verfahren kann in die drei Phasen *Vorverarbeitung*, *Analoge Fehlersimulation* und *Berechnung der Ähnlichkeiten* unterteilt werden. Gegenüber den bekannten z. B. in [BS85] beschriebenen Verfahren, die ebenfalls analoge Fehlersimulationen zur Diagnose von Schaltungen verwenden, lässt sich das hier vorgestellte Verfahren dadurch charakterisieren, dass Ähnlichkeiten zwischen simulierten Signalen und dem gemessenen Referenzsignal berechnet werden, um eine Aussage hinsichtlich der Plausibilität eines angenommenen Fehlers zu erlangen. Dazu werden die im Kapitel 3 vorgestellten Prinzipien der Zeitreihenanalyse und der unscharfen Megen herangezogen. Ferner wurden in bisherigen Arbeiten die Fehlersimulationen im Vorfeld des Tests ausgeführt (*simulation-before-test*), um anschließend die Ausgabesignale (oder daraus berechnete Signaturen) eines defekten Schaltkreises einem dieser vorberechneten Fehlersignaturen zuzuordnen. Eine solche Sichtweise erfordert es, eine möglichst geringe Datenmenge (Stimuli, Fehler, Signaturen) in so genannten Fehlerverzeichnissen abzulegen. Häufig wird in diesen Arbeiten die Linearität der Nominalnetzwerke für die Diangose ausgenutzt, was die Anwendbarkeit auf reale Defekte in Schaltungen limitiert, da keinesfalls gewährleistet ist, dass sich nominal lineare Schaltungen im Fehler-

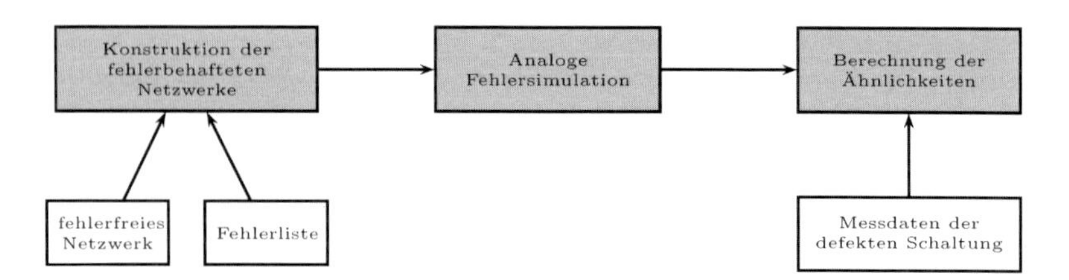

Abbildung 5.1: Ablauf der Diagnose mit Hilfe der analogen Fehlersimulation

fall immer noch linear verhalten. In dieser Arbeit erfolgt die Fehlersimulation nachträglich an einem als defekt bekannten Schaltkreis unter Kenntnis der im Test verwendeten Stimuli und gemessenen Ausgangssignale (*simulation-after-test*). Die Linearität einer Schaltung wird hier weder im Nominal- noch im Fehlerfall vorausgesetzt.

5.1 Analoge Fehlersimulation

Die *Fehlersimulation* ist ein etabliertes Werkzeug für die Entwicklung von Testprogrammen an *digitalen* Schaltungen. Die grundlegende Idee ist, eine Reihe von möglichen Fehlfunktionen, die eine digitale Schaltung haben könnte, anzunehmen und diese Fehler einzeln und nacheinander in die fehlerfreie Schaltung einzusetzen, um die Wirkung gewisser Testsignale auf die so konstruierten fehlerbehafteten Logiknetzwerke zu untersuchen. Die *fehlerfreie Schaltung* ist in diesem Fall ein *logisches Netzwerk*, die *Fehler* sind Modelle möglicher Defekte auf der Logik-Bit-Ebene. Die *Testsignale* sind Folgen von logischen Eingangsbelegungen an der Schaltung, die *Wirkung* entsprechende Folgen von Ausgangsbelegungen. Unterscheidet sich für ein gewisses fehlerbehaftetes Netzwerk die Ausgangsbelegung von der Ausgangsbelegung der fehlerfreien Schaltung, so nennt man den zum Netzwerk gehörenden Fehler *entdeckt*, andernfalls *nicht entdeckt*. Ziel der Testentwicklung ist es, einen Satz von Testsignalen zu bestimmen, der möglichst viele Fehler entdeckt. Die Akzeptanz dieser grundsätzlichen Vorgehensweise[1] ist eng an die große Akzeptanz der Haftfehler als logisches Modell von physischen Defekten in integrierten Schaltungen geknüpft.

Auch wenn für die elektrische Ebene keineswegs allgemein akzeptierte Fehlermodelle existieren (s. Abschnitt 4.1.2), lässt sich die Vorgehensweise der

[1] Eine ganze Reihe von Methoden zur konkreten Bestimmung von (sub-)optimalen Testsignalen existiert in der entsprechenden Fachliteratur. Auf diese Methoden soll hier nicht weiter eingegangen werden.

Fehlersimulation auch auf diese Ebene übertragen. Zur Unterscheidung von den *digitalen* Verfahren spricht man in der Fachliteratur i. A. von *analoger Fehlersimulation*. Diese Bezeichnung hat sich durchgesetzt, weil ursprünglich die Modellierung integrierter Schaltungen mit Hilfe *elektrischer Netzwerke* vor allem auf *Analogschaltungen* angewandt wurde. Diese Dominanz führte dazu, dass *analog* und *modelliert mit Hilfe elektrischer Netzwerke* häufig synonym verwandt werden. Selbstverständlich lassen sich auch *digitale Schaltungen* mit Hilfe elektrischer Netzwerke modellieren.

Zum Zwecke der Diagnose mit Hilfe von Fehlersimulation werden aus dem fehlerfreien Netzwerk und der Fehlerliste fehlerbehaftete Netzwerke konstruiert, indem die einzelnen Fehler mit ihrem Wert an den festgelegten Ort im Netzwerk injiziert werden. Ein Fehler ist eindeutig durch seine Fehlerart (z. B. Widerstand, Kapazität, degradierter Transistor,...), die zugehörigen Parameterwerte (z. B. Widerstandswerte in Ω, Kapazitätswerte in pF,...) und den Fehlerort (z. B. im Zweig n, zwischen Knoten a und b,...) bestimmt. Ein einzelner Fehler kann aus einem Netzwerkelement mit zwei oder mehreren Klemmen oder einer beliebigen Zusammenschaltung von ganzen Netzwerken bestehen. Selbst die Änderung globaler Schaltungsparameter, wie z. B. der Temperatur, ist als ein einzelner Fehler denkbar[2]. Für *jeden einzelnen Eintrag* in der Fehlerliste, d. h., jedem einzelnen Fehler, wird *ein* fehlerbehaftetes Netzwerk konstruiert. In der zweiten Phase des Diagnoseablaufs werden alle konstruierten fehlerbehafteten Netzwerke entsprechend der Simulationsanweisungen simuliert. Die ersten beiden Phasen des Diagnoseablaufs zusammen genommen unterscheiden sich durch nichts von analoger Fehlersimulation, die üblicherweise dazu benutzt wird, für eine gegebene Fehlermenge strukturiert die Auswirkung auf das Verhalten der Schaltung vorherzusagen. Insbesondere wird die analoge Fehlersimulation zur Überprüfung vorhandener Testprinzipien benutzt, indem man überprüft, ob das zu untersuchende Testverfahren alle angenommenen Fehler entdeckt oder nicht. Am Institutsteil Entwurfsautomatisierung des Fraunhofer-Institut für Integrierte Schaltungen wurde für diese Zwecke der analoge Fehlersimulator *aFSIM*[SMV+00] entwickelt, das Werkzeuge zum strukturierten Manipulieren von Netzlisten und zum Steuern der eigentlichen Simulatorkerne bietet.

5.1.1 Automatische Erzeugung von Fehlerlisten

Wie im vorangegangenen Abschnitt gezeigt, ist eine wesentliche Voraussetzung für die Diagnose mit Hilfe der analogen Fehlersimulation eine Fehlerliste, mit physikalisch sinnvollen Fehlern. Dabei umfasst ein Eintrag in der Fehlerliste nicht nur den Ort in der Topologie des Netzwerks (z. B. "zwischen Knoten 1 und

[2]Das widerspricht nicht der Einzelfehlerannahme. Vgl. dazu Abschnitt 4.3

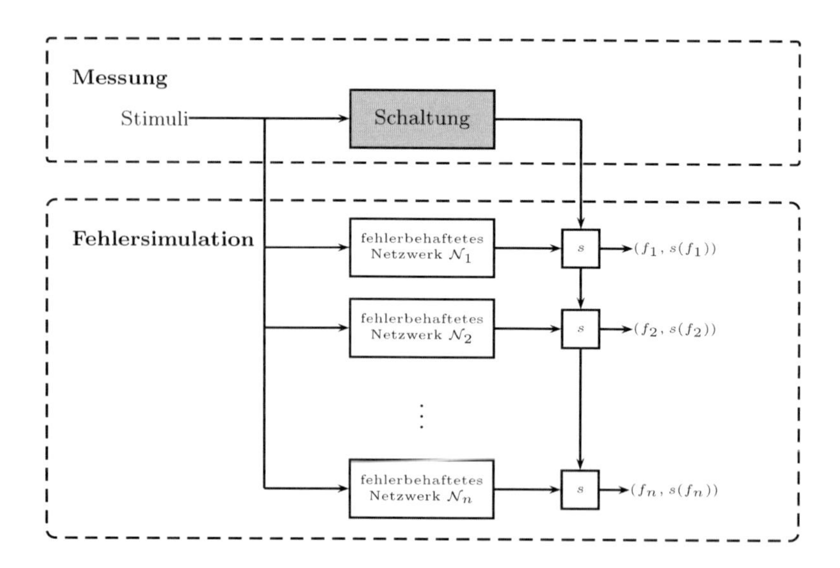

Abbildung 5.2: Zusammenspiel von analoger Fehlersimulation und Berechnung der Ähnlichkeit

Knoten 13" oder "im Zweig a") sondern auch über die u, i-Relation (z. B. "linearer Widerstand") und Parameter des betreffenden elementaren Netzwerks oder Teilnetzwerks (z. B. "der Widerstand beträgt $50\,\Omega$") in einer strukturierten, maschinenlesbaren Form. Für sehr kleine Netzwerke (oder bei sehr konkreten Vermutungen über den Fehlerort) ist es möglich die Fehlerliste manuell anzugeben. Für die meisten praktischen Anwendungen ist die Komplexität der Netzwerke und damit die Zahl der möglichen Fehlerorte zu groß für eine rein manuelle Eingabe. Aus diesem Grunde sind Werkzeuge zur automatischen Erzeugung von Fehlerlisten unerlässlich. Im Zusammenhang mit analoger Fehlersimulation werden darunter i. A. Methoden und Werkzeuge verstanden, die alle Fehler auflisten, die gewisse vom Benutzer bereitgestellte Kriterien erfüllen.

Der analoge Fehlersimulator *aFSIM*[SLV04, SVAS01] stellt für die automatische Erzeugung von Fehlerlisten ein eigenständiges Modul, den Fehlerlisten-Generator, bereit. Der Fehlerlisten-Generator erzeugt für ein (in maschinenlesbarer Form, d. h. *Spice*) gegebenes Netzwerk eine Fehlerliste unter Verwendung von vordefinierten Fehlermustern. Auf Grund der Tatsache, dass die in Schaltungssimulatoren verwendeten Netzlisten im *ASCII*-Format vorliegen, lassen sich Algorithmen der Textverarbeitung verwenden, um nach bestimmten Schlüsselwörtern oder Bezeichnern (z. B. Rxxx für einen Widerstand, Lxxx für eine Spule, Cxxx für eine Kapazität, Mxxx für einen Feldeffekt-

Transistor, Qxxx für einen Bipolar-Transistor, Dxxx für eine Diode, Vxxx für eine unabhängige Spannungsquelle, Ixxx für eine unabhängige Stromquelle, Gxxx für eine spannungsgesteuerte Stromquelle usw. , wobei xxx jeweils eine frei wählbaren Zeichenkette ist) zu suchen, diese zu ersetzen oder Zeichenketten zwischen zwei Schlüsselwörtern zu manipulieren. Der Fehlerlisten-Generator selbst verwendet eine Beschreibungssprache, die einer einfachen blockweisen Syntax folgt. Als erstes wird ein Fehlermuster angegeben, nach dem in der Netzliste gesucht wird. Der zweite Teil des Fehlermusters beschreibt, welche Fehler erzeugt werden sollen, wann immer ein Treffer für dieses Fehlermuster in der Netzlliste entdeckt wird.

Die Fehlermuster lassen sich unter Verwendung regulärer Ausdrücke beschreiben. Logische Verknüpfungen wie UND, ODER können angegeben werden, um nach komplexeren Strukturen im Quelltext zu suchen. Die Beschreibung der zu erzeugenden Fehler kann Variablen aus der Beschreibung des Fehlermusters verwenden (z. B. den Knotennamen), um Platzhalter in der Beschreibung des Fehlers durch die tatsächlichen Bezeichner zu ersetzen. Die möglichen Aktionen, die ausgelöst werden können, sobald ein Fehlermuster im Quelltext entdeckt wurde, umfassen das Verändern von Netzwerkparametern (z. B. den Widerstandswert), das Löschen von Knoten, das Einfügen von weiteren Netzwerkelementen oder das Ersetzen von Netzwerkelementen oder Unternetzwerken. Im folgenden Beispiel werden alle im Netzwerk enthaltenen lineare Widerstände ermittelt und jeweils zwei Fehler erzeugt:

Fehler 1: Ein linearer Widerstand von 20 Ω wird parallel geschaltet.

Fehler 2: Der Zweig wird aufgetrennt und ein linearer Widerstand mit 10 MΩ wird zusätzlich mit dem gefundenen Widerstand in Reihe geschaltet.

```
%pattern
# Für alle Widerstände
R %1 %2

%faults
# Fehler 1
# Parallelschaltung mit 20Ohm
F_%n__S__%e__%1_%2 INSERT %p/R._s (%1 %2) R=20

# Fehler 2
GROUP F_%n__O__%e__%1
  # Trenne Zweig auf
  NODECHANGE %p/%e (NEW_NODE nc)
  # Füge Widerstand mit 10MOhm ein
  INSERT %p/R._s (NEW_NODE %1) R=1.0e+7
GEND
```

Das Ergebnis des Fehlerlisten-Generators ist eine für das angegebene Netzwerk spezifische Fehlerliste in maschinenlesbarer Form als *ASCII*-Text, die zur weiteren Verarbeitung mit *aFSIM* bereit gestellt wird. Der Vorteil des Fehlerlisten-Generators ist, dass unter Angabe von wenigen Fehlermustern eine beliebig große Anzahl von Fehlern automatisch erzeugt werden kann.

5.1.2 Manipulation der fehlerfreien Netzwerke

Für die analoge Fehlersimulation müssen ausgehend vom fehlerfreien Netzwerk und unter Verwendung der Fehlerliste so viele fehlerbehaftete Netzwerke erzeugt werden, wie es Fehler in der Fehlerliste gibt. Dazu stellt der analoge Fehlersimulator *aFSIM* ein eigenes Modul bereit. Das ursprüngliche Netzwerk wird in ein gesondertes Unterverzeichnis kopiert und entsprechend der Anweisungen in der Fehlerliste manipuliert, d. h., der Fehler wird in das Netzwerk injiziert. Der Simulator wird mit dem Quelltext des fehlerbehafteten Netzwerks gestartet. Die Simulationsanweisungen bleiben gegenüber der Gutsimulation (der Analyse des fehlerfreien Netzwerks) unverändert. Die Ausgabe der Simulation wird abgespeichert und für die Weiterverarbeitung der simulierten Signale verfügbar gemacht.

5.2 Berechnung der Ähnlichkeiten

Als Ergebnis der im Abschnitt 5.1 beschriebenen *analogen Fehlersimulation* erhält man für jeden Fehler $F_1, \ldots, F_n$ aus der Fehlerliste X ein Signal am Messpunkt, im folgenden das *simulierte Ausgangssignal* oder einfach *simuliertes Signal* genannt. Die simulierten Signale lassen sich unabhängig von der konkreten Analysemethode (Arbeitspunkt-, Kleinsignal-, Zeitbereichsanalyse usw.) die während der Simulation verwendet wurde, als *Zeitreihen* auffassen.

Die Verläufe der simulierten Signale werden jeweils mit dem Verlauf des *gemessenen Signals* der *defekten Schaltung* verglichen. Es wird ermittelt, *wie ähnlich* jeder einzelne Verlauf eines simulierten Signals dem Verlauf des gemessene Signals ist. Zur Bestimmung dieser Ähnlichkeiten werden die im Kapitel 3 beschriebenen Methoden zur Abstandsberechnung verwendet, um den *visuellen* Vergleich der jeweils beteiligten Kurvenverläufe nachzubilden, wie im Abschnitt 3.3 dargelegt. Abstände bezüglich verschiedener Merkmale oder Signalabschnitte werden mit Hilfe von Operationen auf unscharfen Mengen zu einem *Ähnlichkeitsgrad* verknüpft. Gesucht sind auf der einen Seite diejenigen Fehler, deren simulierte Signale eine besonders große Ähnlichkeit zu dem gemessenen Signal besitzen. Es wird angenommen, dass diese den tatsächlichen Defekt im Schaltkreis am besten modellieren und damit einen Ausgangspunkt für weitere elektrische Messungen oder der Anwendung der Methoden der PFA liefern. Es zeigt sich, dass es sinnvoll ist, die Berechnung der Abstände nicht nur bezüglich *eines* Merkmals durchzuführen, sondern *mehrere* Merkmale gleichzeitig heranzuziehen. In dieser Arbeit werden dazu zwei verschiedene Ansätze verwendet:

1. Der Kurvenverlaufs der Signale wird in *mehrere Abschnitte* unterteilt. Jedem Abschnitt wird *genau ein* Merkmal zugeordnet.

2. Es werden *mehrere* Merkmale auf den *gesamten* Kurvenverlauf der Signale angewendet.

Beide Ansätze haben gemeinsam, dass die Auswahl der Merkmale bzw. die Unterteilung in Abschnitte anhand des *gemessenen Signals* durchgeführt wird und damit das gemessene Signal als Referenz dient. Diese Vorgehensweise ergibt sich aus der Tatsache, dass vor Beginn der Diagnose nur das gemessene Signal bekannt ist, während die zu den definierten Fehlern $F_1, \ldots, F_n$ gehörenden simulierten Signale einen beliebigen Kurvenverlauf haben können. Es lässt sich argumentieren, dass ein plausibler Fehler gefunden wurde, sobald das dazugehörige simulierte Signal dem gemessenen Referenzsignal sehr ähnlich ist.

Unterteilung des Signals in Abschnitte und Anwendung einzelner Merkmale

Es gibt Signale, deren Kurvenverläufe in natürlicher Weise in Abschnitte unterteilt werden können. Dazu zählen z. B. rechteckige Signalverläufe wie sie bei der Zeitbereichsanalyse von digitalen Schaltungen vorkommen aber auch Ausgangscharakteristiken von realen Strom- oder Spannungsquellen. Im Falle rechteckiger Signalverläufe lässt sich das Signal nicht nur in Abschnitte gemäß der statischen Pegel des gemessenen Referenzsignals unterteilen, sondern auch der Verlauf der steigenden oder fallenden Flanken berücksichtigen. Die Unterteilung des ursprünglichen Signals in einzelne Zeitabschnitte erlaubt es den Testingenieur, gezielt visuell auffällige Teile des gesamten Signalverlaufs auszuwählen und auf diese besonders einfache Merkmale wie z. B. "globales Minimum", "globales Maximum" sowie "Parameteridentifikation" mit linearen oder quadratischen Ansatzfunktionen anzuwenden. Die Dimensionreduktion ist in diesem Fall besonders hoch, da diese Merkmale den betrachteten Zeitabschnitt auf einige wenige Koeffizienten reduzieren. Die Vorgehensweise erlaubt es, Merkmale und Verlauf des Signals im betreffenden Abschnitt gut aufeinander abzustimmen. Aufgrund der Tatsache, dass diese Merkmalsauswahl ausschließlich am gemessenen Signalverlauf vorgenommen wird (und nicht für jeden simulierten Fehler), ist der zeitliche Aufwand des manuellen Eingriffs vertretbar.

Es bezeichne $X = \{F_1, \ldots, F_n\}$ die Fehlermenge mit den Fehlern $F_1, \ldots, F_n$. Ferner wurden anhand des Signalverlauf des gemessenen Signals m Abschnitte $I_1, \ldots, I_m$ entlang der Zeitachse definiert, die für eine Klassifikation signifikant sind. Jedem Zeitabschnitt sei *genau ein* Merkmal zugeordnet, bezüglich dessen die Berechnung der Abstände der simulierten Signale zum gemessenen Signal erfolgt. Konkret werden in dieser Arbeit die Merkmale "globales Minimum", "globales Maximum" sowie "Parameteridentifikation" mit linearen oder quadratischen Ansatzfunktionen verwendet. Diese Merkmale lassen sich besonders einfach und mit geringem Rechenaufwand realisieren. Sie haben sich insbesondere bei Beispielen aus der industriellen Praxis insofern bewährt, als dass alle zugrundeliegenden Defekte mit ihnen entdeckt werden konnten.

Dann ist gemäß den Definitionen aus Abschnitt 3.1 für jedes $j \in 1, \ldots, m$ eine unscharfe Menge $d_j : X \to \mathbb{R}$ gegeben. Jedem Fehler $x \in X, \quad i \in 1, \ldots n$ wird als Grad der Zugehörigkeit zur unscharfen Menge d_j der *Abstand* des entsprechenden simulierten Signals zum gemessenen Signal bezüglich des Merkmals M_j, dass zum Zeitabschnitt I_j gehört, zugeordnet. Wie im Abschnitt 3.3 dargelegt, beschreiben diese Abstände zunächst einen Grad der Unähnlichkeit zum gemessenen Referenzsignal.

Anwendung mehrerer Merkmale auf das gesamte Signal

Viele Zeitreihen, die z. B. bei der Analyse von analogen Schaltungen auftreten, zeigen einen hinreichend glatten Verlauf, der kaum eine sinnvolle Unterteilung in prägnante Zeitabschnitte ermöglicht oder für den ein geeignetes Merkmal, das diesen Verlauf besonders gut repräsentiert, nicht offensichtlich ist. Unter diesen Umständen ist es sinnvoll, *mehrere* Merkmale auf die Zeitreihe anzuwenden, um die Ähnlichkeitsbestimmung der simulierten Signale zum gemessenen Referenzsignal unter verschiedenen Blickwinkeln zu ermöglichen. Es ist anzunehmen, dass einander visuell ähnliche Zeitreihen auch bezüglich mehrerer verschiedener Merkmale einen hohen Grad der Ähnlichkeit aufweisen werden. Insofern ist die Verwendung von verschiedenen Merkmalen aus einer gewissen Menge, z. B. den im Abschnitt 3.5 vorgestellten Merkmalen, vernünftig, wenn keinerlei a-priori-Wissen zur Verfügung steht.

Im folgenden sei angenommen, dass m verschiedene Merkmale $M_1, \ldots, M_m$ ausgewählt wurden, die sich besonders eignen, um die charakteristischen Eigenschaften des gemessenen Signals zu beschreiben. Die Merkmale sollen so gewählt sein, dass die Anwendung der einzelnen Merkmale auf die simulierten Signale sowie auf das gemessene Signal es zulässt, unter Verwendung einer geeigneten Vorschrift, z. B. einer beliebigen Metrik oder des DTW, jeweils ein Abstandswert (d. h., eine reelle Zahl) der simulierten Signale zum gemessenen Signal zu berechnen. Dann ist gemäß den Definitionen aus Abschnitt 3.1 für jedes $j \in 1, \ldots, m$ eine unscharfe Menge $d_j : X \to \mathbb{R}$ gegeben. Jedem Fehler

$x \in X, \quad i \in 1, \dots n$ wird als Grad der Zugehörigkeit zur unscharfen Menge d_j der Abstand des entsprechenden simulierten Signals zum gemessenen Signal bezüglich des Merkmals M_j zugeordnet. Einerseits existiert also für jedes Merkmal M_j *eine* unscharfe Menge mit der Fehlermenge X als Grundmenge. Andererseits lassen sich die Fehler $F_1, \dots, F_n$ durch alle Merkmale (genauer den Abständen zum gemessenen Signal bezüglich der Merkmale) gleichzeitig beschreiben, indem man die unscharfe Menge $d : X \to \mathbb{R}^m$ für alle $x \in X$ mit $x \mapsto (d_1(x), \dots, d_m(x)) = d(x)$ definiert. Dann ist $d(x)$ ein Maß dafür, welchen Abstand x vom gemessenen Signal bezüglich aller Merkmale gleichzeitig besitzt, d. h., wie *unähnlich* die simulierten Signale dem gemessenen Referenzsignal sind.

5.2.1 Ordnung unter Verwendung unscharfer Mengen

Ziel einer jeden Diagnose unter Verwendung von Schaltungssimulationen ist es, diejenigen Fehler $x \in X$ zu ermitteln, die den tatsächlichen Defekt in der Schaltung am besten modellieren. Im Bezug auf die Diagnose mit Hilfe der analogen Fehlersimulation bedeutet es, diejenigen Fehler $x \in X$ auszuwählen, die eine besonders große Ähnlichkeit zum gemessenen Referenzsignal aufweisen. Das lässt sich realisieren, indem die Fehler hinsichtlich ihrer Ähnlichkeit geordnet werden, um dann eine Menge von Fehlern auszuwählen, deren Grad der Ähnlichkeit einen vorgegebenen Schwellwert überschreitet. Dazu ist es erforderlich die berechneten *Grade der Unähnlichkeit* in *Ähnlichkeitsgrade* zu überführen.

Bestimmung der Ähnlichkeitsgrade aus den Abständen von Zeitreihen

Mit den im Abschnitt 5.2 beschriebenen Vorgehensweisen werden den simulierten Fehlern in einem ersten Schritt Abstandswerte vom gemessenen Referenzsignal bezüglich unterschiedlicher Zeitabschnitte oder unterschiedlicher Merkmale zugeordnet. In beiden Fällen entstehen m unscharfe Mengen, deren Grad der Zugehörigkeit unterschiedliche Eigenschaften der simulierten Signale berücksichtigt. Da diesen Zugehörigkeitsgraden unterschiedliche Berechnungsvorschriften zu Grunde liegen, sind die resultierenden Abstandswerte i. A. nicht direkt miteinander vergleichbar, sondern können sich in den Beträgen um einige Größenordnungen unterscheiden. Soll keins der Merkmale a priori mit größerem Gewicht gegenüber den anderen versehen werden, ist es erforderlich, eine Normierung der unscharfen Mengen vorzunehmen. Das geschieht in dem die Werte des Grades der Zughörigkeit zur unscharfen Menge in Bezug auf den Maximalwert normiert werden. In dieser Arbeit wird eine Normierung $\|d_j\|$ einer unscharfen Menge d_j verwendet, die den Abstand zum gemessenen

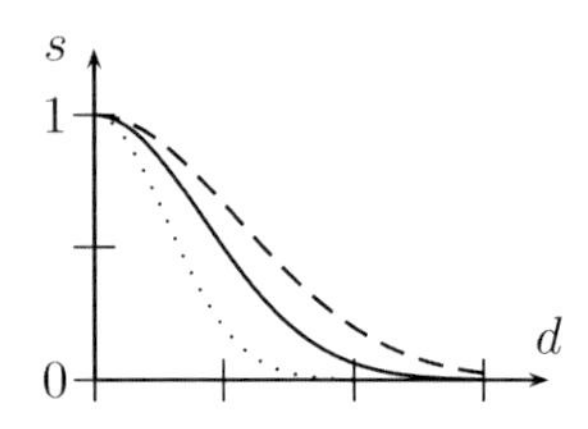

Abbildung 5.3: Graph der Funktion zur Normierung der unscharfen Mengen

Referenzsignal bezüglich eines Merkmals oder Zeitabschnittes, einem Element der Menge $L \equiv \mathbb{R}$, auf den Grad der Ähnlichkeit, einem Element der Menge $L \equiv [0, 1]$, abbildet. Der Wert 1 bedeutet bezüglich eines Merkmals die größtmögliche Übereinstimmung unter den betrachteten Fehlern, der Wert 0 bedeutet analog die geringstmögliche Übereinstimmung.

Die Normierung $\|d_j\|$ stellt eine Abbildung $d_j \mapsto s_j$ einer unscharfen Menge $d_j : X \to \mathbb{R}$ auf eine neue unscharfe Menge $s_j : X \to [0, 1]$ dar. Gemäß den im Abschnitt 3.1 angegebenen Definitionen haben die unscharfen Mengen d_j und d_j dieselbe endliche Grundmenge $X = \{F_1, \ldots, F_n\}$ jedoch unterschiedliche Bildbereiche L. Mit

$$h_j(x) = e^{-x^2/(2\sigma_j^2)} \tag{5.1}$$

ist eine Abbildung $h_j : \mathbb{R} \to [0, 1]$ gegeben, die den Abstand bezüglich eines Merkmals in einen Grad der Ähnlichkeit bezüglich dieses Merkmals überführt.

In dieser Arbeit wird für das Merkmal M_j der Parameter σ_j aus dem Mittelwert der dazugehörigen Abstände über alle Fehler bestimmt:

$$\sigma_j = \frac{1}{\frac{1}{n} \sum_{i=1}^{n} d_j(F_i)} \tag{5.2}$$

Abbildung 5.3 zeigt die Graphen von drei verschiedenen Funktionen h_j mit unterschiedlichen Parametern σ_j. Die Wahl von σ_j verschiebt den Wendepunkt des Graphen der Funktion h_j. Damit wird erreicht, dass für ein gewisses Merkmal allen Abstandswerten, die kleiner als der Mittelwert der Abstände über alle Fehler sind, einen Grad der Ähnlichkeit größer als $1/e \approx 0.6$ zugeordnet werden. Anschaulich erreicht man, dass Abstände kleiner als der Mittelwert in einen verhältnismäßig hohen Grad der Ähnlichkeit umgewandelt werden, während sehr große Abstände deutlich kleineren Graden der Ähnlichkeit entsprechen. Auf die Diagnose bezogen werden also diejenigen Fehler, die zu besonders großen Abständen bezüglich eines Merkmals führen, stärker unterdrückt.

Beispiel. Es sei X die Fehlermenge mit $X = \{F_1, F_2, F_3, F_4, F_5\}$. Ferner werde die Diagnose bezüglich zweier Zeitabschnitte I_1 und I_2 durchgeführt. Die

Abstandsberechnung habe die folgenden unscharfen Mengen ergeben:

$$d_1 = \{(F_1, 10), (F_2, 0.3), (F_3, 13), (F_4, 35), (F_5, 89)\}$$

und

$$d_2 = \{(F_1, 1.25), (F_2, 1), (F_3, 1.43), (F_4, 5), (F_5, 3.34)\}$$

. Mit den Mittelwerten $\bar{d_1} = 29.46$ und $\bar{d_2} = 2.4$ ergeben sich durch die Normierung die unscharfen Mengen:

$$\begin{aligned} s_1 = \|d_1\| &= \{(F_1, 0.94), (F_2, 0.99), (F_3, 0.91), (F_4, 0.49), (F_5, 0.01)\}\,, \\ s_2 = \|d_2\| &= \{(F_1, 0.87), (F_2, 0.92), (F_3, 0.84), (F_4, 0.11), (F_5, 0.38)\}\,. \end{aligned}$$

Die Normierung stellt sicher, dass für beide Zeitintervalle vergleichbare Grade der Ähnlichkeit ermittelt werden, obwohl die ursprünglichen Abstandswerte um einen Faktor 10 voneinander abweichen.

Bezüglich der beiden Zeitabschnitte I_1 und I_2 gleichzeitig lassen sich die Ähnlichkeiten zum gemessenen Referenzsignal durch die unscharfe Menge $s : X \to \mathbb{R}^2$ mit

$$\begin{aligned} s = \{&(F_1, (0.94, 0.87)), (F_2, (0.99, 0.92)), (F_3, (0.91, 0.84)), \\ &(F_4, (0.49, 0.11)), (F_5, (0.01, 0.38))\} \end{aligned}$$

darstellen.

Ordnung

In den meisten Fällen wird die Diagnose mit hilfe analoger Fehlersimulation unter Verwendung mehrerer Merkmale bzw. Zeitabschnitte, d. h., $m > 1$, durchgeführt werden. Mit der im Abschnitt 5.2.1 dargelegten Heuristik ist eine Vorgehensweise gegeben, jedem Fehler einer Fehlermenge ein m-Tupel an Graden der Ähnlichkeit zuzuordnen. Das Ziel der Diagnose ist es diese Fehlermenge bezüglich der Grade der Ähnlichkeit zu *ordnen*. Dazu werden die m-Tupel selbst geordnet und diese Ordnung auf die dazugehörigen Fehler induziert. Elemente des $\mathbb{R}^m$, $m > 1$ lassen sich mit den üblichen Methoden bestenfalls *halbordnen*, d. h., dass es Paare von Elementen des R^m gibt, für die sich nicht feststellen lässt, welches Element größer als das andere ist. Bei Verwendung der euklidischen Norm sind das z. B. alle Punkte, die auf einem Kreis mit demselben Radius liegen.

Ein Ausweg stellt die Verwendung einer lexikographischen Ordnung der m-Tupel dar. Dabei wird zunächst nach der (gerundeten) 1. Komponente, dann nach der 2. Komponente und so weiter bis zur m-ten Komponente geordnet, ähnlich wie die Wörter in einem Wörterbuch. Der Nachteil dieser Vorgehensweise ist, dass man damit eine Priorisierung der "Wichtigkeit" eines Merkmals gegenüber den anderen etabliert. Das widerspricht der Forderung, alle Merkmale bzw. Zeitabschnitte als ebenbürtig anzusehen und erfordert i. A. nicht vorhandenes a priori Wissen.

Statt die Grade der Ähnlichkeit als ein m-Tupel aufzufassen, lassen sich die unscharfen Mengen die zu den einzelnen betrachteten Merkmalen gehören auch unabhängig voneinander betrachten. Dann lassen sich die im Abschnitt 3.1.2 aufgeführten Verknüpfungen unscharfer Mengen verwenden, um zu einer unscharfen Menge zu gelangen, die einen Grad der Gesamtähnlichkeit als Zugehörigkeitsfunktion besitzt. Will man, dass die geringsten Ähnlichkeiten, die für einen gewissen Fehler bezüglich der m verschiedenen Merkmale bzw. Zeitabschnitte berechnet wurden, das Gesamtverhalten dominieren (pessimistischer Standpunkt), so kommen als Operation zum Zusammenfassen zu einer Gesamtähnlichkeit der *Durchschnitt* und das *Produkt* in Frage. Das Ergebnis dieser Operationen auf die unscharfen Mengen $s_1 = \{(F_1, 0.5), (F_2, 0.5)\}$, $s_2 = \{(F_1, 1), (F_2, 0.6)\}$, $s_3 = \{(F_1, 1), (F_2, 0.6)\}$, $s_4 = \{(F_1, 1), (F_2, 0.6)\}$ wäre $s_1 \wedge s_2 \wedge s_3 \wedge s_4 = \{(F_1, 0.5), (F_2, 0.5)\}$ bzw. $s_1 * s_2 * s_3 * s_4 = \{(F_1, 0.5), (F_2, 0.11)\}$. Im Falle der Bildung des Durchschnitts erhielte man für beide Fehler den identischen Grad der Gesamtähnlichkeit von 0.5, was der Anschauung widerspricht. Die Produktbildung bewertet die Fehler sehr unterschiedlich und ordnet dem Fehler F_1 einen höheren Grad der Gesamtähnlichkeit zu. Dies erscheint vernünftig, da er bezüglich drei der vier betrachteten Merkmale sehr hohe Einzelwerte erreicht, während der Fehler F_2 in allen vier Merkmalen geringe Werte erreicht. Aus diesem Grund wird für die weiteren Beispiel und Experimente die Produktbildung zur Berechnung des Grades der Gesamtähnlichkeit aus den einzelnen Graden der Ähnlichkeit herangezogen.

5.3 Beispiele und experimentelle Ergebnisse

Das Verfahren zur Diagnose integrierter Schaltungen mit Hilfe analoger Fehlersimulation wurde an einer Reihe praktischer Diagnoseprobleme an industriellen Schaltungen erfolgreich erprobt. Dazu zählen sowohl Analogschaltungen, z. B. Oszillatoren wie sie im Abschnitt 5.3.2 behandelt werden, als auch digitale Schaltungen, im konkreten Fall ein Scan-Register (vgl. Abschnitt 5.3.3), die im Rahmen der Diagnose als elektrische Schaltungen aufgefasst betrachtet werden und mit den beschriebenen Methoden bearbeitet wurden. Die Vorgehensweise zur Diagnose wird jedoch aus Gründen der Reproduzierbarkeit der Ergebnisse zuerst rein simulativ an einer Benchmark-Schaltung demonstriert.

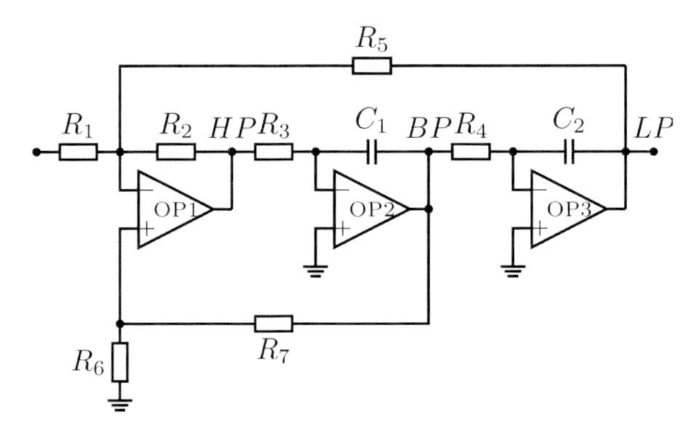

Abbildung 5.4: Schaltplan eines zeitkontinuierlichen Filters

5.3.1 Zeitkontinuierliche Filterschaltung

Aus den in [KAB+97] vorgeschlagenen Benchmark-Schaltungen wurde beispielhaft eine zeitkontinuierliche Filterschaltung ausgewählt, deren Schaltplan in Abbildung 5.4 dargestellt ist. Die Filterschaltung besitzt einen Hochpass-, Bandpass- und einen Tiefpass-Ausgang (im Schaltplan mit HP, BP und LP bezeichnet). Die Operationsverstärker werden als die ebenfalls in [KAB+97] angegebene CMOS-Transistorschaltung betrachtet, die jeweils mit einer symmetrischen Versorgungsspannung von $\pm 5\,\mathrm{V}$ betrieben werden. Die Filterschaltung lässt sich im fehlerfreien Fall für *Erregungen mit kleiner Amplitude um den eingestellten Arbeitspunkt herum* näherungsweise als *lineares zeitinvariantes System* modellieren. Bei Erregung mit größeren Amplituden sowie bei Fehlern, die den Arbeitspunkt verändern, dominiert der nichtlineare Charakter der Transistorschaltungen.

Es wird angenommen, dass die reale Schaltung mit Hilfe von Messungen im Zeitbereich getestet wird. Dazu wird die Schaltung am Eingang über einen gewissen Zeitraum hinweg mit einem geeigneten Zeitsignal erregt und die Wirkung dieses Signals auf *alle drei* Ausgänge der Schaltung gemessen, da es sich im konkreten Fall zunächst um ein Computerexperiment handelt, wird eine *Simulation* im Zeitbereich (d.h. eine Zeitbereichsanalyse) durchgeführt. Als Fehler wird eine Überbrückung des Widerstands R_7 mit einem linearen Widerstand von $11\,\Omega$ herangezogen. Um den Einfluss unterschiedlicher Kurvenverläufe der Signale auf einzelne Merkmale und auf die Qualität der Diagnose mit Hilfe der analogen Fehlersimulation zu demonstrieren, werden zwei verschiedene Testsignale verwendet, ein sinusförmiges Signal mit geringer Amplitude bzw. ein rechteckiges Signal mit großer Amplitude. In einem Vorversuch wird das fehlerfreie Netzwerk der kontinuierlichen Filterschaltung mit dem entsprechenden Fehler versehen. Die Zeitverläufe der Signale an den drei Ausgängen werden für beide Testsignale simuliert und dienen bei der anschließenden eigentlichen Diagnose als die notwendigen Messdaten. Am Beispiel der zeitkontinuierlichen Filterschaltung wird die erste Variante der im Abschnitt 5.2.1 aufgeführten Methoden zur Zusammenfassung einzelner Ähnlichkeiten zu einer Gesamtähnlichkeit demonstriert. D.h. , dass für jeden Fehler jeweils für eine Reihe von Merkmalen eine einzelne Ähnlichkeit ermittelt wird, die zunächst zu einem k-Tupel von Ähnlichkeiten zusammengefasst werden. Zu jedem Fehler in der Fehlerliste gehört am Ende dieses Prozesses ein k-Tupel mit Komponenten, deren normierte (Ähnlichkeits-)Werte zwischen 0 und 1 liegen. Die Gesamtähnlichkeiten werden durch Multiplikation der einzelnen Komponenten der k-Tupel ermittelt. Damit ergibt sich für den gesamten Grad der Ähnlichkeit ein skalarer Wert zwischen 0 und 1, wobei 1 die komplette Übereinstimmung zwischen simulierten Signal des fehlerbehafteten Netzwerks und dem gemessenem Signal bedeutet (vgl. Abschnitt 5.2.1).

Im Vorfeld der Diagnose muss eine geeignete Fehlerliste bereitgestellt werden. Für dieses Beispiel wird eine Fehlerliste mit ausschließlich linearen resistiven Fehlern verwendet. Die jeweiligen Widerstandswerte sind in gewisser Weise beliebig gewählt, haben aber in einer Reihe von Vorversuchen zu plausiblen Ergebnissen geführt. Im Allgemeinen gibt man an, dass Kurzschlüsse in integrierten Schaltungen einen Widerstandswert von bis zu 3 kΩ haben können [SH04]. Mit diesen Werten liegt ein Fehler aber bereits in der Größenordung der verwendeten Nominalwiderstände in der Schaltung, die zwischen 3 kΩ und 10 kΩ liegen. Aus diesem Grunde wurden für dieses Beispiel geringere Werte gewählt. Für die notwendige analoge Fehlersimulation wird die folgende Fehlerliste definiert:

1. Kurzschlüsse
   a) An jedem im Netzwerk befindliche Widerstand wird ein resistiver Kurzschluss mit einem Widerstandswert von 20 Ω angenommen
   b) An jeder im Netzwerk befindlichen Kapazität wird ein resistiver Kurzschluss mit einem Widerstandswert von 20 Ω angenommen
   c) An jedem Transistor werden die folgenden resistiven Kurzschlüsse mit einem Widerstandswert von je 20 Ω angenommen
      i. Zwischen Gate und Source
      ii. Zwischen Gate und Drain
      iii. Zwischen Source und Drain
2. Unterbrechungen
   a) An jedem im Netzwerk befindlichen Widerstand wird eine resistive Unterbrechung mit einem Widerstandswert von 10 MΩ angenommen

b) An jedem Transistor werden die folgenden resistiven Unterbrechungen mit einem Widerstandswert von je $10\,\mathrm{M}\Omega$ angenommen
   i. Gate
   ii. Drain
   iii. Source

Die Filterschaltung enthält 13 Widerstände, 5 Kapazitäten sowie 24 Transistoren. Insgesamt umfasst das dazugehörige elektrische Netzwerk 26 Knoten. Mit den definierten Kriterien für den Fehlerlisten-Generator ergeben sich 270 verschiedene Fehler. Die Fehler werden einerseits von 1 bis 270 durchnummeriert und enthalten zur besseren Lesbarkeit anderseits im Namen auch Angaben zur Art des Fehlers bzw. zum Fehlerort im Netzwerk. Da verschiedene einander nicht ausschließende Kriterien für den Fehlerlisten-Generator definiert wurden, kommen einige Fehler doppelt in der Fehlerliste vor. Die doppeltem Einträge werden aus der Fehlerliste herausgestrichen. Es bleiben 181 zu simulierende Fehler übrig.

Auf Grund der Tatsache, dass in diesem Computer-Experiment der Defekt und damit auch der genaue Fehler (Ort und u, i-Relation) bekannt sind, lässt sich auch eine Bewertung der einzelnen Merkmale hinsichtlich ihrer Fähigkeit, verschiedene Kurvenverläufe korrekt zu klassifizieren, vornehmen. Ein gut geeignetes Merkmal (für den jeweiligen Kurvenverlauf) wird den Fehler, der den Defekt am besten modelliert auch dem höchsten einzelnen Grad der Ähnlichkeit zuordnen. Sowohl für das sinusförmige als auch für das rechteckförmige Testsignal werden die folgenden Merkmale benutzt:

- Direkte Anwendung des euklidischen Abstands auf die Zeitreihen, d. h., keine Merkmalsauswahl
- Ordinate von globalem Minimum und globalem Maximum
- Beträge der Koeffizienten der diskreten Fourier-Transformation für diejenigen Koeffizienten, die zwischen 0.9 und 1.0 mal dem Maximum der Koeffizienten der Transformierten des *gemessenen Signals* liegen
- Koeffizienten der Linearkombination von gedämpften Sinusschwingungen ermittelt mit Hilfe der Prony-Methode
- Beträge der Koeffizienten der Wavelet-Transformation unter Verwendung eines Haar-Wavelets
- Interpolation der Zeitreihen, so dass sie mit $N = 64$ Abtastpunkten innerhalb des vorgegebenen Zeitintervalls abgetastet werden, dann Anwendung von Dynamic Time Warping (DTW)

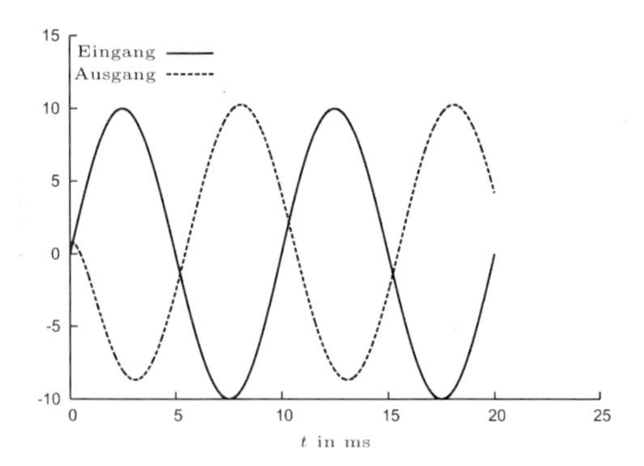

Abbildung 5.5: Eingangs- und Ausgangssignal für die defekte Filterschaltung

Insbesondere die diskreten Signaltransformationen lassen nur dann eine physikalisch sinnvolle Interpretation zu, wenn die Zeitreihen äquidistant abgetastet einer Zweier-Potenz an Abtastpunkten wurden. Im Allgemeinen ist das für die gemessenen Signale, wenn sie von einem Tester stammen, erfüllt. Für die simulierten Signale, die Ergebnis einer Zeitbereichsanalyse mit Hilfe des Schaltungssimulators sind, werden die Zeitreihen im Vorfeld interpoliert und auf dasselbe Abtastformat wie die gemessenen Zeitreihen gebracht. Im konkreten Fall beträgt die Anzahl der Abtastpunkte $N = 4096$.

Sinusförmiges Testsignal

In Abbildung 5.5 sind Eingangs- und Ausgangssignal der *defekten* zeitkontinuierlichen Filterschaltung bei Erregung mit einem sinusförmigen Testsignal mit einer Frequenz von 100 Hz und einer Amplitude von 10 mV angegeben. Insbesondere im Zeitabschnitt bis zu 1 ms ist deutlich das Einschwingverhalten der Schaltung zu erkennen. Dieses Verhalten ist eine Überlagerung der Charakteristik der Schaltung selbst mit den numerischen Eigenschaften des verwendeten Algorithmus für die Zeitbereichsanalyse. Da diese Signale die eigentlich zu verwendenden gemessenen Signale nachbilden sollen, wurde der Einschwingvorgang für die Diagnose außer Acht gelassen, da er sich so in einer realen Messung nicht beobachten ließe. Statt vom Zeitpunkt 0 werden für die Diagnose die simulierten Signale der fehlerbehafteten Netzwerke erst ab dem Zeitpunkt 10 ms für eine vollständige Periode, d. h., für eine Dauer von 10 ms betrachtet.

Die Tabelle 5.1 zeigt die ermittelten einzelnen Grade der Ähnlichkeit für die verschiedenen Merkmale sowie den Grad der Gesamtähnlichkeit für einen Ausschnitt aus der gesamten Fehlerliste. In der ersten Spalte sind der jeweilige

Rang der Fehler in der Ordnung bezogen auf den Grad der Gesamtähnlichkeit aufgeführt. Die einzelnen Grade sind mit einer Genauigkeit von drei Nachkommastellen angegeben.

Beim Betrachten der in Tabelle 5.1 dargestellten Ergebnisse ist zu erkennen, dass der Fehler F_25 (eine Überbrückung des Widerstands R_7 durch einen linearen Widerstand mit 20 Ω zwischen Knoten 2 und Knoten 12) mit einem Grad der Gesamtähnlichkeit von 1.0 den ersten Rang in der Ordnung einnimmt. Zur Erinnerung: Der tatsächliche Defekt ließ sich durch einen linearen Widerstand mit 11 Ω an eben jener Stelle im Netzwerk modellieren. Die Diagnose mit Hilfe der analogen Fehlersimulation konnte also mit Hilfe des sinusförmigen Testsignals den korrekten Fehlerort *lokalisieren* und mit einem vermuteten Parameterwert von 20 Ω unter Annahme eines linearen Widerstands eine vernünftige Abschätzung über das elektrische Verhalten des Defektes liefern. Zwei Fakten sind besonders auffällig. Erstens sind die einzelnen Grade der Ähnlichkeit für *alle* Merkmale sehr nahe 1.0, dem theoretischen Wert für ideale Übereinstimmung der Signale. Tatsächlich unterscheiden sie sich erst in der achten Nachkommastelle von 1.0. Zweitens hat bereits der auf dem zweiten Rang liegende Fehler F_94, eine hochohmige Unterbrechung im zweiten Operationsverstärker, mit $6,966E-01$ einen deutlich geringeren Wert des Grades der Gesamtähnlichkeit. Das liegt vor allem daran, dass das Merkmal "FFT" die Gesamtähnlichkeit für diesen Fehler deutlich dominiert. Der Fehler F_94 belegt in der Ordnung bezüglich des einzelnen Merkmals "FFT" neunten Rang. Interessanterweise ist der Fehler F_22, der bezüglich des Merkmals "FFT" auf dem zweiten Rang liegt, in der Ordnung der Gesamtähnlichkeiten erst auf dem 88. Rang zu finden. Ähnliche Beobachtungen macht man für das einzelne Merkmal "Prony-Methode": Auf dem ersten Rang bezüglich dieses Merkmals liegt der Fehler F_CONNECTION_183, der in der Ordnung der Gesamtähnlichkeiten lediglich den 140. Rang belegt. Der Fehler F_215, der bezüglich des Merkmals "Direkte Anwendung des euklidischen Abstands" auf dem zweiten Rang liegt, nimmt in der gesamten Ordnung den 51. Rang ein. Ferner ist bei diesem einzelnen Merkmal bemerkenswert, dass fast die Hälfte aller Fehler einen Grad der Ähnlichkeit von mehr als 0.9 zugeordnet bekommen. Ein deutlicher Hinweis auf die bereits im Abschnitt 3.4 erwähnten wenig intuitiven Ergebnisse, die ein bloße Anwendung von Metriken ohne vorherige Dimensionsreduktion bei der Bestimmung von Ähnlichkeiten zweier Zeitreihen liefert. Auf dem 73. Rang befindet sich der Fehler F_189, der vom Merkmal "DTW" als der zweitbeste Kandidat ausgewählt wurde. Interessanterweise stimmen die ersten 40 Ränge bezüglich des Merkmals "Extrema" mit den Platzierungen in der Ordnung der Grade der Gesamtähnlichkeit überein. Es lässt sich also schlussfolgern, dass dieses sehr einfache Merkmal für die in diesem Fall auftretenden typischen, auf Grund des annähernd linearen Charakters der Schaltung bei Erregung mit Signalen mit kleinen Amplituden, meist sinusförmigen Kur-

Nr.	Fehler	Direkt	Extrema	FFT	Prony	Wavelet	DTW	Gesamt
1	F_25__S_R7__12_2	1,000E+00	1,000E+00	1,000E+00	1,000E+00	1,000E+00	1,000E+00	1,000E+00
2	F_94__O_XOP2_M2__3	1,000E+00	1,000E+00	6,977E-01	9,998E-01	9,986E-01	1,000E+00	6,966E-01
3	F_43__S_XOP1_M2__3_1	1,000E+00	1,000E+00	6,977E-01	9,998E-01	9,986E-01	1,000E+00	6,966E-01
4	F_136__O_XOP3_M1__1	9,999E-01	1,000E+00	6,977E-01	9,997E-01	9,986E-01	1,000E+00	6,965E-01
5	F_9__S_XOP3_R1__1_14	9,999E-01	1,000E+00	6,977E-01	9,997E-01	9,986E-01	1,000E+00	6,965E-01
6	F_88__O_XOP2_M1__1	1,000E+00	1,000E+00	6,977E-01	9,997E-01	9,986E-01	1,000E+00	6,965E-01
⋮	⋮		⋮	⋮	⋮	⋮	⋮	⋮
51	F_215_XOP1_XOP1_11_6	1,000E+00	6,048E-01	5,190E-01	1,000E+00	9,984E-01	1,000E+00	3,134E-01
⋮	⋮	⋮	⋮	⋮	⋮	⋮	⋮	⋮
73	F_189_XOP1_XOP1_12_6	1,000E+00	1,338E-01	5,428E-01	1,000E+00	9,990E-01	1,000E+00	7,253E-02
⋮	⋮	⋮	⋮	⋮	⋮	⋮	⋮	⋮
88	F_22__O_R5__1	9,969E-01	6,048E-01	8,486E-01	9,995E-01	1,173E-03	1,000E+00	5,999E-04
⋮	⋮	⋮	⋮	⋮	⋮	⋮	⋮	⋮
139	F_183_XOP1___1_19	4,007E-06	1,461E-01	3,780E-01	1,000E+00	9,783E-01	3,749E-11	8,118E-18
⋮	⋮	⋮	⋮	⋮	⋮	⋮	⋮	⋮
181	F_222_XOP1_XOP1_3_6	1,121E-02	1,766E-01	6,658E-01	9,998E-01	0,000E+00	9,122E-03	0,000E+00

Tabelle 5.1: Ausschnitt der Ergebnisse der Diagnose mit sinusförmigen Testsignal

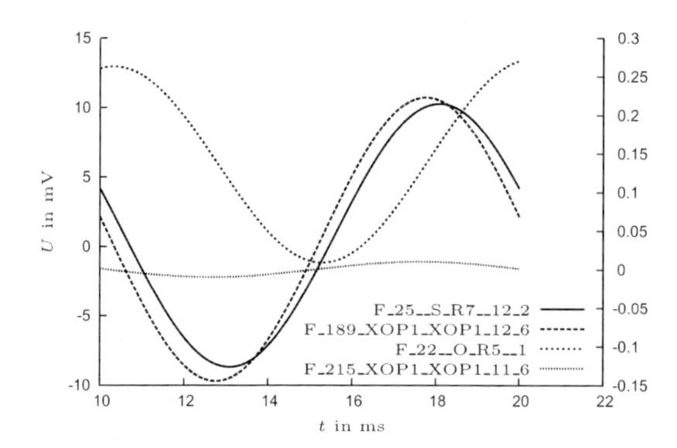

Abbildung 5.6: Ausgangssignale für eine Auswahl an fehlerbehafteten Netzwerken

venverläufe besonders geeignet ist. Eine Auswahl an simulierten Signalen von fehlerbehafteten Netzwerken ist in Abbildung 5.6 dargestellt.

Eine weitere Betrachtung der Ergebnisse der Diagnose mit Hilfe der analogen Fehlersimulation unter Verwendung eines sinusförmigen Testsignals zeigt, dass die unterschiedlichen Merkmale dasselbe Diagnoseproblem unterschiedlich fein auflösen: Im konkreten Fall der aus 182 betrachteten Fehlern bestehenden Fehlerliste ergeben sich für alle Merkmale einzelne Grade der Ähnlichkeit, die zwischen fast 1 und nahe 0 liegen. Während jedoch bei der direkten Anwendung des euklidischen Abstands 87 Fehler einen Grad der Ähnlichkeit von mehr als $0,9$ haben und 47 Fehler einen Grad der Ähnlichkeit von weniger als $0,001$ haben, gibt es beim Merkmal "FFT" nur einen einzigen Fehler, der einen Grad der Ähnlichkeit von mehr als $0,9$ erreicht, dafür aber nur 22 Fehler mit einem Grad der Ähnlichkeit von weniger als $0,001$. Es existiert gewissermaßen ein breites Mittelfeld. Für die "Prony-Methode" wiederum wurden nur drei der 182 Fehler einen Grad der Ähnlichkeit von weniger als $0,5$ zugeordnet. Die Differenzierung der einzelnen Platzierungen in der Rangordnung erfolgt für dieses Merkmal nur in einem sehr engen Bereich und ist deshalb fragwürdig. Der Grund dafür ist einerseits, dass die drei bezüglich dieses Merkmals unähnlichsten Kurvenverläufe besonders stark von den anderen Kurvenverläufen abweichen und deshalb der für die Überführung des Abstands in einen Grad der Ähnlichkeit benötigte Mittelwert der Abstände verfälscht wird. Es können nur diese drei Fehler als wenig plausibel bezüglich des Merkmals "Prony-Methode" ausgeschlossen werden.

Diese Beispiele veranschaulichen, dass es sinnvoll ist, eine Reihe von Merkmalen zu definieren und Gesamtähnlichkeiten zu betrachten. In diesem Fall ist eine eindeutige und korrekte Bestimmung des Fehlers mit der größten Ähnlichkeit möglich, da alle gewählten Merkmale für diesen Fehler einen hohen Grad der Ähnlichkeit aufweisen. Weiterhin lässt sich schlussfolgern, dass das gewählte Merkmal "FFT" für Signale, deren Kurvenverläufe nahezu sinusförmig sind, gute Ergebnisse bei der Bestimmung von Ähnlichkeiten erzielen. Das Merkmal "DTW" ist für diesen Fall offenbar weniger geeignet, da ein großer Teil der simulierten Signale der fehlerbehafteten Netzwerke sinusförmig sind und sich nur in der Phase, nicht jedoch in der Frequenz zum gemessenen Signal unterscheiden. Genau solche Unterschiede unterdrückt jedoch das Dynamic Time Warping, weshalb einem Großteil der Fehler sehr hohe Grade der Ähnlichkeit bezüglich dieses Merkmals zugeordnet werden.

Eine Auswahl an verschiedenen Verläufen der simulierten Signale zeigt die Abbildung 5.6. Der jeweilige Rang in der Ordnung der Fehler ist der Tabelle 5.1 zu entnehmen. Die beiden sinusförmigen Signale gehören zu Fehlern, die unter den ersten 10 in der Ordnung zu finden sind.

Rechteckiges Testsignal

Das Experiment wird unter ansonsten gleichen Voraussetzungen (Fehlerliste, Versorgungsspannung, tatsächlicher Defekt) mit einem rechteckigen Testsignal mit einer Amplitude von $\pm 5\,\mathrm{V}$ mit einer Periodendauer von $10\,\mathrm{ms}$ und einem Tastverhältnis von 0.5 wiederholt. Zusätzlich zu den beim sinusförmigen Signal verwendeten Merkmalen wird noch ein weiteres, speziell an Signale mit schnellen Flanken angepasstes Merkmal, verwendet. Dabei wird der Abstand zwischen dem als Referenz dienenden gemessenem Signal und den einzelnen simulierten Signalen nicht zu jedem Zeitpunkt der Zeitreihe bestimmt (senkrecht zur Zeitachse), sondern eine stückweise lineare Approximation beider Signale durchgeführt und der Abstand der einzelnen Linien-Segmente zueinander berechnet.

Ein Ausschnitt aus den Ergebnissen der Diagnose der mit einem rechteckigen Signal stimulierten kontinuierlichen Filterschaltung ist in Tabelle 5.2 dargestellt. Aus Platzgründen wird auf die abweichend zu Tabelle 5.1 auf die Darstellung der Einzel-Ergebnisse des Merkmals "DTW" verzichtet, da sie keine weiteren neuen Erkenntnisse liefern.

Zunächst ist den Tabellen zu entnehmen, dass beide Testsignale in den Experimenten den selben Fehler F_25 korrekt als denjenigen Fehler klassifizieren, der die größte Übereinstimmung zwischen gemessenem Signal und simulierten Signalen der fehlerbehafteten Netzwerke liefert. Das ist bei einem realen Diagnoseproblem ein deutlicher Hinweis darauf, dass der injizierte Fehler ein vernünftiges Modell für den tatsächlich zu Grunde liegenden Defekt darstellen könnte. Diese Vermutung lässt sich im konkreten Fall auch bestätigen, da für die Computer-Experimente die tatsächlichen Defektorte a priori bekannt sind.

Bei den weiteren Platzierungen gibt es jedoch einige kleinere bis zum Teil drastische Abweichungen: während die Plätze zwei und drei bezüglich des recht-

Nr.	Fehler	Abstand	Extrema	FFT	Prony	Wavelet	PLA	Gesamt
1	F_25__S_R7__12_2	1.000E+00	7.428E-01	1.000E+00	1.000E+00	1.000E+00	9.950E-01	7.391E-01
2	F_28__O_XOP1_CL__5	9.645E-01	8.292E-01	6.773E-01	9.260E-01	9.834E-01	2.839E-01	1.400E-01
3	F_30__O_XOP2_CL__5	9.645E-01	8.225E-01	6.773E-01	9.266E-01	9.833E-01	2.839E-01	1.389E-01
4	F_113__O_XOP2_M5__11	9.645E-01	8.176E-01	6.773E-01	9.265E-01	9.824E-01	2.838E-01	1.379E-01
5	F_83__O_XOP1_M8__5	9.645E-01	7.844E-01	6.773E-01	9.258E-01	9.829E-01	2.844E-01	1.326E-01
6	F_10__O_XOP3_R1__1	9.655E-01	6.131E-01	6.921E-01	9.249E-01	9.761E-01	3.349E-01	1.238E-01
⋮	⋮	⋮	⋮	⋮	⋮	⋮	⋮	⋮
14	F_148__O_XOP3_M3__9	9.657E-01	3.532E-01	6.921E-01	9.442E-01	9.815E-01	3.415E-01	7.467E-02
⋮	⋮	⋮	⋮	⋮	⋮	⋮	⋮	⋮
25	F_94__O_XOP2_M2__3	9.643E-01	3.792E-01	6.773E-01	9.252E-01	9.830E-01	2.837E-01	6.387E-02
⋮	⋮	⋮	⋮	⋮	⋮	⋮	⋮	⋮
37	F_48__O_XOP1_M2__13	9.654E-01	2.450E-01	6.971E-01	9.272E-01	9.538E-01	2.842E-01	4.142E-02
⋮	⋮	⋮	⋮	⋮	⋮	⋮	⋮	⋮
41	F_121__S_XOP2_M7__5_4	9.627E-01	1.951E-01	5.029E-01	9.755E-01	9.679E-01	2.056E-01	1.834E-02
⋮	⋮	⋮	⋮	⋮	⋮	⋮	⋮	⋮
181	F_192_XOP1_11_2	3.808E-05	2.102E-01	6.745E-01	0.000E+00	1.953E-18	1.739E-01	0.000E+00

Tabelle 5.2: Ausschnitt der Ergebnisse der Diagnose mit rechteckigen Testsignal

eckigen Testsignals beim sinusförmigen Testsignal die Plätze 10 bzw. 20 belegen, erscheint der Fehler F_113 – vierter beim rechteckförmigen Testsignal – beim sinusförmigen Testsignal erst auf dem 114. Rang. Umgekehrt ist der Fehler F_43, der beim sinusförmigen Testsignal den dritten Rang belegt beim rechteckigen Testsignal auf dem 147. Rang weit abgeschlagen. Offenbar verdeckt die Erregung mit sinusförmigen Signalen mit kleiner Amplitude bei der gewählten Frequenz einige wesentliche Facetten des elektrischen Verhaltens des injizierten Fehlers, die erst bei der Erregung mit Signalen mit großer Amplitude zum Tragen kommen.

Es lassen sich ähnliche Beobachtungen bezüglich des Auflösungsvermögens einzelner Merkmale machen, wie beim bereits betrachteten sinusförmigen Testsignal: Alle einzelnen Merkmale klassifizieren den Fehler F_25 als den aussichtsreichsten Fehlerkandidaten, mit Ausnahme des Merkmals "Extrema", der diesen Fehler auf dem fünften Rang listet. Das Merkmal "Extrema" dominiert hier die ersten Platzierungen in der Ordnung der Gesamtähnlichkeiten: Von den ersten 20 Fehlern in der Ordnung des Merkmals "Extrema" tauchen 15 auch unter den ersten 20 bezüglich der Gesamtähnlichkeiten auf. Die übrigen Einträge in Tabelle 5.2 zeigen die für die einzelnen Merkmale jeweils an zweiter Stelle platzierten Fehler und ihre Einordnung bezüglich der Gesamtähnlichkeiten. Während die Merkmale "Direkt" und "Prony" wieder für eine große Anzahl an Fehlern einen Grad der Ähnlichkeit von mehr als 0.9 ermitteln, ist die Dynamik bei den Merkmalen "FFT" und "PLA" deutlich größer. Beide Merkmale klassifizieren den jeweils an zweiter Stelle platzierten Fehler mit einem deutlichen Abstand zum an erster Stelle platzierten. Damit lässt sich die Vermutung nähren, dass die Anwendung der diskreten Fouriertransformation zur Dimensionsreduktion auch bei den Antworten der Schaltung auf Erregungen mit rechteckigen Testsignalen zu vernünftigen Ergebnissen führt. Ferner zeigt sich, dass das hier gesondert untersuchte Merkmal "PLA" für die hier auftretenden Verläufe der simulierten Signale der fehlerbehafteten Netzwerke ebenfalls die erhofft guten Ergebnisse erzielt. Die besonders unähnlichen Signale werden mit sehr kleinen Grad der Ähnlichkeit versehen, ein breites differenziertes Mittelfeld schließt sich an und eine klare Differenzierung zwischen den Top-Kandidaten und den dann folgenden ist zu erkennen. Eine Auswahl an typischen Verläufen von simulierten Signalen der fehlerbehafteten Netzwerke ist in Abbildung 5.7 dargestellt.

Die Simulationsexperimenten zeigen, dass es ratsam ist, nicht nur eine ganze Reihe von bewährten Merkmalen für die Diagnose zu verwenden, sondern auch verschiedene Testsignale[3] heranzuziehen, um zu einem zuverlässigen Urteil über die Plausibilität von ermittelten Fehlerkandidaten zu gelangen.

[3]Das kann auch die Beobachtung eines zusätzlichen Ausgangs bei ansonsten gleichen Testbedingungen bedeuten.

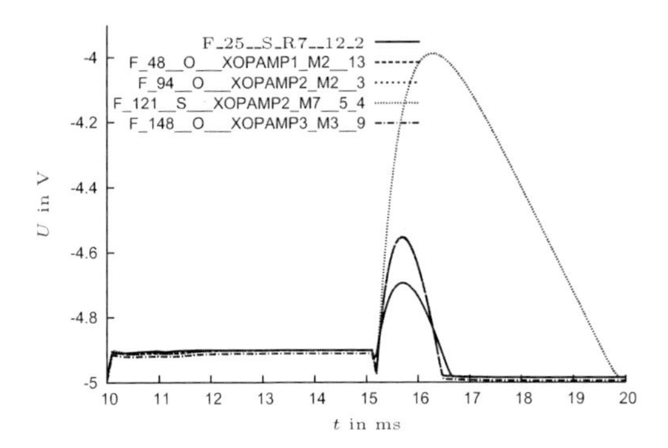

Abbildung 5.7: Ausgangssignale für eine Auswahl an fehlerbehafteten Netzwerken

5.3.2 Oszillator

Im Rahmen des Forschungsprojektes, in dem die in dieser Arbeit aufgeführten Verfahren maßgeblich entwickelt wurden, bestand die Möglichkeit die Diagnose mit Hilfe der analogen Fehlersimulation auch im industriellen Umfeld zu überprüfen. Dafür steht eine Ring-Oszillator-Schaltung für die chip-interne Erzeugung eines Taktsignals mit einer Frequenz von 3.8 MHz innerhalb einer komplexen Mixed-Signal-Schaltung zur Verfügung. Einige Prototypen zeigen ein von der Spezifikation abweichendes Verhalten, andere jedoch nicht. Eine nähere Untersuchung von elektrischen Signalen an einem ausgewählten, von außen zugänglichem Knoten liefert den in Abbildung 5.8 gezeigten Verlauf (und weitere ähnliche Verläufe für andere Prototypen) neben den zum Vergleich dargestellten erwarteten Verlauf, der sich aus der Schaltungssimulation des dazugehörigen fehlerfreien Netzwerks ergibt. Offensichtlich ist der Verlauf der gemessenen Spannung an der defekten Schaltung nicht ideal dreieckig, sondern zeigt in den steigenden Flanken ein mehr oder weniger stark ausgeprägtes Plateau sowie eine Abweichung in der Frequenz, im dargestellten Beispiel auch mit einem zusätzlichen lokalem Maximum in der Nähe des Plateaus. Zudem zeigen sich in diesem Beispiel Schwierigkeiten der Diagnose mit Hilfe der analogen Fehlersimulation, auf die bereits eingegangen wurde: Die herangezogene Zeitbereichsanalyse für die Simulation des vorhandenen fehlerfreien Netzwerks benötigt eine gewisse Anzahl an Simulationsschritten, bis der (systematische und numerische) Einschwingvorgang abgeschlossen ist – ganz im Gegensatz zu den eigentlichen Messdaten, die diesen Einschwingvorgang nicht aufzeichnen. Weiterhin zeigt sich eine Verschiebung entlang der U-Achse (Offset) infolge von Messungenauigkeiten, zufälligen Schwankungen bei der Herstellung der Schal-

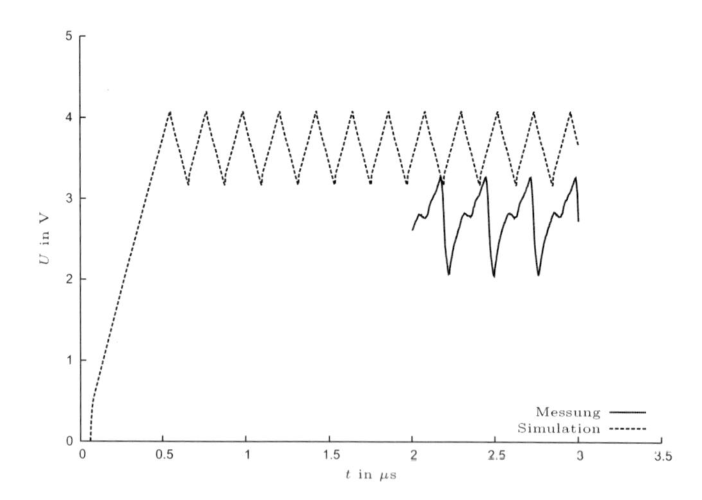

Abbildung 5.8: Simulierte Signalverlauf des fehlerfreien Netzwerks und gemessener Signalverlauf der defekten Schaltung

tung und nicht idealer Abbildung des elektrischen Verhaltens der Schaltung durch das Schaltungsmodell.

Neben den Messdaten für insgesamt fünf verschiedene Prototypen steht auch das fehlerfreie Netzwerk des relevanten Teils der gesamten Mixed-Signal-Schaltung als *Spectre*-Netzliste zur Verfügung. Für diese Untersuchung wird die aus dem Layout der Schaltung zurück erkannte Netzliste verwendet, die zusätzliche Elemente zur Modellierung des elektrischen Verhaltens der Verdrahtungsebenen und Chip-Anschlüsse enthält (*engl.* post-layout netlist). Typischerweise wird diese Modellierung dadurch bewerkstelligt, dass die Geometrie der Verdrahtung analysiert wird, und z. B. kapazitive Kopplungen zwischen benachbarten Leitungen durch das Einfügen einer entsprechend dimensionierten Kapazität an die betreffende Stelle im Netzwerk berücksichtigt werden. Auch der endliche ohmsche Widerstand von Metallleitungen wird durch das Einfügen von Widerständen in das Netzwerk berücksichtigt. Dieser Prozess erfolgt automatisch und wird auch als Extraktion parasitärer[4] Parameter bezeichnet. Als Ergebnis der Extraktion entsteht eine für die Diagnose mit Hilfe

[4] Der Begriff *parasitär* ist in diesem Zusammenhang irreführend, da er suggeriert, dass diese Effekte nur *unerwünscht* sind aber *vermeidbar* wären. Das ist nicht der Fall, weil es sich bei kapazitiven Kopplungen und ohmschen Widerständen um notwendige Konsequenzen aus dem Herstellungsprozess handelt. *Parasitäre* Elemente sind vielmehr ein pragmatischer Versuch, um den Modellierungsaufwand von komplexen integrierten Schaltungen als ideale und verlustfreie Zusammenschaltung von einzelnen elektronischen Bauelementen zu umgehen. Insofern sind die modellierten Effekte *intrinsisch* und nicht *parasitär*.

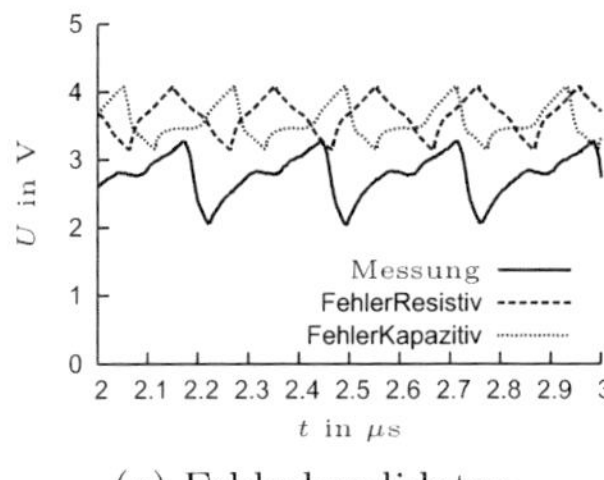

(a) Fehlerkandidaten

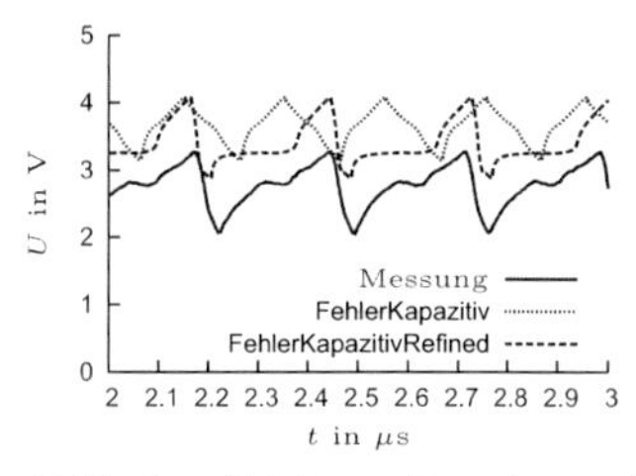

(b) Fehlerkandidaten mit verbesserten Parametern

Abbildung 5.9: Simulierte Signalverläufe für ausgewählte Fehlerkandidaten

der analogen Fehlersimulation geeignete fehlerfreie Netzliste mit 72 Transistoren, 2055 Widerständen und 396 Kapazitäten, die insgesamt 1401 Knoten besitzt. Der Verlauf des gemessen Signals legt die Vermutung nahe, dass es in diesem Fall ein dynamisch wirkender Defekt sein könnte, der sich als eine zusätzliche Kapazität modellieren ließe. Das lässt sich aus der gegenüber der Simulation des fehlerfreien Netzwerks *verringerten* Frequenz der Grundwelle und dem einem Aufladevorgang gleichendem Verlauf der steigenden Flanken folgern. Aus diesem Grunde wird als Ausgangspunkt der Diagnose eine Fehlerliste mit den folgenden Fehlern herangezogen.

1. An jeder im Netzwerk befindliche Kapazität wird ein resistiver Kurzschluss mit einem Widerstandswert von 20 Ω angenommen

2. An jeder im Netzwerk befindliche Kapazität wird eine zusätzliche Kapazität mit einem Wert von 100 fF angenommen

Damit ergibt sich eine Fehlerliste, die insgesamt 396 Kurzschlüsse und weitere 396 zusätzliche Kapazitäten enthält.

Die Abbildung 5.9a zeigt zwei der simulierten Signalverläufe fehlerbehafteter Netzwerke, die einen der höchsten Grad der Ähnlichkeit im Vergleich zum gemessenen Signal im herangezogenen Zeitintervall zugeordnet bekommen haben. Besonders der kapazitive Fehler zeigt einen sehr ähnlichen Signalverlauf mit dem besonders typischen Plateau in den steigenden Flanken. Jedoch weicht die Frequenz des simulierten Signals noch vom gemessenen Signal ab. Im übrigen war hier das Merkmal "DTW" dominierend bei der Bestimmung der Ähnlichkeit, da es gerade solche Streckungen und Stauchungen entlang der Zeitachse bei der Berechnung der Ähnlichkeit zweier Zeitreihen unterdrückt. Mit einer Auswahl an Fehlerkandidaten wurde ein zweiter Lauf der Diagnose mit Hilfe der analogen Fehlersimulation unternommen. Dabei wurden nur kapazitive Fehler berücksichtigt und die Werte 20 fF, 50 fF, 200 fF, 500 fF und

1 pF verwendet. Größte Ähnlichkeit zwischen simulierten Signal und gemessenen Signal wurde auf diese Art und Weise für einen kapazitiven Fehler mit einem Wert von 200 FF erzielt. Dieser Fehlerort konnte in nachfolgenden Untersuchungen mit den im Abschnitt 1.1.3 genannten Mitteln der PFA auch bestätigt werden.

Der gesamte Ablauf der Diagnose mit Hilfe der analogen Fehlersimulation (Konstruktion der fehlerbehafteten Netzwerke, Simulation der fehlerbehafteten Netzwerke, Berechnung der Grade der Ähnlichkeit, Erstellung der Ordnung der Fehler) dauerte bei diesem Beispiel unter Verwendung von Sun Ultra 250 insgesamt etwa acht Stunden.

5.3.3 Scan-Flip-Flop

Zur Überprüfung der Diagnose von digitalen Schaltungen mit Hilfe analoger Fehlersimulation steht eine industrielle Logikschaltung zur Verfügung. Mit Hilfe von Scan-Ketten-basierten Logik-Diagnose-Verfahren (s. Abschnitt 1.1.1) konnte der Fehlerort im Netzwerk der Schaltung auf ein einzelnes Scan-Register eingegrenzt werden. Das Scan-Register ist als ein flankengesteuertes D-Flip-Flop mit den Eingängen *D* und *CP* sowie dem Ausgang *Q* ausgeführt, dass um die Scan-Ketten-spezifischen Eingänge *Test Input TI* und *Test Enable TE* sowie einen *Reset*-Signal *RN* erweitert ist. Es handelt sich um ein Master-Slave-Flip-Flop, bestehend aus einem D-Latch als Master und einem D-Latch als Slave. Ein vereinfachtes Logikdiagramm ist in Abbildung 5.10 dargestellt (ohne den für den Testmodus relevanten Eingang *TE* sowie den Eingang *D*, der äquivalent zum Eingang *TI* ist).[5] Das Scan-Flip-Flop ist in einer für CMOS-Schaltungen typischen Transfer-Gatter-Logik aufgebaut und besteht deshalb im Wesentlichen aus der Zusammenschaltung von zwei Baugruppen: CMOS-Inverter und CMOS-Transfer-Gatter. Beide Baugruppen bestehen ihrerseits jeweils nur aus einem PMOS- und einem NMOS-Transistor. Ein einzelnes Scan-Flip-Flop enthält 44 MOS-Transistoren und ist deshalb in einer handhabbaren Größe für die Behandlung des dazugehörigen Netzwerks mit Hilfe von Schaltungssimulationen. Insofern ist dieses Beispiel exemplarisch für den industriellen Diagnoseablauf komplexer integrierter Schaltungen. Die Diagnose wird hierarchisch ausgeführt, auf hoher Abstraktionsebene mit etablierten Verfahren der Logik-Diagnose beginnend. Die damit erreichbare Auflösung ist jedoch nicht gut genug, um als Grundlage für die PFA zu wirken. Der Defektort muss innerhalb des Layouts weiter eingegrenzt werden, um die entsprechenden Messgeräte genau positionieren zu können. Dazu eignet sich die in der Arbeit vorgestellte Diagnose unter Verwendung von Schaltungssimulationen in besonderer Weise. Durch die detailliertere Abstraktionsebene elektrischer Netzwerke

[5] Aus urheberrechtlichen Gründen sind vereinfachte Auszüge des Schaltplans dargestellt.

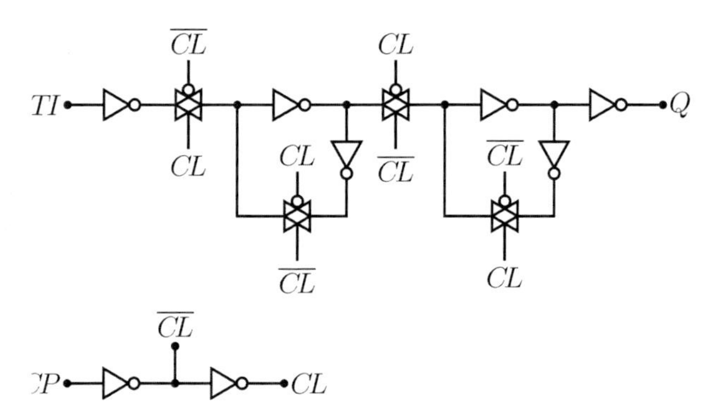

Abbildung 5.10: Ausschnitt aus dem Schaltplan eines Scan-Registers

und die Verknüpfung mit der Geometrie der Schaltung lässt sich die Auflösung der Diagnose im Vergleich zur reinen Logik-Diagnose deutlich erhöhen.

Um die nähere Umgebung des vermuteten Fehlerortes elektrisch realistisch nachzubilden, wird eine Kette von vier Scan-Flip-Flops simuliert, wobei die Eingangssignale im ersten Flip-Flop mit Hilfe idealer Spannungsquellen eingeprägt werden. Die Fehler werden im zweiten Flip-Flop in der Kette injiziert. Damit ist gewährleistet, dass einerseits realistische Spannungs- und Strombedingungen an den Eingängen (realistisches Modell für die Treiber) als auch an den Ausgängen (realistisches Modell für die Lasten) der betrachteten Teilschaltung anliegen.

Aufgrund der Tatsache, dass das betroffende Scan-Register nicht direkt von äußeren Klemmen her zugänglich ist, stehen als Messdaten für die Diagnose die Ergebnisse von TRE-Messungen *time resolved emission*, d. h., zeitlich aufgelöste Messung der Photonenemission [KT97], am Ausgangsinverter des zweiten Flip-Flops zur Verfügung. Es besteht ein funktionaler Zusammenhang zwischen den Spannungen und Strömen und der Photonenemission an einem MOS-Transistor. Es existieren Algorithmen, mit denen die Amplitude der Photonenemission in elektrischen Größen (und umgekehrt) umgerechnet werden können [Hop08]. Auf diese Art und Weise lässt sich der Spannungspegel am Ausgang Q des zweiten Flip-Flops aus der gemessenen Photonenemission am Ausgangsinverter rekonstruieren. Eine sorgfältige Anpassung der entsprechenden Parameter ist notwendig, um die Simulation des fehlerfreien Netzwerks und die Messdaten der defektfreien Schaltung möglichst gut in Übereinstimmung zu bringen. Das ist besonders in diesem Beispiel wichtig, da die Signalverläufe impulsförmig sind und deshalb schon kleine zeitliche Verzögerungen zwischen den simulierten und gemessenen Signalen die der Ähnlichkeitsberechnung zugrundeliegende Abstandsberechnung empfindlich stören können.

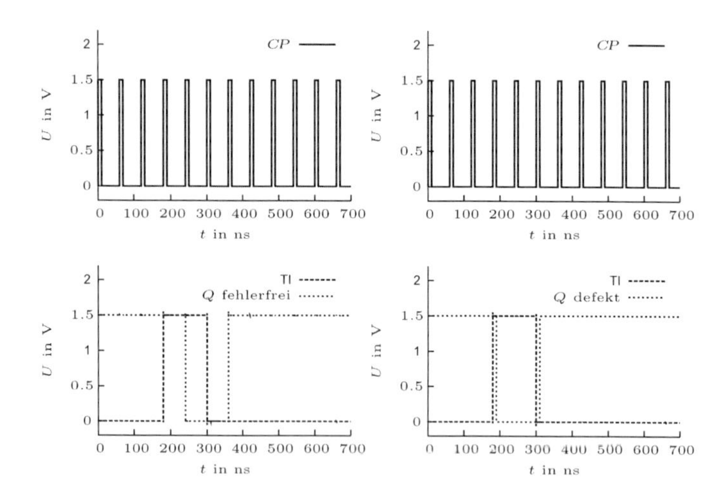

Abbildung 5.11: Signalverläufe der Eingangs- und Ausgangssignale der Scan-Kette

Für die Zwecke der Diagnose wird die Scan-Kette mit einer Folge von logischen Pegeln stimuliert, die mit Hilfe eines Testgenerierungsverfahrens für Logikschaltungen ermittelt wurde und der hier durchgeführten Diagnose als Ausgangspunkt dient[6]. Die Eingänge *D*, *TE* und *RN* werden dabei konstant auf dem logischen Pegel "1" gehalten. Die Signale an den Eingängen *TI* und *CP* folgen den in Abbildung 5.11 dargestelltem Verlauf. Das Signal am Ausgang *Q* des fehlerfreien Netzwerks zeigt den typischen Verlauf eines flankengesteuerten Scan-D-Flip-Flops im Testmodus: Mit der ersten steigenden Takt-Flanke wird der am Eingang *TI* anliegende logische Pegel (invertiert) in das Master-Latch übernommen, mit der folgenden steigenden Takt-Flanke wird das invertierte Signal in das Slave-Latch übernommen und liegt am Ausgang *Q* an. Im rechten Teil der Abbildung 5.11 sind die aus den Messungen der Photonenemission rekonstruierten Signalverläufe der defekten Schaltung dargestellt. Es lässt sich beobachten, dass der invertierte logische Pegel des Testsignals *TI* bereits bei der *fallenden* Flanke am Ausgang *Q* anliegt und nicht erst bei der folgenden *steigenden* Flanke.

Um dem besonderen Signalverlauf Rechnung zu tragen, wird in diesem Bei-

[6]Verfahren zur Testgenerierung für Logikschaltungen, die Scan-Ketten enthalten, stellen den Stand der Technik bei der Testentwicklung von Produktionstests dar. Für die weiteren Ausführungen nehmen wir an, dass ein sinnvoller Testsatz für die betrachtete Schaltung ermittelt wurde, und dass außerdem die Parameter zum Timing, d. h., Anstiegs-/Abfallzeiten der Flanken, eventuelle Zeitverzögerungen vorheriger Schaltungsstufen, bekannt sind. Dann ist eine Zeitbereichsanalyse des Netzwerks mit Hilfe von Schaltungssimulatoren möglich.

spiel die zweite Variante der in Abschnitt 5.2.1 vorgestellten Möglichkeiten zur Zusammenfassung der einzelnen Ähnlichkeiten zu einer Gesamtähnlichkeit verwendet: Das als Referenz dienende gemessene Signal (das aus der Photonenemission rekonstruierte Spannungssignal am Q-Ausgang des Scan-Flip-Flops) wird in mehrere Signalabschnitte unterteilt. Diese werden dann zunächst einzeln betrachtet. Anschließend werden die einzelnen Ähnlichkeiten gemäß Abschnitt 5.2.1 zu einer Gesamtähnlichkeit zusammengefasst, indem der Durchschnitt der entsprechenden unscharfen Mengen (s. Abschnitt 3.1.2) gebildet wird. Der betrachtete Zeitabschnitt wird in drei Abschnitte unterteilt:

1. $I_1 = [1\,\mathrm{ns}, 190\,\mathrm{ns}]$
2. $I_2 = [190.5\,\mathrm{ns}, 310\,\mathrm{ns}]$
3. $I_3 = [310.5\,\mathrm{ns}, 698.5\,\mathrm{ns}]$

Diese Unterteilung ist gewählt worden, da das Referenzsignal aus einer Messung der Photonenemission rekonstruiert wird. Diese Rekonstruktion beinhaltet eine numerische Integration von schmalen Impulsen, weshalb der Verlauf der Schaltflanken als unzuverlässig einzustufen ist, während die statischen Pegel genügend genau approximiert werden. Aus diesem Grund werden für die Diagnose nur die Zeitabschnitte mit eingeschwungenen statischen Pegeln herangezogen.

Aufgrund der jeweils besonders einfachen Kurvenverläufe innerhalb der drei gewählten Abschnitte (das Referenzsignal ist jeweils konstant) werden für die Abschnitte die folgenden Merkmale ausgewählt:

1. I_1: globales Minimum
2. I_2: globales Maximum
3. I_3: globales Minimum

In den Abschnitten I_1 und I_3 ist das Referenzsignal über den gesamten Zeitraum konstant auf einem Spannungswert von $1,5\,\mathrm{V}$, was einem logischen Pegel von "1" entspricht. Fehler, die in diesen Abschnitten einen geringeren (statischen oder temporären) Spannungswert, d. h., einen logischen Pegel "0" oder "X" aufweisen, sollen einen niedrigen Grad der Ähnlichkeit zugeordnet bekommen. Im Abschnitt I_2 ist das Referenzsignal über den gesamten Abschnitt konstant auf einem Spannungswert von $0\,\mathrm{V}$, also einem logischen Pegel von "0". Analog sollen hier diejenigen simulierten Signale der fehlerbehafteten Netzwerke einen *niedrigen* Grad der Ähnlichkeit zugeordnet bekommen, die einen höheren Spannungswert und damit falschen logischen Pegel erzeugen. Aufgrund der Struktur der Schaltung sind Spannungswerte von weniger $0\,\mathrm{V}$ bzw. mehr $1,5\,\mathrm{V}$ am betrachteten Ausgang des Flip-Flops nicht zu erwarten, was die Auswahl der Merkmale rechtfertigt. Es sei bemerkt, dass ein Fehler nur dann ein vernünftiges Modell für den zugrundeliegenden Defekt in der Schaltung sein kann, wenn er in *allen* Abschnitten eine größtmögliche Ähnlichkeit zum gemessenen Referenzsignal liefert, nicht nur in den Abschnitten, in dem sich das gemessene Ausgangssignal vom Gutsignal unterscheidet.

Für dieses Beispiel werden Kurzschlüsse und Unterbrechungen angenommen.

1. Kurzschlüsse: modelliert als linearer Widerstand; 10 Werte im Bereich von 10 Ω bis 10 kΩ

2. Unterbrechungen an den Klemmen der Transistoren (Bulk, Gate, Source, Drain): modelliert als linearer Widerstand; 10 Werte im Bereich 100 kΩ bis 5 MΩ

3. paarweise Kombinationen von Unterbrechungen an den Klemmen der Transistoren (Bulk, Gate, Source, Drain; wenn gleiche Knoten und gleicher Widerstandswert): modelliert als linearer Widerstand; 10 Werte im Bereich 100 kΩ bis 5 MΩ

Die letzte Gruppe an Fehlern modelliert physische Unterbrechungen in den Leitbahnen aus Metall für den Fall, dass zwei Transistor-Klemmen durch andere Formen der Verdrahtung bzw. der geometrischen Anordnung elektrisch miteinander verbunden sind, z. B. der Source- und Bulk-Anschluss im NMOS-Transistor eines CMOS-Inverters. Insgesamt ergeben sich 5748 Fehler. Das *aFSIM*-Modul zur Erzeugung von Fehlerlisten erlaubt, den Fehlern auch anschauliche Namen zu geben, so dass der Benutzer auf einen Blick erfährt, ob es sich um einen Kurzschluss oder eine Unterbrechung handelt, zwischen welchen Knoten der Fehler injiziert wird und welcher Widerstandswert in Ω verwendet wird. Die Namen nehmen dabei Bezug auf die Bezeichnungen der Knoten in der tatsächlichen Entwurfsnetzliste.

Nr.	Fehler	I_1	I_2	I_3	Gesamt
1	SHORT_01500_CP__NET196	0.999934	0.999999	0.999998	0.999931
2	SHORT_00010_NET174__NET194	0.999868	0.999998	0.999995	0.999861
3	SHORT_00500_NET174__NET194	0.999818	0.999997	0.999993	0.999809
4	SHORT_01000_CP__NET196	0.999806	0.999997	0.999993	0.999796
5	SHORT_01000_NET174__NET194	0.999799	0999997	0999993	0999789
6	SHORT_01500_NET174__NET194	0.999789	0.999997	0.999992	0.999778
7	SHORT_02000_NET174__NET194	0.999780	0.999997	0.999992	0.999769
8	SHORT_02500_NET174__NET194	0.999768	0.999997	0.999992	0.999756
9	SHORT_03000_NET174__NET194	0.999758	0.999997	0.999991	0.999746
10	SHORT_00010_TI__NET206	0.999752	0.999997	0.999991	0.999740
11	SHORT_03500_NET174__NET194	0.999751	0.999997	0.999991	0.999739
12	SHORT_00010_NET174__NET206	0.999737	0.999997	0.999991	0.999725

13	SHORT_00500_TI__NET206	0.999741	0.999980	0.999991	0.999712
14	SHORT_05000_NET174__NET194	0.999735	0.999997	0.999978	0.999710
15	SHORT_01000_NET174__NET206	0.999716	0.999997	0.999990	0.999702
16	SHORT_01500_NET174__NET206	0.999710	0.999997	0.999990	0.999697
17	SHORT_02500_NET174__NET206	0.999704	0.999997	0.999989	0.999690
18	SHORT_01500_NET0115__NET0157	0.999687	0.999997	0.999989	0.999672
19	SHORT_00500_NET0115__NET0157	0.999687	0.999997	0.999989	0.999672
20	SHORT_00010_NET0115__NET0157	0.999687	0.999997	0.999989	0.999672
21	SHORT_00500_NET174__NET206	0.999724	0.999969	0.999977	0.999671
22	F_COMB_2207_OPEN_D_..._500K	0.999682	0.999998	0.999989	0.999669
23	F_COMB_2209_OPEN_D_..._2000K	0.999682	0.999998	0.999989	0.999669
24	F_COMB_2211_OPEN_D_..._1500K	0.999682	0.999998	0.999989	0.999669
25	F_COMB_2214_OPEN_D_..._4000K	0.999682	0.999998	0.999989	0.999668
26	F_COMB_2210_OPEN_D_..._5000K	0.999682	0.999998	0.999989	0.999668
27	SHORT_02000_NET174__NET206	0.999707	0.999995	0.999948	0.999650
28	SHORT_01000_NET0115__NET0157	0.999687	0.999997	0.999965	0.999648
29	F_COMB_2212_OPEN_D_..._2500K	0.999682	0.999972	0.999989	0.999643
30	F_COMB_2208_OPEN_D_..._1000K	0.999682	0.999972	0.999989	0.999643
31	F_COMB_2213_OPEN_D_..._3000K	0.999682	0.999972	0.999989	0.999643
32	SHORT_00500_CP__NET196	0.999485	0.999992	0.999982	0.999459
33	SHORT_00010_CP__NET196	0.999003	0.999986	0.999964	0.998954
34	SHORT_01000_TI__NET206	0.999732	0.998826	0.999990	0.998548
35	SHORT_02000_NET0115__NET0157	0.999687	0.999997	0.998764	0.998448
36	SHORT_03500_TI__NET194	0.999773	0.995474	0.999992	0.995240
37	SHORT_03000_TI__NET194	0.999782	0.977894	0.999992	0.977673
38	SHORT_02500_TI__NET194	0.999793	0.854498	0.999993	0.854316
39	SHORT_02000_TI__NET194	0.999807	0.672128	0.999993	0.671994

Tabelle 5.3: Ausschnitt der Ergebnisse der Diagnose des Scan-Flip-Flops mit drei betrachteten Zeitabschnitten

Die Ergebnisse der Diagnose mit Hilfe der analogen Fehlersimulation für das Scan-Flip-Flop unter den genannten Voraussetzungen sind in Tabelle 5.3 dargestellt. Die letzten vier Spalten enthalten die Grade der Ähnlichkeit für die drei verschiedenen betrachteten Zeitabschnitte I_i sowie den Gesamtgrad der Ähnlichkeit als Produkt der einzelnen Grade der Ähnlichkeit. Es ist zu erkennen, dass die ersten 38 Fehler in der Rangliste einen hohen gesamten Grad der Ähnlichkeit von mehr als 0.85 aufweisen, während alle weiteren Fehler einen Grad der Ähnlichkeit von weniger als 0.68 zugeordnet bekommen. Unter den ersten 38 Fehlern gibt es sieben verschiedene Fehlerorte, die für unterschiedliche Widerstandswerte leicht abweichende Grade der Ähnlichkeit zugeordnet bekommen haben.

- SHORT_CP_NET196
- SHORT_NET174_NET194
- SHORT_TI_NET206
- SHORT_NET174_NET206
- SHORT_NET115_NET157
- SHORT_TI_NET194
- OPEN_DRAIN_MNS123_OPEN_GATE_MNS154

Der gesamte Ablauf der Diagnose dauerte in einem Rechnerverbund mit 32 Knoten (2.8 GHz, 2 GB Speicher pro Knoten) etwa 40 Minuten. Die Fehlerorte wurden manuell hinsichtlich ihrer Plausibilität untersucht, um dann mit Methoden der PFA, konkret mittels einer Transmissionselektronenmikroskopie (TEM), an der entsprechend präparierten defekten Schaltung überprüft zu werden. Diese Analyse ergab, dass eine Versetzung im aktiven Gebiet des Inverters, der zur Invertierung des Taktsignals für die Ansteuerung der Transfer-Gatter dient, die Ursache für den Defekt war. Eine Schwankung im Herstellungsprozess bewirkte, dass das aktive Gebiet dieses Inverters nicht vollständig mit dem Gate überdeckt war, was zu einem Bereich im Transistor führte, in dem sich Ladungsträger unabhängig von der angelegten Gate-Spannung frei zwischen Source und Drain bewegen konnten. Im elektrischen Netzwerk entspricht das einem linearen Kurzschluss zwischen den Knoten NET174 und NET194 – dem zweiten Rang in der Ordnung der Fehler nach Ähnlichkeiten.

6 Diagnose mit Hilfe der Kennlinienmethode

> The purpose of computing is insight, not numbers.
>
> *(Richard Hamming)*

Für Schaltungen, die sich mit hinreichender Genauigkeit als R-Netzwerke (vgl. Abschnitt 2.2) modellieren lassen, kann zur Diagnose die Kennlinienmethode verwendet werden. Da diese Definition ausdrücklich sowohl *lineare* als auch *nichtlineare* Netzwerke mit einschließt, ist sie für eine große Klasse an praktisch relevanten Schaltungen, wie z. B. Verstärker, Spannungs- oder Strom-Referenzschaltungen, aber auch digitale Schaltungsblöcke, wie einfache Logikgatter, erfüllt. Ferner lassen sich auch Schaltungen, deren Funktionsweise dynamischer Natur sind, für die Zwecke der Diagnose mit Hilfe von Gleichstrom-Messungen charakterisieren und somit als R-Netzwerke modellieren. Wird ein Schaltkreis anhand des Produktionstests als defekt erkannt, beginnt i. A. die Suche nach den Ursachen für diesen Ausfall. Insbesondere dann, wenn eine größere Anzahl an Schaltkreisen beim selben Produktionstest ausfällt, liegt die Vermutung nahe, dass auch die Ursachen dieser Ausfälle identisch sind. Typischerweise ist die Ermittlung der Ausfallursache vom Produktionstest losgelöst und blockiert nicht die kostspieligen Ressourcen der Produktionstestanlagen. Stattdessen stehen dedizierte *Engineering Tester* und andere Messeinrichtungen zur Verfügung. Diese Tatsache erlaubt es, für die Zwecke der Diagnose auch jenseits funktionaler Tests, geeignete elektrische Messungen zu definieren, die möglichst viel Aufschluss über die Ursachen des Defekts liefern. So kann es z. B. auch für $\Sigma\Delta$-Modulatoren oder Schaltwandler geeignete Klemmen im Netzwerk geben, an denen Kennlinien gemessen werden können, die es erlauben, die Diagnose mit Hilfe der Kennlinienmethode auch auf diese Klassen von Schaltungen anzuwenden.

Bei der Diagnose mit Hilfe der Kennlinienmethode handelt es sich um ein *konstruktives* Verfahren, bei dem ausgehend vom fehlerfreien Netzwerk und der zur Verfügung stehenden Messung eine Reihe von neuen Netzwerken konstruiert wird, deren Lösungen dann die Lösung für das Diagnoseaufgabe liefern.

Von zentraler Bedeutung für die Diagnose mit Hilfe der Kennlinienmethode ist das Klemmenverhalten von Netzwerken [Rei07a, Rei03a, Rei03b, Rei94,

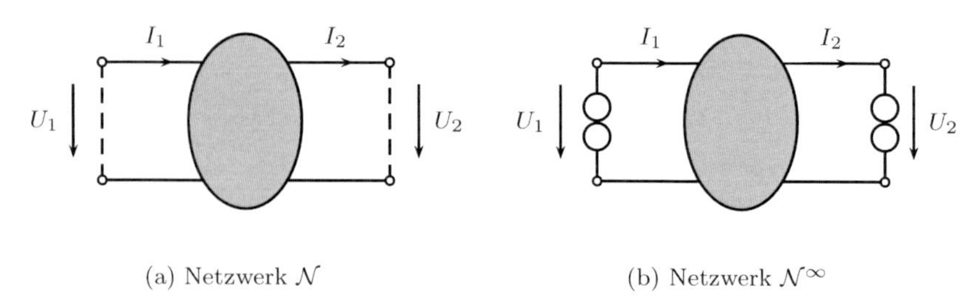

(a) Netzwerk $\mathcal{N}$ (b) Netzwerk $\mathcal{N}^\infty$

Abbildung 6.1: Netzwerk zur Bestimmung des Klemmenverhaltens von $\mathcal{N}$

RLN07]. Aus Gründen der Anschaulichkeit sei angenommen, dass das fehlerfreie Netzwerk (Nominalnetzwerk) $\mathcal{N}$ in Abbildung 6.1a ein Zweitor ist, dessen Klemmenverhalten sich durch zwei Funktionen G_1 und G_2,

$$I_1 = G_1(U_1, U_2), \qquad I_2 = G_2(U_1, U_2) \tag{6.1}$$

beschreiben lässt. Es wird ferner angenommen, dass an den Klemmenpaaren der defektfreien (und gleichermaßen an der defekten Schaltung) die Größen U_1, U_2, I_1, I_2 entweder erregt oder durch Messungen bestimmt werden können. Dabei ist es für die Durchführung der Diagnose nur erforderlich, jeweils ein geeignetes Paar an elektrischen Größen aus der Menge der Größen U_1, U_2, I_1, I_2 auszuwählen. Wählt man z. B. das Paar (U_1, U_2) so spricht man bei der Projektion der zweidimensionalen Mannigfaltigkeit des Raumes $U_1 \times U_2 \times I_1 \times I_2$ auf den Raum $U_1 \times U_2$ von der *Kennlinie der Spannungsübertragung*. Wählt man stattdessen z. B. das Paar (U_1, I_1), so nennt man diese Projektion auf den Raum $U_1 \times I_1$ die *Eingangskennlinie*.

Die *Kennlinie der Spannungsübertragung* lässt sich verhältnismäßig leicht in integrierten Schaltungen messtechnisch bestimmen: Dazu erregt man die Schaltung mit einem Spannungssignal am Eingangsklemmenpaar und misst die Spannung am Ausgangsklemmenpaar (bei Leerlauf zwischen den Ausgangsklemmen). Mit diesen Annahmen existiert dann eine Abbildung $T : \mathcal{U}_1 \to \mathcal{U}_2$.

Auch die Messung der *Eingangskennlinie* ist einfach zu realisieren, indem man die Spannung U_1 zwischen den Eingangsklemmen vorgibt und bei Leerlauf an den Ausgangsklemmen den zugehörigen Strom I_1, der in die Eingangsklemme a fließt, beobachtet. Analog zur *Kennlinie der Spannungsübertragung* existiert dann eine Abbildung $D : \mathcal{U}_1 \to \mathcal{I}_1$. In der weiteren Darstellung der Diagnose mit Hilfe der Kennlinienmethode werden exemplarisch die Fälle behandelt, bei der als Messung entweder die *Eingangskennlinie* oder die *Kennlinie der Spannungsübertragung* vorliegt.

Zusätzlich zu den Messdaten der defekten Schaltung und dem Netzwerk $\mathcal{N}$,

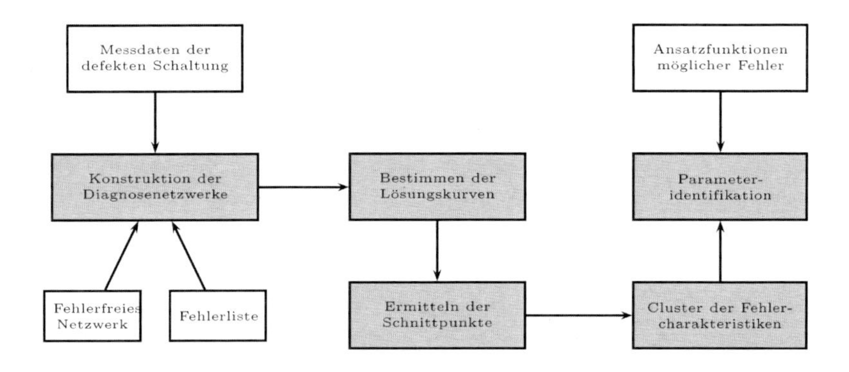

Abbildung 6.2: Ablauf der Diagnose mit Hilfe der Kennlinienmethode

das die defektfreie Schaltung modelliert, wird auch bei der Diagnose mit Hilfe der Kennlinienmethode eine Fehlerliste benötigt, die durch ein geeignetes Verfahren z. B. aus dem Netzwerk und dem Layout der Schaltung ermittelt werden kann. Im Gegensatz zur im Kapitel 5 beschriebenen Diagnose mit Hilfe der analogen Fehlersimulation ist die Fehlerliste hier nur eine Menge von möglichen Fehlerorten ohne Vorgaben an das zu verwendende Modell und die damit verknüpften Parameter. Bei den Fehlern erfolgt lediglich eine Unterscheidung, ob es sich um eine *Unterbrechung* oder einen *Kurzschluss* handelt, nicht jedoch wie diese Fehler modelliert werden. Es werden keine Annahmen über das elektrische Verhalten (z. B. elektrischer Widerstand, Linearität) eines *Fehlers* gemacht, vielmehr eignet sich die Diagnose mit Hilfe der Kennlinienmethode dazu, gewisse nichtlineare u, i-Relationen zu ermitteln, die das elektrische Verhalten von bislang unbekannten Defektmechanismen modellieren. Diese u, i-Relationen der Fehler werden in dieser Arbeit als *Fehlercharakteristiken* (s. Abschnitt 6.2, Definition 6.1) bezeichnet.

Der allgemeine Ablauf der Diagnose mit Hilfe der Kennlinienmethode ist in Abbildung 6.2 dargestellt. Unter Verwendung des Netzwerks der defektfreien Schaltung, der Fehlerliste und der Messdaten der defekten Schaltung werden für jeden angenommenen Fehlerort die *Diagnosenetzwerke* (s. Abschnitt 6.1) konstruiert. Diese werden unter Verwendung eines Schaltungssimulators simuliert. Als Ergebnis erhält man die für jeden einzelnen betrachteten Fehlerort zugehörigen Fehlercharakteristiken. Die jeweiligen Fehlercharakteristiken werden klassifiziert und anschließend auf ihre Plausibilität hin überprüft (s. Abschnitt 6.6). Diejenigen Fehlerorte, für die sich sinnvolle Fehlercharakteristiken ergeben, werden zusammen mit dem Ergebnis der Parameteridentifikation ausgegeben.

6.1 Motivation der Diagnosenetzwerke

Die Diagnose mit Hilfe der Kennlinienmethode ist eine direkte Anwendung des *verallgemeinerten Substitutionstheorems* [HR85]. Im folgenden wird vorausgesetzt, dass sich die betrachteten Defekte als (nicht notwendigerweise lineare) Netzwerke mit zwei ausgezeichneten Klemmen (Zweipole) modellieren lassen, da sich die meisten in der Literatur beschriebenen Defekte [SH04] in integrierten Schaltungen auf diese Art und Weise beschreiben lassen. Als kanonischer Repräsentant dieser Fehler werden elementare Netzwerke mit zwei Knoten und einem Zweig betrachtet. Die u, i-Relation dieses Zweiges, die Fehlercharakteristik, kann sowohl einen linearen als auch einen nichtlinearen resistiven Verlauf haben. Unter den genannten Voraussetzungen ist es vernünftig, die Fehlerliste auf die Fehlerarten

- Niederohmige Verbindungen ("Kurzschluss"),
- Hochohmige Unterbrechung ("Unterbrechung")

zu beschränken, ohne eine konkrete u, i-Relation, insbesondere Linearität oder sich daraus ergebende Widerstandswerte vorauszusetzen. Die Fehlercharakteristik ist i. A. nichtlinear und a priori nicht bekannt. Ziel der Diagnose mit Hilfe der Kennlinienmethode ist es, die Fehlercharakteristiken für jeden Fehler in der Fehlerliste zu bestimmen. Dazu werden unter Zuhilfenahme der Messung einer Eingangskennlinie oder Kennlinie der Spannungsübertragung an der defekten Schaltung so genannte *Diagnosenetzwerke* konstruiert. Die Lösung der Netzwerkgleichungen wird mit Hilfe eines Schaltungssimulators ermittelt.

Die folgenden Gedankenexperimente motivieren die vorgeschlagene Vorgehensweise.

6.1.1 Eigenschaften der fehlerbehafteten Netzwerke bezüglich der Verwendung der Kennlinie der Spannungsübertragung

Gegeben sei ein fehlerfreies Netzwerk $\mathcal{N} := (\mathcal{C}, \mathcal{V})$ mit den Klemmenpaaren $(a, b), (c, d)$ und (e, f), deren zugehörige Zweige mit $1, 2$ und 3 bezeichnet seien. Das Netzwerk $\mathcal{N}$ habe die Kennlinie der Spannungsübertragung $T : \mathcal{U}_1 \to \mathcal{U}_3$. Für eine feste Eingangsspannung U_1 lässt sich der zugehörige Punkt $U_3' = T(U_1)$ auf der Kennlinie mit Hilfe des Netzwerks $\mathcal{N}'$ aus Abbildung 6.3a ermitteln. Da der Zweig 3 einen Leerlauf enthält, ist der Zweigstrom I_3' augenscheinlich Null.

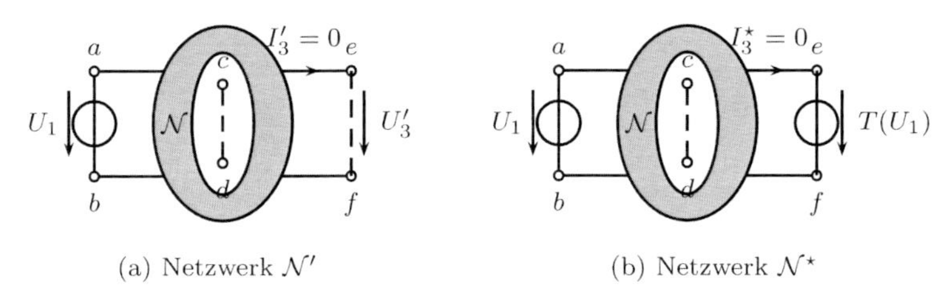

(a) Netzwerk $\mathcal{N}'$

(b) Netzwerk $\mathcal{N}^\star$

Abbildung 6.3: Ausgangsstrom I_3 beim Ermitteln der Kennlinie der Spannungsübertragung des *fehlerfreien* Netzwerks $\mathcal{N}$

Beobachtung 6.1. Erweitert man das in Abbildung 6.3a dargestellte Netzwerk $\mathcal{N}'$ um eine unabhängige Spannungsquelle im Zweig 3 mit der eingeprägten Spannung $U_3 = T(U_1)$ dann gilt im erweiterten Netzwerk $\mathcal{N}^\star$ aus Abbildung 6.3b für den Zweigstrom $I^\star_3 = I'_3 = 0$.

Diese Beobachtung ist eine direkte Folgerung aus dem verallgemeinerten Substitutionstheorem: Offensichtlich gilt $\mathcal{C}' = \mathcal{C}^\star$, da nur der Zweig 3 gegenüber dem ursprünglichen Netzwerk $\mathcal{N}'$ verändert wurde. Wegen $U^\star_3 = U'_3 = T(U_1)$ gilt auch $\mathcal{V}^\star = \mathcal{V}'$. Nach Voraussetzung ist $\mathcal{N}$ nicht-degeneriert, hat also endlich viele Lösungen. Damit ist das verallgemeinerte Substitutionstheorem ([HR85]) anwendbar, und es gilt $\mathcal{L}^\star = \mathcal{L}'$ also insbesondere $I^\star_3 = I'_3 = 0$.

Ferner sei ein *fehlerbehaftetes* Netzwerk $\widetilde{\mathcal{N}}$ gegeben, dass sich vom *fehlerfreien* Netzwerk $\mathcal{N}$ nur im Zweig 2 durch einen Fehler mit beliebiger u, i-Relation unterscheidet. Das Netzwerk $\widetilde{\mathcal{N}}$ habe die Kennlinie der Spannungsübertragung $\widetilde{T} : \mathcal{U}_1 \to \mathcal{U}_3$. Es sei vorausgesetzt, dass sich die Kennlinie $\widetilde{T}$ zumindest punktweise von der Kennlinie T des fehlerfreien Netzwerks $\mathcal{N}$ unterscheidet. Jede Spannung U_1, für die diese Forderung erfüllt ist, d. h., für die gilt $\widetilde{T}(U_1) \neq T(U_1)$ ist eine geeignete Testspannung. Für eine feste Testspannung ist mit $\widetilde{\mathcal{N}}'$ aus Abbildung 6.4a ein Netzwerk gegeben, mit dem die Spannungsübertragung $\widetilde{U}_3 = \widetilde{T}(U_1)$ ermittelt werden kann. Analog zum ersten Teil des Gedankenexperiments wird aus dem Netzwerk $\mathcal{N}'$ zur Bestimmung der Kennlinie der Spannungsübertragung des *fehlerfreien* Netzwerks ein erweitertes Netzwerk $\widetilde{\mathcal{N}}^\star$ konstruiert. Dazu wird der Leerlauf im Zweig 3 durch eine unabhängige Spannungsquelle ersetzt. Diese prägt die Spannung $\widetilde{U}_3 = \widetilde{T}(U_1)$, also den Wert der Zweigspannung des Zweiges 3, der am *fehlerbehafteten* Netzwerk $\widetilde{\mathcal{N}}$ beobachtet werden kann, wenn man es mit der Spannung U_1 erregt, ein. In einem solchen Netzwerk macht man die folgende Beobachtung:

Beobachtung 6.2. Erweitert man das in Abbildung 6.4a dargestellte Netzwerk $\widetilde{\mathcal{N}}'$ um eine unabhängige Spannungsquelle im Zweig 3 mit der eingeprägten Spannung $\widetilde{U}_3 = \widetilde{T}(U_1)$, dann gilt im erweiterten Netzwerk $\widetilde{\mathcal{N}}^\star$ aus Abbil-

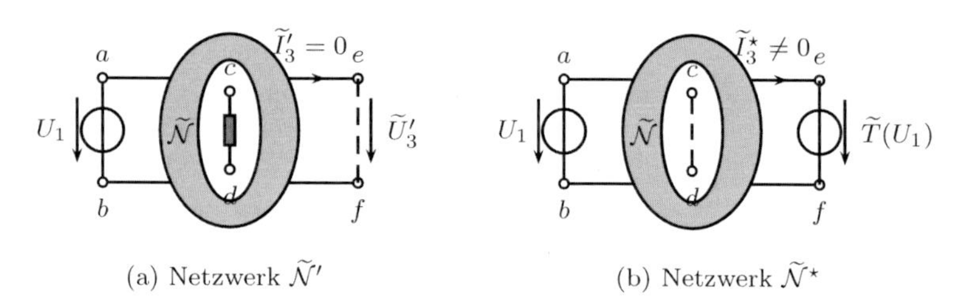

(a) Netzwerk $\widetilde{\mathcal{N}}'$ (b) Netzwerk $\widetilde{\mathcal{N}}^\star$

Abbildung 6.4: Ausgangsstrom I_3 bei Ermittlung der Kennlinie der Spannungsübertragung des *fehlerbehafteten* Netzwerks

dung 6.4b für den Zweigstrom $\widetilde{I}_3^\star \neq I_3^\star \neq 0$.

Diese Aussage gilt nicht allgemein für jedes nicht-degenerierte R-Netzwerk. Es lässt sich allerdings zeigen, dass die Lösungsmengen $\mathcal{L}^\star$ und $\widetilde{\mathcal{L}}^\star$ der Netzwerke $\mathcal{N}^\star$ und $\widetilde{\mathcal{N}}^\star$ verschieden sein müssen, da sie dasselbe Skelett, also auch denselben Konfigurationsraum haben. Dann gilt $\widetilde{\mathcal{U}}_3^\star \neq \mathcal{U}_3^\star$ also auch $\widetilde{\mathcal{V}}^\star \neq \mathcal{V}^\star$ und damit $\widetilde{\mathcal{L}}^\star \neq \mathcal{L}^\star$.

Die Aussage, dass die beiden Lösungsmengen $\widetilde{\mathcal{L}}^\star$ und $\mathcal{L}^\star$ voneinander verschieden sind, ist äquivalent zu der Aussage, dass sich *mindestens eine* Zweigspannung oder *mindestens ein* Zweigstrom von der entsprechenden Größe im erweiterten Netzwerk unterscheidet.[1] Aus diesem Grund ist eine sorgfältige Auswahl der Testpunkte und der Testspannungen, mit der die Schaltung erregt werden, sowie der beobachteten Zweigspannungen und Zweigströme notwendig, damit die Annahme gerechtfertigt ist, dass der Zweigstrom $\widetilde{I}_3^\star$ verschwindet, sobald die u, i-Relation des Zweiges 2 im fehlerbehafteten Netzwerk $\widetilde{\mathcal{N}}$ von der des fehlerfreien Netzwerks $\mathcal{N}$ abweicht. Andernfalls muss man unter Berücksichtigung der technischen Realisierbarkeit eine geeignetere Messung, d. h., Art und Ort der Erregung bzw. Art und Ort der Beobachtung der elektrischen Größen, für die Diagnose auswählen.

6.1.2 Eigenschaften der fehlerbehafteten Netzwerke bezüglich der Verwendung der Eingangskennlinie

Liegt für die defekte Schaltung eine Messung der Eingangskennlinie vor, so lassen sich analoge Beobachtungen in den entsprechenden Netzwerken machen.

Gegeben sei ein fehlerfreies Netzwerk $\mathcal{N} := (\mathcal{C}, \mathcal{V})$ mit den Klemmenpaaren (a, b) und (c, d), deren zugehörige Zweige mit 1 und 2 bezeichnet seien.

[1] Es ist keinesfalls sichergestellt, dass sich ausgerechnet die (in gewisser Weise beliebig herausgegriffenen) Zweigströme $\widetilde{I}_3^\star$ und $I_3^\star$ von einander unterscheiden und damit auch verschieden von Null sind.

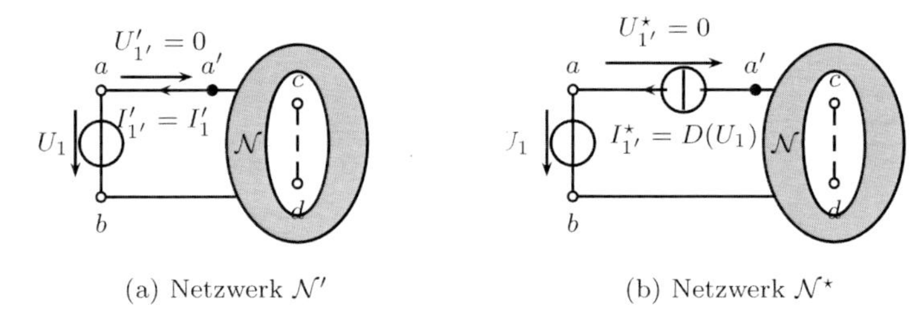

(a) Netzwerk $\mathcal{N}'$ (b) Netzwerk $\mathcal{N}^\star$

Abbildung 6.5: Zweigspannung $U_{1'}$ des Hilfszweiges bei Ermittlung der Eingangskennlinie des *fehlerfreien* Netzwerks

Das Netzwerk $\mathcal{N}$ habe die Eingangskennlinie $D : \mathcal{U}_1 \to \mathcal{I}_1$. Dabei wird angenommen, dass das Netzwerk mit einer vorgegebenen Spannung im Zweig 1 erregt wird und der Zweigstrom im selben Zweig beobachtet wird. Für eine feste Eingangsspannung U_1 lässt sich der zugehörige Punkt $I'_1 = D(U_1)$ auf der Kennlinie mit Hilfe des Netzwerks $\mathcal{N}'$ aus Abbildung 6.5a ermitteln. Ferner enthalte das Netzwerk $\mathcal{N}'$ einen Hilfszweig $1'$ zwischen den Knoten a und a' mit der u, i-Relation eines Kurzschlusses. Offensichtlich gilt dann $I'_1 = I'_{1'}$ und $U'_{1'} = 0$.

Beobachtung 6.3. Erweitert man das in Abbildung 6.5a dargestellte Netzwerk $\mathcal{N}'$ um eine unabhängige Stromquelle im Zweig $1'$ mit dem eingeprägten Strom $I'_{1'} = D(U_1)$, dann gilt im erweiterten Netzwerk $\mathcal{N}^\star$ aus Abbildung 6.5b für die Zweigspannung des Hilfszweiges $U^\star_{1'} = U'_{1'} = 0$.

Diese Aussage ist analog zur Beobachtung 6.1. Auch die Beobachtung 6.2 lässt sich auf den Fall übertragen, dass von der defekten Schaltung die Messung der Eingangskennlinie vorhanden ist. Betrachten wir dazu das folgende Gedankenexperiment: Es sei ein *fehlerbehaftetes* Netzwerk $\widetilde{\mathcal{N}}$ gegeben, das sich vom *fehlerfreien* Netzwerk $\mathcal{N}$ nur im Zweig 2 durch einen Fehler mit beliebiger u, i-Relation unterscheidet. Das Netzwerk $\widetilde{\mathcal{N}}$ habe die Eingangskennlinie $\widetilde{D} : \mathcal{U}_1 \to \mathcal{I}_1$. Es sei wieder vorausgesetzt, dass sich die Kennlinie $\widetilde{D}$ zumindest punktweise von der Kennlinie D des fehlerfreien Netzwerks $\mathcal{N}$ unterscheidet. Jede Spannung U_1, für die diese Forderung erfüllt ist, d. h., für sie gilt $\widetilde{D}(U_1) \neq D(U_1)$, ist eine geeignete Testspannung. Für eine feste Testspannung ist mit $\widetilde{\mathcal{N}}'$ aus Abbildung 6.6a ein Netzwerk gegeben, mit dem der Eingangsstrom $\widetilde{I}'_1 = \widetilde{D}(U_1)$ ermittelt werden kann. Aus dem Netzwerk $\mathcal{N}'$ zur Bestimmung der Spannungsübertragung des *fehlerfreien* Netzwerks wird ein erweitertes Netzwerk $\widetilde{\mathcal{N}}^\star$ konstruiert. Dazu wird der Kurzschluss im Hilfszweig $1'$ durch eine unabhängige Stromquelle ersetzt. Diese prägt den Strom $\widetilde{I}_{1'} = \widetilde{D}(U_1)$ ein, also den Wert des Zweigstromes des Hilfszweiges $1'$, der am *fehlerbehafteten* Netzwerk $\widetilde{\mathcal{N}}$ beobachtet werden kann, wenn man es mit der

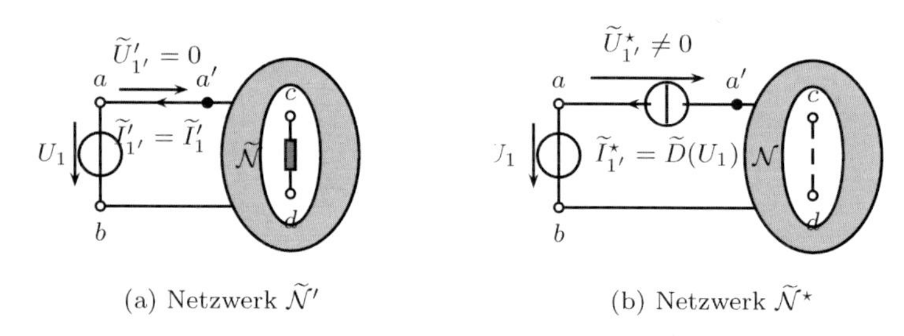

(a) Netzwerk $\widetilde{\mathcal{N}}'$

(b) Netzwerk $\widetilde{\mathcal{N}}^\star$

Abbildung 6.6: Zweigspannung $\widetilde{U}^\star_{1'}$ des Hilfszweiges bei Ermittlung der Eingangskennlinie des *fehlerbehafteten* Netzwerks

Spannung U_1 erregt. In einem solchen Netzwerk macht man die folgende Beobachtung:

Beobachtung 6.4. Erweitert man das in Abbildung 6.6a dargestellte Netzwerk $\widetilde{\mathcal{N}}'$ um eine unabhängige Stromquelle im Hilfszweig $1'$ mit dem eingeprägten Strom $\widetilde{I}_{1'} = \widetilde{D}(U_1)$ dann gilt im erweiterten Netzwerk $\widetilde{\mathcal{N}}^\star$ aus Abbildung 6.6b für die Spannung im Hilfszweig $\widetilde{U}^\star_{1'} \neq U^\star_{1'} \neq 0$.

Die Aussage ist analog zur Beobachtung 6.2 und ist mit denselben Schwierigkeiten verbunden: Eine sorgfältige Auswahl der Testspannungen ist erforderlich, damit die Zweigspannung im Hilfszweig tatsächlich verschwindet, sofern sich die Netzwerke $\mathcal{N}$ und $\widetilde{\mathcal{N}}$ unterscheiden.

6.2 Konstruktion der Diagnosenetzwerke

Das eigentliche Ziel der Diagnose unter Verwendung von Schaltungssimulationen wurde in der Definition 4.1 in Abschnitt 4.3 formuliert. Während das bei der Diagnose unter Verwendung der analogen Fehlersimulation bedeutet, das fehlerfreie Netzwerk durch aufeinander folgendes Injizieren von Fehlern aus einer gegebenen Fehlerliste solange zu manipulieren, bis man ein fehlerbehaftetes Netzwerk gefunden hat, dessen elektrisches Verhalten dem gemessenen elektrischen Verhalten der defekten Schaltung sehr nahe kommt, beschreitet man bei der Diagnose mit Hilfe der Kennlinienmethode einen anderen Weg.

Die in Abschnitten 6.1.1 und 6.1.2 erläuterten Beobachtungen 6.1, 6.2, 6.3 und 6.4 liefern Indizien dafür, ob zwei Netzwerke, deren u, i-Relationen sich höchstens in einem Zweig unterscheiden, dieselbe Lösungsmenge haben oder nicht. Im folgenden wird erläutert, wie sich diese Beobachtungen ausnutzen lassen, um aus dem gegebenen fehlerfreien Netzwerk und der Fehlerliste Diagnosenetzwerke zu konstruieren, die entweder eine Messung

1. der Kennlinie der Spannungsübertragung der defekten Schaltung oder

2. der Eingangskennlinie der defekten Schaltung

mit einbeziehen. Die Messdaten liegen als eine endliche Menge geordneter Paare von Zweigspannungen (Kennlinie der Spannungsübertragung) bzw. Zweigspannung und Zweigstrom (Eingangskennlinie) vor. Ein einzelnes Element dieser Mengen entspricht genau einem Messpunkt auf der entsprechenden Kennlinie. Die Kennlinie der defekten Schaltung soll sich zumindest punktweise von der Kennlinie des fehlerfreien Netzwerks unterscheiden.

Definition 6.1. Ausgehend von der Annahme, dass sich das fehlerfreie Netzwerk $\mathcal{N}$ vom fehlerbehafteten Netzwerk $\widetilde{\mathcal{N}}$ nur in einem Zweig unterscheidet, soll diejenige u, i-Relation dieses Zweiges gefunden werden, die gerade die Abweichung in den Messungen der defektfreien und defekten Schaltung bewirkt. Diese u, i-Relation wird als *Fehlercharakteristik* $\mathcal{F}$ bezeichnet.

Aus Gründen der einfacheren Darstellung sei zunächst angenommen, dass die Fehlerliste einen einzigen vermuteten Fehlerort enthält. Ohne Beschränkung der Allgemeinheit sei im folgenden der Zweig 2 derjenige Zweig, in dem der Fehlerort vermutet wird; U_2 sei die Zweigspannung und I_2 der Zweigstrom am vermuteten Fehlerort. Die Fehlercharakteristik $\mathcal{F}$ ist eine Teilmenge des kartesischen Produkts des Raumes der Zweigspannungen und des Raumes der Zweigströme des betrachteten Zweiges, $\mathcal{F} \subseteq \mathcal{U}_2 \times \mathcal{I}_2$. Die Diagnosenetzwerke dienen dazu, die Fehlercharakteristik $\mathcal{F}$ punktweise zu ermitteln. Es werden auf Grundlage des fehlerfreien Netzwerks so viele Diagnosenetzwerke konstruiert, wie es gemessene Punkte auf der Kennlinie der Spannungsübertragung bzw. auf der Eingangskennlinie der defekten Schaltung gibt, die sich von der entsprechenden Kennlinie des fehlerfreien Netzwerks unterscheiden.

Beobachtung 6.5. Gelingt es, ein Netzwerk für einen fest gewählten Punkt der gemessenen Kennlinie der defekten Schaltung so zu konstruieren, dass dessen Lösungsmenge der Lösungsmenge des fehlerbehafteten Netzwerks entspricht, so hat man durch die Projektion der ermittelten Lösung auf den Raum $\mathcal{U}_2 \times \mathcal{I}_2$ offenbar einen Punkt der Fehlercharakteristik $\mathcal{F}$ bestimmt.

Entscheidend dabei ist, dass nicht die gesamte Lösungsmenge des fehlerbehafteten Netzwerks dazu bekannt sein muss[2], sondern nur geeignete Projektionen der Lösungsmenge – im konkreten Fall also die Kennlinie der Spannungsübertragung bzw. die Eingangskennlinie – um die Fehlercharakteristik zu ermitteln. Die Netzwerktheorie liefert Aussagen, mit denen die interessierenden Lösungsmengen trotz eingeschränkter Information über das Netzwerk (nur für eine im Vergleich zum gesamten Netzwerk kleine Anzahl an Zweigen

[2]Sie ist i. A. unbekannt. Insbesondere ist das konkrete Diagnoseproblem auch erfüllt, wenn ein fehlerbehaftetes Netzwerk bestimmt wurde, dass die defekte Schaltung mit genügender Genauigkeit modelliert.

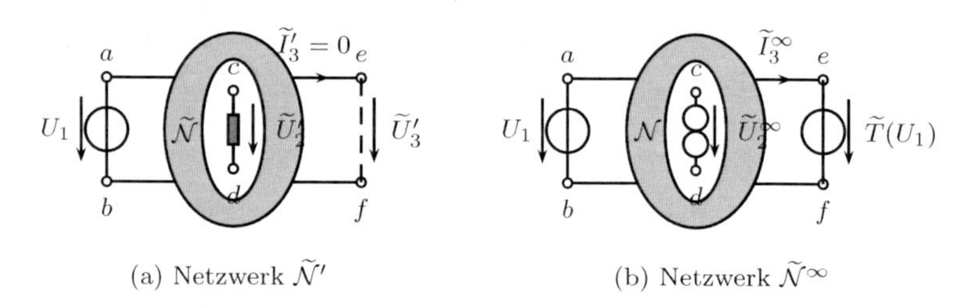

Abbildung 6.7: Konstruktion eines Diagnosenetzwerks für den vermuteten Fehlerort im Zweig 2 sowie einer fest eingeprägten Zweigspannung U_1 und der an der defekten Schaltung gemessenen Zweigspannung $\widetilde{U}_3 = \widetilde{T}(U_1)$

stehen Informationen über Zweigspannung und Zweigstrom zur Verfügung) bestimmt werden können. Auf Grund der Beschränktheit der zur Verfügung stehenden Informationen ist es möglich, dass das Diagnoseproblem keine eindeutige Lösung hat. Deshalb muss das Problem so formuliert werden, dass es möglich ist, *alle* Lösungen der implizierten Gleichungssysteme zu ermitteln. Außerdem sind unter den ermittelten Lösungen i. A. solche dabei, die zwar eine mathematisch korrekte Lösung des formulierten Gleichungssystems sind, aber möglicherweise keine physikalische Relevanz haben. Aus diesem Grund ist für die Diagnose mit Hilfe der Kennlinienmethode auch die Klassifikation, wie sie im Abschnitt 6.6 behandelt werden wird, von entscheidender Bedeutung. Nur so lassen sich physikalisch unsinnige Fehlercharakteristiken von physikalisch sinnvollen unterscheiden.

6.2.1 Konstruktion der Diagnosenetzwerke unter Verwendung der Kennlinie der Spannungsübertragung

Wenn von der defekten Schaltung die Kennlinie der Spannungsübertragung als Messung in Form einer Menge geordneter Paare der Zweigspannungen $(U_1, \widetilde{U}_3)$ vorliegt, lassen sich die Diagnosenetzwerke auf Basis der Netzwerke aus Abbildung 6.4 konstruieren. In Abbildung 6.7a ist das (im allgemeinen natürlich unbekannte) fehlerbehaftete Netzwerk sowie die notwendige Beschaltung mit einer unabhängigen Spannungsquelle zum Ermitteln der Spannungsübertragung $\widetilde{U}_3 = \widetilde{T}(U_1)$ für eine fest gewählte Spannung U_1 dargestellt. Das Paar $(U_1, \widetilde{U}_3)$ entspricht genau einem Punkt auf der gesamten gemessenen Kennlinie der Spannungsübertragung der defekten Schaltung.

Prägt man nun analog zu Abbildung 6.4b die Zweigspannung $\widetilde{U}_3$ des fehlerbehafteten Netzwerks in das fehlerfreie Netzwerk ein, so wird der Zweigstrom $\widetilde{I}_3^\star$ verschieden von Null sein. Manipuliert man nun die u, i-Relation des Zweiges 2 in geeigneter Weise, so wird sich auch der Zweigstrom $\widetilde{I}_3^\infty$ verändern. Ist man daran interessiert, das Verhalten des Netzwerks für *alle denkbaren* u, i-Relationen zu studieren, so ersetzt man den Leerlauf im Zweig 2 des fehlerfreien Netzwerks durch einen Norator. Abbildung 6.7b zeigt das so konstruierte Diagnosenetzwerk.

Beobachtung 6.6. Für einen fest gewählten Punkt der Kennlinie der Spannungsübertragung und die gemäß Abbildung 6.7b konstruierten Diagnosenetzwerke sind alle Paare (U_2, I_2) der Zweigspannung und des Zweigstromes von Zweig 2, für die der Zweigstrom $\widetilde{I}_3^\infty$ verschwindet, Elemente der Fehlercharakteristik $\mathcal{F}$.

Das Diagnosenetzwerk aus Abbildung 6.7b impliziert ein System von Netzwerkgleichungen, dessen Lösungsmenge identisch mit der Ausgangstromkennlinie $\mathcal{C} \subseteq \mathcal{U}_2 \times \mathcal{I}_2 \times \mathcal{I}_3$ ist. Damit wird die Abhängigkeit des Stromes I_3 von der Noratorspannung U_2 und vom Noratorstrom I_2 charakterisiert. Für die hier betrachteten Netzwerke ist sicher gestellt, dass mindestens ein Schnittpunkt mit der Ebene $\mathcal{E}_0 = \{(u, v, w) \in \mathcal{U}_2 \times \mathcal{I}_2 \times \mathcal{I}_3 \mid w = 0\}$ existiert. Die Projektionen der Schnittpunkte $\mathcal{C} \cap \mathcal{E}_0$ auf den zweidimensionalen Raum des kartesischen Produkts der Noratorspannung und des Noratorstromes $\mathcal{U}_2 \times \mathcal{I}_2$ sind Punkte der Fehlercharakteristik $\mathcal{F}$.

6.2.2 Konstruktion der Diagnosenetzwerke unter Verwendung der Eingangskennlinie

Auf dieselbe Art und Weise kann man auch ein Diagnosenetzwerk für den Fall konstruieren, dass Messdaten der Eingangskennlinie der defekten Schaltung als eine endliche Menge von Paaren der Zweigspannung U_1 und des Zweigstromes I_1 vorliegen. Wie im vorangegangenen Abschnitt wird ohne Beschränkung der Allgemeinheit angenommen, dass sich der Defekt der Schaltung auf einen Fehler im Zweig 2 abbilden lässt. Für eine fest gewählte Eingangsspannung U_1 lässt sich der dazugehörige Eingangsstrom $\widetilde{I}_1$ mit dem Netzwerk aus Abbildung 6.8a ermitteln. Die Argumentationen aus Abschnitt 6.1.2 und Abschnitt 6.2.1 führen dann zu dem Diagnosenetzwerk das in Abbildung 6.8b dargestellt ist. Der für die fest gewählte Spannung U_1 gemessene Eingangsstrom der defekten Schaltung wird mit Hilfe einer unabhängigen Spannungsquelle in das erweiterte Netzwerk $\widetilde{\mathcal{N}}^\infty$ eingeprägt. Der Leerlauf im Zweig 2 wird durch einen Norator ersetzt.

Beobachtung 6.7. Für einen fest gewählten Punkt der Eingangskennlinie der defekten Schaltung und die gemäß Abbildung 6.8b konstruierten Diagnosenetzwerke sind alle Paare (U_2, I_2) der Zweigspannung und des Zweigstromes

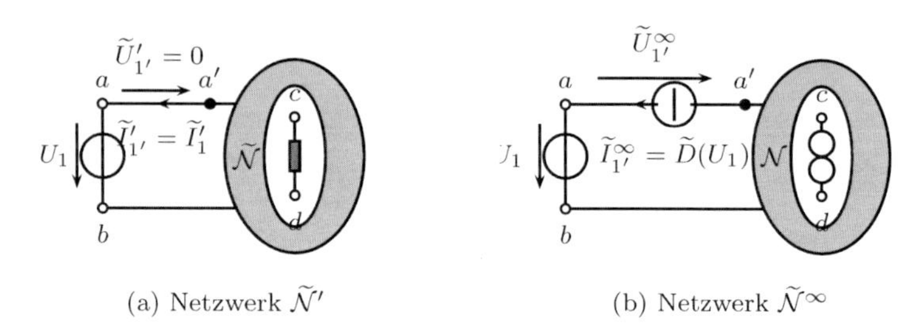

(a) Netzwerk $\widetilde{\mathcal{N}}'$

(b) Netzwerk $\widetilde{\mathcal{N}}^{\infty}$

Abbildung 6.8: Konstruktion eines Diagnosenetzwerks für den vermuteten Fehlerort im Zweig 2 sowie einer fest eingeprägten Zweigspannung U_1 und dem an der defekten Schaltung gemessenen Zweigstrom $\widetilde{I}_1 = \widetilde{D}(U_1)$

von Zweig 2, für die die Zweigspannung $\widetilde{U}^{\infty}_{1'}$ des Hilfszweiges verschwindet, Elemente der Fehlercharakteristik $\mathcal{F}$.

Das Diagnosenetzwerk aus Abbildung 6.8b impliziert ein System von Netzwerkgleichungen, dessen Lösungsmenge identisch mit der Kennlinie der Spannung $\mathcal{C} \subseteq \mathcal{U}_2 \times \mathcal{I}_2 \times \mathcal{U}_{1'}$ des Hilfszweiges ist. Damit wird die Abhängigkeit der Spannung des Hilfszweiges $U_{1'}$ von der Noratorspannung U_2 und vom Noratorstrom I_2 charakterisiert. Mit den gemachten Annahmen ist sicher gestellt, dass mindestens ein Schnittpunkt mit der Ebene $\mathcal{E}_0 = \{(u, v, w) \in \mathcal{U}_2 \times \mathcal{I}_2 \times \mathcal{U}_{1'} \mid w = 0\}$ existiert. Die Projektionen der Schnittpunkte $\mathcal{C} \cap \mathcal{E}_0$ auf den zweidimensionalen Raum des kartesischen Produkts der Noratorspannung und des Noratorstromes $\mathcal{U}_2 \times \mathcal{I}_2$ sind Punkte der Fehlercharakteristik $\mathcal{F}$.

6.3 Bestimmung der Lösungen der Netzwerkgleichungen des Diagnosenetzwerks

Das Diagnoseproblem lässt sich (beispielhaft für den Fall dargestellt, dass die Kennlinie der Spannungsübertragung als Messdaten vorhanden sind) geometrisch wie folgt deuten: Für eine fest eingeprägte Testspannung im Zweig 1 und die dazugehörige fest eingeprägte gemessene Spannung im Zweig 3 ist die Lösungsmenge $\mathcal{L} \subseteq \mathcal{U}_2 \times \mathcal{I}_2 \times \mathcal{I}_3$ die Vereinigung einer oder mehrerer „Kurvenstücke“[3]. Eine denkbare Situation ist in Abbildung 6.9 dargestellt. Die Elemente der Fehlercharakteristik sind die Schnittpunkte der einzelnen

[3]Dies ist nicht im mathematischen Sinne gemeint. Für ein allgemeines nichtlineares Gleichungssystem ist nicht sichergestellt, dass die Elemente der Lösungsmenge in irgendeiner Art zusammenhängend sind.

Kurvenstücke mit der Ebene $\mathcal{E}_0 = \{(u,v,w) \in \mathcal{U}_2 \times \mathcal{I}_2 \times \mathcal{U}_{1'} \mid w = 0\}$. Das Problem muss so formuliert werden, dass es mit den Analysemethoden der Schaltungssimulatoren möglich ist, *alle* Schnittpunkte für *jedes* Paar (Testspannung, gemessene Spannung) zu ermitteln.

Die in den Abschnitten 6.2.1 und 6.2.2 konstruierten Diagnosenetzwerke enthalten Noratoren. Schaltungssimulatoren wie *Spice*oder *Titan*[Inf07] sind im allgemeinen nicht ohne weiteres in der Lage, die Systeme der Netzwerkgleichungen für Netzwerke, die einen Norator enthalten numerisch zu lösen. Die Ursache dafür ist, dass die u, i-Relation eines Norators beliebige Spannungen und beliebige Ströme für den Zweig zulässt. Dadurch entstehen für die Zusammenschaltung von Netzwerken mit Noratoren Gleichungssysteme, die weniger Gleichungen als Unbekannte enthalten. Die Algorithmen zur Lösung der Netzwerkgleichungen in kommerziellen und frei verfügbaren Schaltungssimulatoren wurden in Abschnitt 2.2 erläutert. Der Standard-Algorithmus zum Bestimmen der Lösungen eines nichtlinearen Gleichungssystems der Form $f(x) = 0$ ist das Newton-Raphson-Verfahren. Dieser setzt jedoch voraus, dass es genauso viele Gleichungen wie Unbekannte gibt. Das ist auch der Grund dafür, dass die Syntax der zum Simulator gehörenden Eingabesprachen so beschaffen ist, dass sich nur Netzwerke formulieren lassen, die zu Gleichungssystemen mit genauso vielen Gleichungen wie Unbekannten führen. Folglich gibt es auch keine Netzwerkelemente, die einem Norator entsprechen würden.

In diesem Abschnitt werden einige Möglichkeiten beleuchtet, dennoch die Netzwerkgleichungen, die durch die oben beschriebenen Diagnosenetzwerke gegeben sind, numerisch zu lösen. Dabei lassen sich grundsätzlich zwei verschiedene Konzepte unterscheiden, die Diagnosenetzwerke so zu realisieren, dass sie mit den in der Industrie verwendeten Schaltungssimulatoren zur Verfügung stehenden Methoden zur Arbeitspunktanalyse (vgl. Abschnitt 2.2.1 der behandelt werden kann:

1. Hinzufügen einer weiteren Gleichung und Lösen des neu formulierten Gleichungssystems mit dem im Schaltungssimulator standardmäßig verwendeten Lösungsverfahren

2. Punktweises Überdecken der Lösungsmenge und Lösen des umformulierten Gleichungssystems mit dem im Schaltungssimulator verwendeten Lösungsverfahren; anschließend Bestimmen der ursprünglich gesuchten Lösung aus der ermittelten Lösungskurve

Es werden wie in den vorangegangen Abschnitten die Fälle betrachtet, für die entweder die Kennlinie der Spannungsübertragung oder die Eingangskennlinie der defekten Schaltung als Messdaten zur Verfügung steht.

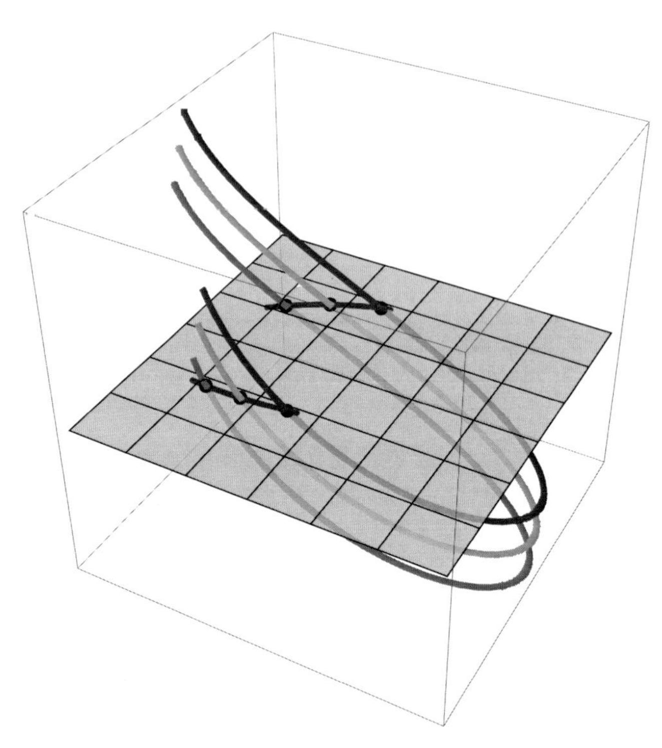

Abbildung 6.9: Geometrische Deutung der Diagnose mit Hilfe der Kennlinienmethode

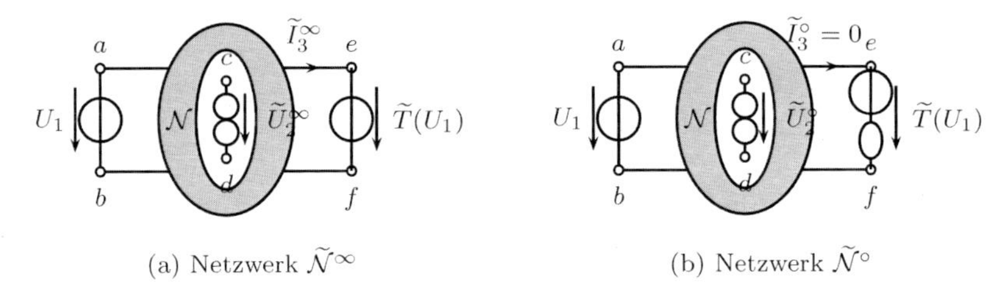

(a) Netzwerk $\widetilde{\mathcal{N}}^{\infty}$ (b) Netzwerk $\widetilde{\mathcal{N}}^{\circ}$

Abbildung 6.10: Erweiterung des Diagnosenetzwerks unter Verwendung der Kennlinie der Spannungsübertragung der defekten Schaltung für den vermuteten Fehlerort im Zweig 2 mit Nullator

6.3.1 Lösung der Netzwerkgleichungen unter Verwendung der Kennlinie der Spannungsübertragung

Wird für die Konstruktion der Diagnosenetzwerke die Kennlinie der Spannungsübertragung der defekten Schaltung verwendet, so ergeben sich verschiedene Möglichkeiten, die Lösungen der Netzwerkgleichungen dieser Diagnosenetzwerke zu ermitteln. In dieser Arbeit werden fünf Varianten untersucht, die in den folgenden Abschnitten näher beschrieben sind. Für eine industrielle Anwendbarkeit ist die Kompatibilität mit Standard-Schaltungssimulatoren entscheidend. Deshalb wird bei den einzelnen Möglichkeiten darauf eingegangen, wie sie sich mit Hilfe eines *Spice*-ähnlichen Schaltungssimulators realisieren lassen.

Nullor

In Abbildung 6.10a ist noch einmal das Diagnosenetzwerk für den Fall dargestellt, dass die Kennlinie der Spannungsübertragung der defekten Schaltung vorhanden ist und der vermutete Fehlerort im Zweig 2 liegt. Wie bereits dargelegt, gehören alle Elemente der Lösungsmenge von Netzwerk $\widetilde{\mathcal{N}}^{\infty}$, für die der Zweigstrom $\widetilde{I}_3^{\infty}$ verschwindet, zur Fehlercharakteristik $\mathcal{F}$ des vermuteten Fehlerorts. Das zu $\widetilde{\mathcal{N}}^{\infty}$ gehörige Gleichungssystem ist wie bereits erläutert unterbestimmt, da es weniger Gleichungen als Unbekannte enthält. Es lässt sich jedoch leicht zu einem Gleichungssystem erweitern, dass genauso viele Gleichungen wie Unbekannte hat, indem man die zusätzliche Forderung $\widetilde{I}_3^{\infty} = 0$ als Gleichung hinzunimmt. Die Netzwerk-Interpretation zu dieser Erweiterung des Gleichungssystems ist den Zweig 3 aufzutrennen und einen Nullator einzufügen. Die u, i-Relation eines Nullators ist durch die Gleichungen $u = 0$ und $i = 0$ gegeben, d. h., sowohl Zweigspannung als auch Zweigstrom verschwinden. Im allgemeinen führen Netzwerke die einen Nullator enthalten zu überbestimmten System von Netzwerkgleichungen, d. h., es gibt mehr Gleichungen als Unbekannte. Aus diesem Grunde (s. Argumentation für den Norator im Abschnitt 2.1.2) gibt es in den Eingabesprachen für Schaltungssimulatoren, die auf *Spice*basieren, auch keine Möglichkeit, einen Nullator direkt als Netzwerkelement zu instantiieren.

Die Situation stellt sich anders dar, wenn ein Netzwerk genauso viele Noratoren wie Nullatoren enthält. Dann entstehen Netzwerke, deren Gleichungssysteme genauso viele Gleichungen wie Unbekannte enthalten. Zwar lassen sich Noratoren bzw. Nullatoren nicht unabhängig voneinander oder einzeln mit Hilfe in Schaltungssimulatoren wie *Spice*(oder den kommerziellen Derivaten) verwenden, es existitert jedoch eine Zusammenschaltung von Nullator und Norator, der so genannte *Nullor*, der die indirekte und gleichzeitige Verwendung beider elementarer Netzwerke ermöglicht.. Ein Nullor ist ein elementares Zweitor, das den Netzwerkgleichungen $u_1 = 0$ und $i_1 = 0$ genügt, sofern die Zweigmenge mit $\mathcal{Z} = \{1, 2\}$ gekennzeichnet wird [Rei07b]. An den Klemmen des Zweiges 1 verhält sich also ein Nullor wie ein Nullator, an den Klemmen des Zweiges 2 wie ein Norator. Damit ist ein Nullor ein Modell eines idealen Operationsverstärkers mit unendlicher Verstärkung.

Ein Nullor lässt sich auf verschiedene Art und Weise aus elementaren Netzwerkelementen wie unabhängigen bzw. gesteuerten Strom- oder Spannungsquellen konstruieren. In dieser Arbeit wurden die Realisierungen aus Abbildung 6.11 verwendet.

Erweitert man das Netzwerk $\widetilde{\mathcal{N}}^{\infty}$ so wie in Abbildung 6.10b dargestellt, so erhält man das gewünschte Gleichungssystem mit identischer Anzahl an Gleichungen und Unbekannten. Anstelle des einzelnen Norators bzw. des einzelnen Nullators wird ein Nullor in das erweiterte Netzwerk eingefügt, wobei der Nullator durch den Zweig 1 und der Norator durch den Zweig 2 des Nullors ersetzt wird. Das so entstandene erweiterte Netzwerk lässt sich mit den syntaktischen Mitteln der Eingabesprachen der Schaltungssimulatoren formulieren. Die Lösung der Netzwerkgleichungen des erweiterten Netzwerks kann mit den standardmäßig eingebauten Algorithmen eines Schaltungssimulators ermittelt werden. Dazu wird eine einfache Berechnung des Arbeitspunktes durchgeführt. In *Titan*ausgedrückt:

```
Xnetwork a b c d e e' CUT
Xnullor e' f c d nullor
V1 a b Vtest
V2 e e' Vmeas
.OP
```

Listing 6.1: Formulierung des Diagnosenetzwerks mit Nullor

Die verschiedenen Realisierungen des Nullors zeigen bei der Lösung der Netzwerkgleichungen bezüglich des Konvergenzverhaltens und der Genauigkeit vergleichbare Ergebnisse. Allerdings gibt es Netzwerktopologien, die verschiedene Realisierungen erforderlich machen: Die meisten Schaltungssimulatoren überprüfen vor dem Lösen der Netzwerkgleichungen die strukturelle Integrität des Systems der Netzwerkgleichungen. Zwei wesentliche Netzwerktopologien, die zu schlecht gestellten numerischen Problemen führen, sind:

1. Eine orientierte Masche, die nur Spannungsquellen enthält
2. Ein orientierter Schnitt, der nur Stromquellen enthält

Auch die Diagnose mit Hilfe der Kennlinienmethode hat eine Fehlerliste als Grundlage für die Diagnosenetzwerke. Das bedeutet, dass das fehlerfreie Netzwerk grundsätzlich an allen denkbaren Stellen manipuliert werden könnte. Somit ist nicht sicher gestellt, dass es nicht zu Situationen kommen kann, wo einer der Zweige des Nullors parallel zu einer im fehlerfreien Netzwerk vorhandenen Spannungsquelle geschaltet werden soll. In so einem Fall würde die Realisierung aus Abbildung 6.11a zu einem schlecht gestellten numerischen Problem führen, die beiden anderen Realisierungen wären in diesem Fall vorzuziehen. Umgekehrt sind Situationen denkbar in denen ein Zweig des Nullors in Reihe zu einer im fehlerfreien Netzwerk vorhandenen Stromquelle geschaltet werden soll. Das schafft eine Situation wie in 2. In diesem Fall sind die Realisierungen aus Abbildung 6.11b und 6.11c ungeeignet und die Realisierung aus Abbildung 6.11a vorzuziehen.

Die gezeigte Umformulierung des Diagnoseproblems durch die Erweiterung des Diagnosenetzwerks mit einem Nullator und die Realisierung von Norator und Nullator als Nullor aus elementaren Netzwerkelementen liefert gute Ergebnisse, solange das Diagnoseproblem tatsächlich nur *eine* Lösung pro Punkt auf der gemessenen Kurve hat. Wie bereits ausgeführt, benutzen *Spice*und *Titan*für die Berechnung der Arbeitspunkte das Newton-Raphson-Verfahren als Standard-Algorithmus, das eine quadratische Konvergenzgeschwindigkeit aufweist, sofern es konvergiert. Hat das System der Netzwerkgleichungen mehrere Lösungen, so ist es denkbar, dass das Verfahren

1. nur eine Lösung findet und auch keine Auskunft über mögliche andere Lösungen liefert oder
2. nicht konvergiert, sondern zwischen mehreren Lösungen pendelt.

Schrittweises Abtasten der Ausgangskennlinie mit fester Schrittweite

Die in Abbildung 6.9 dargestellte Lösungsmenge des Netzwerks aus Abbildung 6.7 lässt sich auch punktweise ermitteln. Gerechtfertigt ist diese Vorgehensweise durch den *Überdeckungssatz*. Der Überdeckungssatz besagt, dass man die Lösungsmenge eines R-Netzwerks, das genau einen Norator und keinen Nullator enthält, bestimmen kann, indem man die u, i-Relation des Norators überdeckt. Das bedeutet, dass es möglich ist, das Diagnosenetzwerk, wie in Abbildung 6.12 dargestellt, zu verändern, indem man den Norator durch eine unabhängige Stromquelle ersetzt und die Lösung des veränderten Netzwerks *für alle Ströme* $\widetilde{I}_2^{\triangleleft}$ bestimmt. Die Vereinigung aller Lösungen ist identisch mit der Lösungsmenge des ursprünglich definierten Diagnosenetzwerks. Für die praktische Anwendung ist es ausreichend, eine *endliche Anzahl* an Strömen $\widetilde{I}_2^{\triangleleft}$ vorzugeben, um die Lösungsmenge des Netzwerks $\widetilde{\mathcal{N}}^{\infty}$ mit genügender Genauigkeit zu bestimmen.

Der große Vorteil dieser Vorgehensweise dabei ist, dass man auf diese Art und Weise die Analyse des Diagnosenetzwerks auf die Analyse einer endlichen Familie von Netzwerken zurückgeführt hat, deren Lösungsmenge sich sehr viel leichter mit den Algorithmen der Schaltungssimulatoren bestimmen lässt. Dazu wird die in Abbildung 6.9 skizzierte Ausgangskennlinie schrittweise durch eine parametrische Arbeitspunktanalyse (*dc sweep*) ermittelt. In *Titan*lauten die notwendigen Anweisungen:

```
.SUBCKT a b pseudonorator INOR=0
Ipseudonorator a b INOR
.ENDS
Xnetwork a b c d e f CUT
Xpseudonorator c d pseudonorator INOR=inorator
V1 a b Vtest
V2 e f Vmeas
.DC PARAM inorator -1 1 10m
```

Listing 6.2: Überdeckung mit unabhängiger Stromquelle

Dabei wird die Lösung der Netzwerkgleichungen in Abhängigkeit eines Parameters – in diesem Fall `INOR` – bestimmt. Beginnend vom Startwert $-1\,\mathrm{A}$ wird der Parameter mit fester Schrittweite $10\,\mathrm{mA}$ bis zum Endwert $1\,\mathrm{A}$ variiert. Für jedes der entstehenden 101 Netzwerke wird die Lösung der Netzwerkgleichungen berechnet. In jedem einzelnen Simulationslauf wird dafür der Standardalgorithmus (Newton-Raphson-Verfahren) benutzt. Es gelten also dieselben Einschränkungen für die Berechnung der einzelnen Arbeitspunkte, d. h., hat das Diagnoseproblem mehrere Lösungen, ist nicht garantiert, dass das Verfahren konvergiert, und es gibt keine Aussage darüber, wie viele Lösungen es überhaupt gibt. Die in Abbildung 6.9 beispielhaft dargestellte Lösungskurve wird schrittweise abgetastet. Die feste Schrittweite bezüglich des Stromes, der zur Überdeckung der u, i-Relation des Norators verwendet wird, überträgt sich im allgemeinen nichtlinear auf die Schrittweite entlang der Lösungskurve. Der eigentlich interessierende Schnittpunkt mit der Ebene $\mathcal{E}_0$ wird durch lineare In-

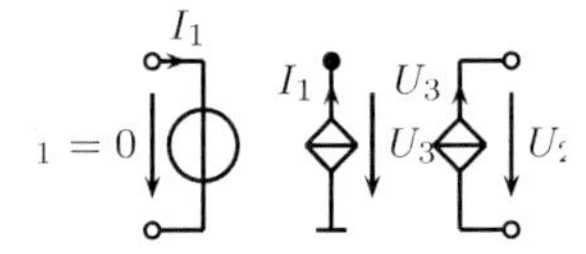

(a) Hilfszweig mit stromgesteuerter Stromquelle [RS76]

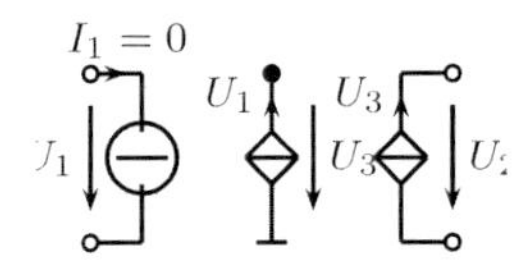

(b) Hilfszweig mit spannungsgesteuerter Stromquelle [Rei07b]

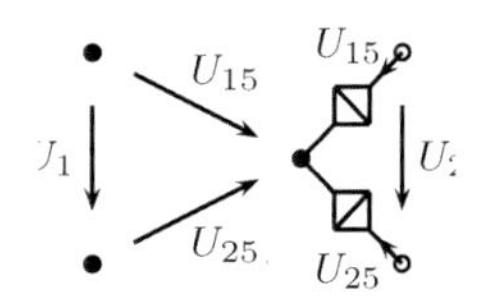

(c) Hilfszweig mit zwei spannungsgesteuerten Stromquellen [GR94]

Abbildung 6.11: Verschiedene Realisierungen eines Nullor mit elementaren Netzwerken

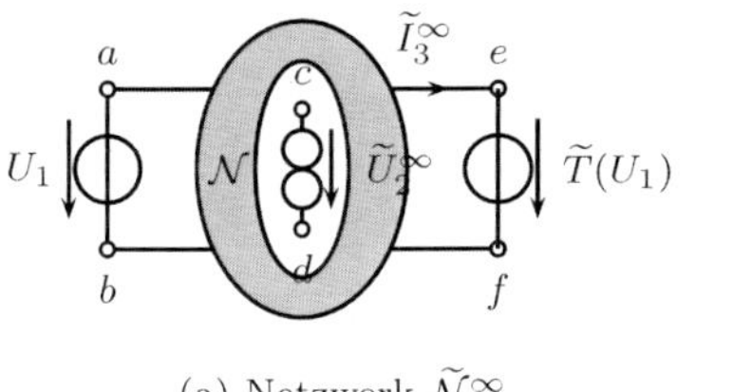

(a) Netzwerk $\widetilde{\mathcal{N}}^{\infty}$

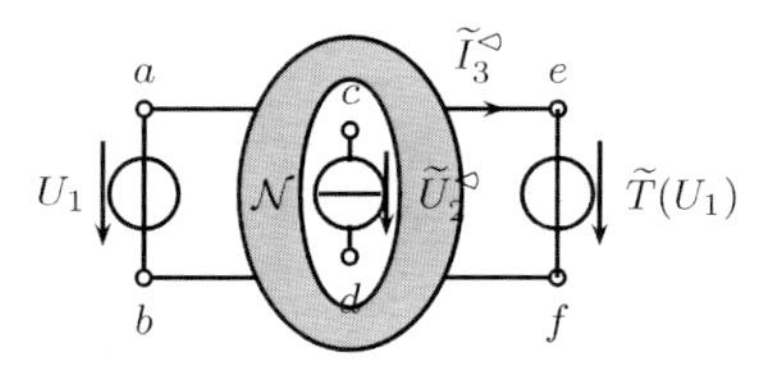

(b) Netzwerk $\widetilde{\mathcal{N}}^{\circ}$

Abbildung 6.12: Umformulierung des Diagnosenetzwerks unter Verwendung von der Kennlinie der Spannungsübertragung der defekten Schaltung für den vermuteten Fehlerort im Zweig 2 zur Überdeckung der u, i-Relation des Norators

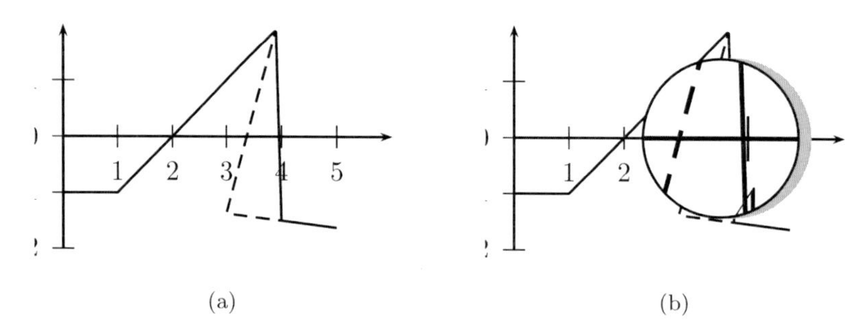

Abbildung 6.13: Berechnete Lösungskurve mit und ohne Kurvenverfolgung

terpolation ermittelt: Die Lösungskurve wird für den gesamten voreingestellten Parameterbereich des Stromes berechnet und zeilenweise in Form einer Tabelle abgespeichert. Eine erste Näherung des Schnittpunktes ist durch diejenigen Zeilen in den Simulationsdaten gegeben, in denen ein Vorzeichenwechsel des Stromes $\widetilde{I}_3^{\triangleleft}$ stattfindet.

Kurvenverfolgung der Ausgangskennlinie

Ein wesentlicher Nachteil der im vorangegangenen Absatz beschriebenen Vorgehensweise zur Ermittlung der Elemente der Fehlercharakteristik $\mathcal{F}$ ist, dass die Schrittweite für die Überdeckung der u, i-Relation des Norators fest gewählt werden muss, und dass sich diese möglicherweise ungünstig auf die Schrittweite entlang der Lösungskurve überträgt. Das hat unter Umständen[4] zur Folge, dass nur sehr wenige Punkte im besonders interessanten Bereich nahe der Ebene $\mathcal{E}_0$ aber sehr viele Punkte in weniger interessanten Bereichen der Lösungskurve berechnet werden. Zudem ist das schrittweise Abtasten der Lösungskurve mit Hilfe des Newton-Raphson-Verfahrens in allen Fällen ungeeignet, in denen es mehr als eine Lösungskurve gibt, d. h., in den Fällen in denen das Diagnoseproblem keine eindeutige Lösung hat. Im Abschnitt 2.2.2 wurden Verfahren beschrieben, die geeignet sind, Lösungskurven zu verfolgen und damit auch mehrdeutige Lösungen korrekt zu bestimmen. Der verwendete Simulator *Titan*benutzt einen Algorithmus zur Kurvenverfolgung mit Hilfe eines Prädiktor-Korrektor-Verfahrens [AK90], der mit Hilfe spezieller Simulationsanweisungen aufgerufen werden kann. Etwas irreführend wird der Algorithmus im Handbuch [Inf07] als "Homotopie" bezeichnet. An der Formulierung der Simulationsanweisungen

[4] Allgemeingültige Aussagen zu dieser Problematik sind schwierig, da der genaue Verlauf der Lösungskurve vom Netzwerk und von den gewählten Testspannungen abhängig ist.

ändert sich gegenüber der oben beschriebenen Vorgehensweise wenig. Es muss lediglich ein weiteres Schlüsselwort hinzugefügt werden. Algorithmen zur Kurvenverfolgung haben den großen Vorteil, dass sie die Schrittweite dynamisch in Abhängigkeit vom Verlauf der Lösungskurve anpassen. Dadurch ist sicher gestellt, dass Bereiche der Kurve, in denen "viel passiert", mit genügend kleiner Schrittweite und andere Bereiche, in denen sich der Verlauf der Lösungskurve nur wenig ändert, mit großer Schrittweite simuliert werden. Die Entscheidung über die Größe der Schrittweite fällt der Algorithmus anhand des Gradienten der Lösungskurve. Diese Tatsache behebt noch nicht das Problem, dass auch eine kleine Schrittweite in der Nähe der Ebene $\mathcal{E}_0$ erforderlich ist, um den Schnittpunkt mit der Ebene mit ausreichender Genauigkeit zu bestimmen.

```
.SUBCKT a b pseudonorator INOR=0
Ipseudonorator a b INOR
.ENDS
Xnetwork a b c d e f CUT
Xpseudonorator c d pseudonorator INOR=inorator
V1 a b Vtest
V2 e f Vmeas
.DC PARAM inorator -1 1 10m DCALG=HOMOTOPY
```

Listing 6.3: Überdeckung mit unabhängiger Stromquelle

Interpolation

Mit Ausnahme der Erweiterung des Diagnosenetzwerks um einen Nullator (und der Realisierung der Zusammenschaltung von Nullator und Norator zu einem Nullor) liefern die eben beschriebenen Varianten zur Lösung der Netzwerkgleichungen nicht direkt die gesuchten Schnittpunkte mit der der Ebene $\mathcal{E}_0$, sondern eine endliche Menge von Punkten im Raum $\mathcal{U}_2 \times \mathcal{I}_2 \times \mathcal{I}_3$, die (zumeist) auf einer zusammenhängenden Kurve liegen. Eine erste Näherung der Schnittpunkte ist durch diejenigen Punkte auf der Kurve gegeben, zwischen denen ein Vorzeichenwechsel des Stromes $I_3^{\triangleleft}$ auftritt. Einer der beiden Punkte, z. B. der Punkt oberhalb, wird als Näherung für den wahren Schnittpunkt der Kurve mit der Ebene $\mathcal{E}_0$ aufgefasst. Da man die Schrittweitensteuerung dem Simulator überlassen muss, können die ermittelten Punkte auf der Kennlinie oberhalb und unterhalb der Ebene unter Umständen noch weit von der Ebene entfernt sein, was abhängig vom Gradienten der Kurve an dieser Stelle zu sehr ungenauen Ergebnissen bei der Bestimmung der Größen U_2 bzw. I_2 führen kann. Deutlich bessere Ergebnisse erzielt man, wenn die ermittelten Punkte der Kurve interpoliert werden und der Schnittpunkt der analytisch gegebenen Interpolationskurve mit der Ebene berechnet wird.

Bisektionsverfahren

Neben der Möglichkeit die Genauigkeit der Bestimmung der Schnittpunkte mit der Kurve mit Ebene $\mathcal{E}_0$ durch Interpolation zwischen den ermittelten Punkte der Kurve zu erhöhen, gibt es noch eine weitere Möglichkeit zur Lösung des geometrischen Problems: Durch den Punkt direkt oberhalb und den Punkt direkt unterhalb der Ebene $\mathcal{E}_0$ ist ein Intervall gegeben, innerhalb dessen der Schnittpunkt vermutet wird. Durch Verfahren die sukzessive das ursprüngliche Intervalls unterteilen und überprüfen, ob im jeweils betrachteten Teilintervall immer noch eine Nullstelle liegt, lässt sich dieser Schnittpunkt mit hoher Genauigkeit bestimmen. Ein geeigneter Algorithmus ist z. B. das Bisketionsverfahren, das sehr anschaulich in [PTVF03] dargestellt ist.

Das Bisektionsverfahren konvergiert sehr schnell, wenn es einen Schnittpunkt im ursprünglich vorgegebenen Intervall gibt. Zudem ist die Implementierung in *Titan*sehr einfach möglich:

```
.SUBCKT a b pseudonorator INOR=0
Ipseudonorator a b INOR
.ENDS
Xnetwork a b c d e f CUT
Xpseudonorator c d pseudonorator INOR=inorator
V1 a b Vtest
V2 e f Vmeas
.MEASURE OP ibisec VALUE I(V2)
.MEASURE OP inor_bisec VALUE I(Xpseudonorator,NP)
.MEASURE OP vnor_bisec VALUE 'V(c)-V(d)'
.ALTER dpcd B=43 MEASURE=ibisec GOAL=0 TOL=(1e-8 0 0 1e-8)
.PARAM inorator -1 1
.ENDA
.OP
```

Listing 6.4: Berechnung der Schnittpunkte mit Bisektionsverfahren

Eine abgewandelte Form der syntaktischen Mittel zur Variation von Netzwerkparametern realisiert den gewünschten Algorithmus. In jedem Schleifendurchlauf legt der Algorithmus einen konkreten Wert für den Noratorstrom fest und führt eine Arbeitspunktanalyse durch, d. h., das vollständige Gleichungssystem mit genau so vielen Gleichungen wie Unbekannten wird gelöst. Prinzipbedingt kann in der aktuellen Version von *Titan*keine Kurvenverfolgung zur Bestimmung der Arbeitspunkte eingesetzt werden, wenn das Bisektionsverfahren verwendet wird. Aus diesem Grunde versagt das Verfahren, wenn das Diagnosenetzwerk mehrere Lösungen hat. In Abbildung 6.14 ist diese Situation illustriert.

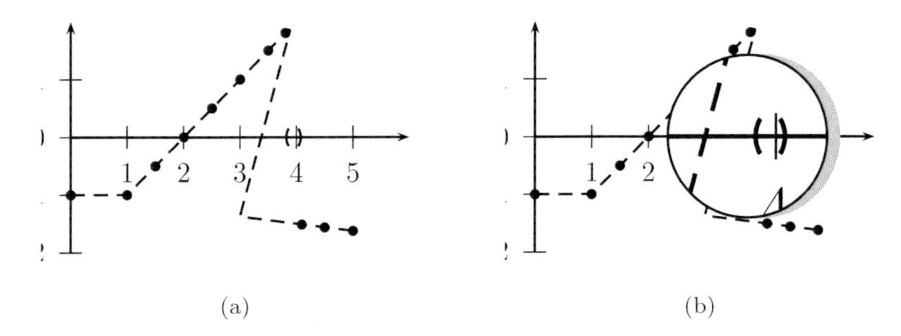

Abbildung 6.14: Für die Bisektion ungünstige Konstellation der Lösungskurve

6.3.2 Lösung der Netzwerkgleichungen unter Verwendung der Eingangskennlinie

Die im Abschnitt 6.3.1 gemachten Aussagen zur Lösung der durch die Diagnosenetzwerke implizierten Systeme von Netzwerkgleichungen gelten analog auch für den Fall, dass anstelle der *Kennlinie der Spannungsübertragung* die *Eingangskennlinie* der defekten Schaltung in Form von Messdaten zur Verfügung steht. Einzig die Erweiterung der Diagnosenetzwerke um einen Nullator erfordert einige weitere Anmerkungen. Die konkrete Realisierung der Bestimmung der Lösungen der Netzwerkgleichungen der Diagnosenetzwerke mit *Titan*unterscheidet sich nur geringfügig. Im folgenden werden jeweils eine Realisierung mit Hilfe eines *Nullors* und eine Realisierung unter Verwendung der *Kurvenverfolgung der Kennlinie der Zweigspannung des Hilfszweiges* angegeben.

Nullor

Statt mit dem Nullator den Ausgangsstrom $\widetilde{I}_3^\infty$ zu Null zu zwingen, ist es bei der Verwendung der Eingangskennlinie der defekten Schaltung erforderlich, die Zweigspannung $\widetilde{U}_{1'}^\infty$ des Hilfszweiges zu Null werden zu lassen. Abbildung 6.15 veranschaulicht die Erweiterung des ursprünglichen Diagnosenetzwerks um einen Nullator.

```
Xnetwork a b c d e e' CUT
Xnullor a' a c d nullor
V1 a b Vtest
I1 a' a Vmeas
```

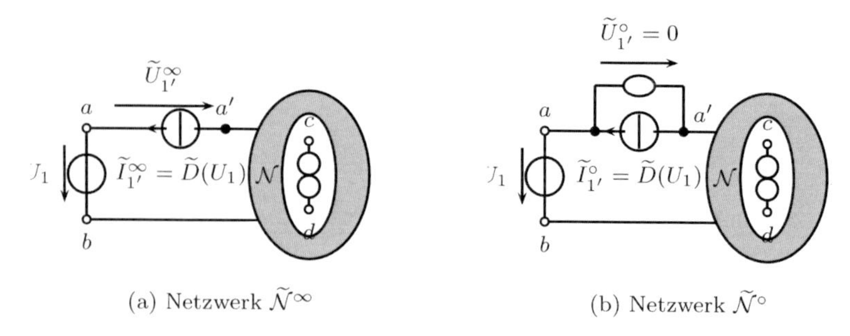

(a) Netzwerk $\widetilde{\mathcal{N}}^{\infty}$ (b) Netzwerk $\widetilde{\mathcal{N}}^{\circ}$

Abbildung 6.15: Erweiterung des Diagnosenetzwerks unter Verwendung der Eingangskennlinie der defekten Schaltung für den vermuteten Fehlerort im Zweig $1'$ mit Nullator

```
.OP
```

Listing 6.5: Formulierung des Diagnosenetzwerks mit Nullor

Kurvenverfolgung der Kennlinie der Zweigspannung des Hilfszweiges

Anders als bei der Verwendung der Kennlinie der Spannungsübertragung wird zur Bestimmung aller Lösungen des Diagnoseproblems für ein gewähltes Paar an eingeprägter Testspannung und gemessenem Eingangsstrom nicht die Ausgangskennlinie, sondern die Kennlinie der Zweigspannung des Hilfszweiges herangezogen. Diese verändert sich mit jedem zur Überdeckung der u, i-Kennlinie eingeprägtem Strom des Norators am vermuteten Fehlerort. Zwar ist die netzwerktheoretische Interpretation zwischen beiden Varianten der Diagnose mit Hilfe der Kennlinienmethode eine andere, das numerische Problem der Kurvenverfolgung bleibt davon jedoch unberührt. Die veränderten Simulationsanweisungen sind im folgenden Quellcode angegeben.

```
.SUBCKT a b pseudonorator INOR=0
Ipseudonorator a b INOR
.ENDS
Xnetwork a' b c d e f CUT
Xpseudonorator c d pseudonorator INOR=inorator
V1 a b Vtest
I1 a' a Imeas
.DC PARAM inorator -1 1 10m DCALG=HOMOTOPY
```

Listing 6.6: Überdeckung mit unabhängiger Stromquelle

6.4 Beschränkung der Suchintervalle für die Nullstellenbestimmung

Sowohl für das Bisektionsverfahren als auch für die Anwendung der Kurvenverfolgung sind die Festlegung geeigneter Intervalle, innerhalb derer nach Nullstellen des nichtlinearen Gleichungssystems gesucht wird, von entscheidender Bedeutung [Cla04]. Einerseits lässt sich die Suche nach Nullstellen im gesamten Intervall $\mathbb{R}$ numerisch nicht realisieren. Anderseits kommen schon aus physikalischen Gründen nur gewisse Teilintervallen von $\mathbb{R}$ in Betracht; nämlich diejenigen, die technisch sinnvolle Ströme bzw. Spannungen ermöglichen. In *nichtverstärkenden* Netzwerken[5] lässt sich z. B. abschätzen, dass keine Zweigspannung die Summe der Beträge der positiven und negativen Versorgungsspannungen überschreitet. Für Transistornetzwerke existieren ebenfalls Algorithmen zur Abschätzung geeigneter Teilintervalle zur Nullstellenbestimmung [Tad92].

6.5 Verbesserung der Konvergenzeigenschaften durch Approximation der Fehlercharakteristik

Bislang konnte im Verlauf dieser Arbeit gezeigt werden, dass sich die Algorithmen der Kurvenverfolgung in besonderem Maße zur Bestimmung der einzelnen Punkte der Fehlercharakteristik eignen. Das resultiert aus der Tatsache, dass aufgrund der Konstruktionsvorschrift die Diagnosenetzwerke mehrdeutige Lösungen haben können, auch wenn das fehlerfreie Netzwerk nur eindeutige Lösungen besitzt. Die bisher gezeigten Varianten der Diagnose mit Hilfe der Kennlinienmethode haben jedoch einen hohen Rechenaufwand, vor allem, weil die einzelnen Diagnosenetzwerke, die sich für *eine einzelne gemessene* Kennlinie der Spannungsübertragung bzw. Eingangskennlinie der defekten Schaltung ergeben, voneinander entkoppelt betrachtet werden. Als Startpunkt für die Kurvenverfolgung dient für jedes Diagnosenetzwerk ein fest voreingestellter Wert, der einem Punkt im Lösungsraum weit entfernt vom gesuchten Schnittpunkt mit der Ebene $\mathcal{E}_0$ entspricht. Aus diesem Grunde werden für jedes Netzwerk eine Reihe von unnötigen Iterationen des Algorithmus zur Kurvenverfolgung ausgeführt, bis der jeweilige Iterationsschritt ein Ergebnis nahe der eigentlichen Lösung (Schnittpunkt mit der Ebene $\mathcal{E}_0$) liefert. Der notwendige

[5] Als *nichtverstärkend* werden Netzwerke bezeichnet, wenn keine Zweigspannung die Summe der Beträge der Spannungen über den unabhängigen Quellen übersteigt und wenn die Summe der Zweigströme kleiner als die Summe der Beträge der Ströme durch die unabhängigen Quellen ist.

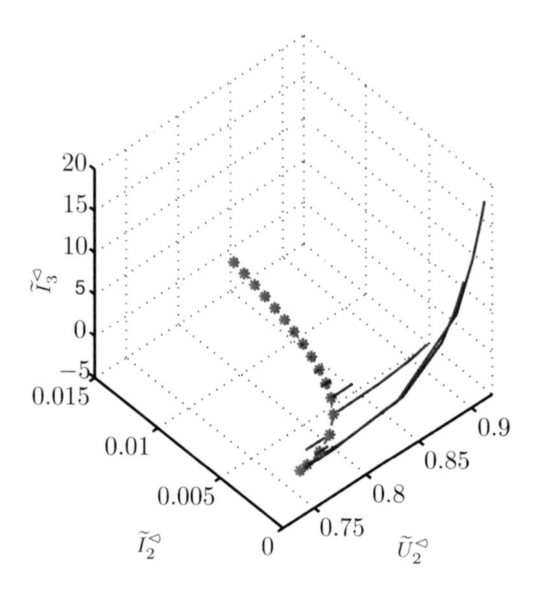

Abbildung 6.16: Approximation der Fehlercharakteristik mit Splines aus bereits berechneten Punkten und Auswirkung auf die zu berechnenden Punkte der Lösungskurven

Rechenaufwand lässt sich jedoch reduzieren, wenn man zusätzliche Informationen über die mutmaßliche Beschaffenheit der Fehlercharakteristik ausnutzt. Im folgenden wird angenommen, dass es für jedes Diagnosenetzwerk, das zu einer einzelnen gemessenen Kennlinie der Spannungsübertragung bzw. Eingangskennlinie der defekten Schaltung gehört, höchstens eine eindeutige Lösung gibt. In diesem Falle wird die Fehlercharakteristik (unter den gemachten Voraussetzungen für die Eigenschaften der zu untersuchenden Netzwerke) eine zusammenhängende und glatte Kurve in der Ebene $\mathcal{E}_0$ sein. Sobald die ersten zwei Punkte dieser Charakteristik bestimmt sind, kann man einen vernünftigen Startwert für die Kurvenverfolgung der Lösungskurve des *nächsten* Diagnosenetzwerks ermitteln, indem man eine Abschätzung des Schnittpunktes der Lösungskurve mit der Ebene $\mathcal{E}_0$ aus den bereits gewonnenen Punkten der Fehlercharakteristik extrapoliert. Dazu eignen sich verschiedene Verfahren. Konkret wird die bereits bestimmte Fehlercharakteristik mit Hilfe von stückweise konstanten Hermetischen Polynomen interpoliert (PCHIP) und der nächste Startpunkt für die Kurvenverfolgung extrapoliert. Dabei wird ein Vektor der Spannungen $\widetilde{U}_2^{\triangleleft}$ in einem Bereich, in dem die Fehlercharakteristik bestimmt werden soll, vorgegeben und die übrigen Komponenten werden simuliert. Dieser Punkt dient als Startwert für den Algorithmus zur Kurvenverfolgung. Die Vorgabe des sinnvollen Bereichs für die Fehlercharakteristik erfolgt durch den Benutzer. Eine adaptive Vorgabe aus den bereits ermittelten Punkten auf der Fehlercharakteristik ist denkbar. Diese Vorgehensweise wird in Abbildung 6.16 grafisch veranschaulicht. Es zeigt sich, dass mit zunehmender Anzahl an bereits bestimmten Punkten der Fehlercharakteristik die Abschätzung für den Startwert des folgenden Punktes immer präziser wird, so dass der eigentliche Algorithmus zur Kurvenverfolgung deutlich schneller konvergiert. In der Abbildung 6.16 ist zu erkennen, dass für die Spannung $\widetilde{U}_2^{\triangleleft}$ Werte von größer als 0.85 V nur ein oder zwei Iterationen des Algorithmus zur Kurvenverfolgung notwendig sind.

Mit den Prinzipien, die im Abschnitt 6.6 vorgestellt werden, lässt sich die Methode auch so erweitern, dass sie für Fehlercharakteristiken geeignet ist, die aus mehreren Teilkurven bestehen.

6.6 Klassifikation der Fehlercharakteristik

Mit der in den vorangegangenen Abschnitten vorgestellten Vorgehensweise lassen sich die Fehlercharakteristiken punktweise ermitteln. Als Ergebnis dieses Prozesses erhält man *Punktmengen* in der $\mathcal{V}$-$\mathcal{I}$-Ebene, welche die u, i-Relation am vermuteten Fehlerort unter den genannten Voraussetzungen näherungsweise beschreiben. Im letzten Schritt der Diagnose integrierter Schaltungen mit Hilfe der Kennlinienmethode ist es erforderlich, den ermittelten *Punktmengen* eine *Bedeutung* zuzuordnen, d. h., letztendlich die Frage zu klären, ob die ermittelten Punkte als eine *technisch sinnvolle u, i-Relation* interpretiert werden können oder nicht. Dazu eignen sich mehrere Schritte, die in den folgenden Abschnitten erläutert werden.

6.6.1 Clustermethode

Für den Fall, dass das Diagnosenetzwerk für die verschiedenen eingeprägten Testspannungen keine eindeutige sondern mehrere einzelne Lösungen hat, ist es notwendig, die einzelnen Punkte verschiedenen *Teilkurven* zuzuordnen. Das geschieht unter der Voraussetzung, dass die Kennlinie der Spannungs- bzw. Stromübertragung der defekten Schaltung genügend fein aufgelöst, d. h., an hinreichend vielen Stellen abgetastet, vorliegt. In diesem Fall ist die Annahme gerechtfertigt, dass sich die Verhältnisse der Zweiggrößen von einem Diagnosenetzwerk (gehörend zum l-ten Punkt auf der gemessenen Kennlinie der Spannungsübertragung bzw. der Eingangskennlinie) zum Diagnosenetzwerk (gehörend zum $l+1$-ten Punkt) nur geringfügig ändern[6]. Das wiederum legt die Vermutung nahe, dass sich auch die ermittelten Schnittpunkte von einem Diagnosenetzwerk zum nächsten nur geringfügig ändern. Aufgrund der Tatsache, dass man während der Simulation Zugriff auf *alle* Zweiggrößen hat (und nicht nur diejenigen, die man an der defekten Schaltung gemessen hat) kann man die Clustermethode anhand der Norm der Differenz der Zweiggrößen vom l-ten Diagnosenetzwerk zum $l+1$-ten Diagnosenetzwerk vornehmen: Diejenigen Punkte gehören zur selben Fehlercharakteristik, für die die Norm der Differenz der Zweiggrößen minimal ist. Das folgende Beispiel verdeutlicht diese Vorgehensweise.

Beispiel. An einer defekten Schaltung wurde die Kennlinie der Spannungsübertragung für k verschiedene Testspannungen aufgenommen. Die k entsprechenden Diagnosenetzwerke wurden konstruiert. Für das l-te und das für das $l+1$-te Netzwerk seien jeweils drei Schnittpunkte mit der Ebene $\mathcal{E}_0 = \{(u, v, w) \in \mathcal{U}_2 \times \mathcal{I}_2 \times \mathcal{U}_{1'} \mid w = 0\}$ identifiziert worden. Diese entsprechen drei verschiedenen Arbeitspunkten der jeweiligen Diagnosenetzwerke[7]. Eine Projektion der Lösung der Netzwerkgleichungen auf die $\mathcal{V}$-$\mathcal{I}$-Ebene ist in Abbildung 6.17 dargestellt. Anhand der Norm der Differenz der einander entsprechenden übrigen Zweiggrößen der Netzwerke lassen sich die Punkte den entsprechenden Teilkurven zuordnen.

[6]Das ist eine Folgerung aus dem Satz über implizite Funktionen. Es war bereits an anderer Stelle vorausgesetzt worden, dass die hier betrachteten praktisch relevanten Netzwerke die Voraussetzungen diese Satzes erfüllen.

[7]Das bedeutet, dass sich *die meisten* Zweiggrößen voneinander unterscheiden und nicht nur die beiden Zweiggrößen, auf welche die Lösung projiziert wurde.

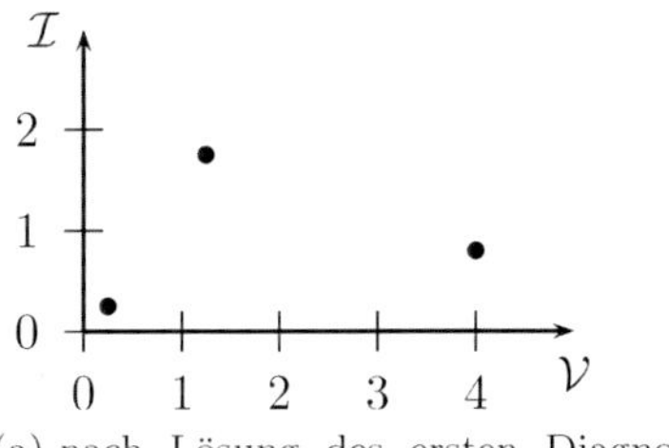

(a) nach Lösung des ersten Diagnosenetzwerks

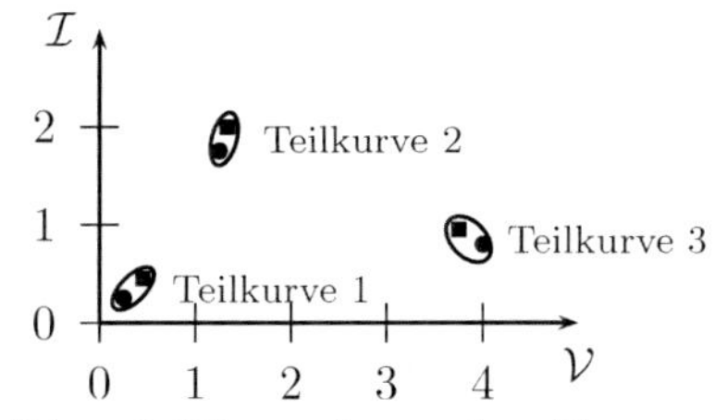

(b) nach Lösung des zweiten Diagnosenetzwerks

Abbildung 6.17: Illustration der Vorgehensweise des Clustermethode der Fehlercharakteristik nach der Lösung von zwei von k Diagnosenetzwerken

Liegen für die defekte Schaltung mehrere Messungen vor, z. B. eine Messung der Kennlinie der Spannungsübertragung für k Testspannungen und eine Messung der Eingangskennlinie für m Testspannungen, so lässt sich die Diagnose mit Hilfe der Kennlinienmethode für beide Messreihen anwenden, wobei die jeweils fehlende Messgröße während der Lösung der Netzwerkgleichungen mit abgespeichert wird. Bei der Anwendung der Clustermethide werden unter den möglicherweise mehreren Teilkurven der Fehlercharakteristik diejenigen ausgewählt, für die zusätzlich zur notwendigen Bedingung (Lösung des entsprechend konstruierten Diagnosenetzwerks) auch die hinreichende Bedingung erfüllt ist, dass die simulierte Zweiggröße der nicht zur Konstruktion des Diagnosenetzwerks herangezogenen Größe identisch (im Rahmen der Messgenauigkeit) mit der gemessenen Größe ist.

Diese Vorgehensweise nutzt die Tatsache aus, dass ein Diagnosenetzwerk, für das sich mehrere Teilkurven der Fehlercharakteristik ermitteln lassen, notwendigerweise mehrere Arbeitspunkte hat. Das bedeutet, dass sich die einzelnen Lösungen der Netzwerkgleichungen in mindestens einer Komponente des Lösungsvektors (d. h., mindestens einer Zweigspannung oder eines Zweigstromes) unterscheiden. Diese Aussage gilt für jede der eingeprägten Testspannungen. Wird die Schrittweite, mit der die Testspannungen variiert werden, klein gewählt, d. h., ändert sich die eingeprägte Testspannung von einem Netzwerk zum nächsten nur wenig, so ist zu erwarten, dass sich auch die anderen Zweiggrößen nur geringfügig ändern. Angenommen ein Diagnosenetzwerk besitze für eine gegebene eingeprägte Testspannung n Arbeitspunkte, z. B. ergeben sich für identische Eingangsströme n unterschiedliche Ausgangsspannungen. Die Lösung eines zweiten Diagnosenetzwerks mit geringfügig abweichender eingeprägter Testspannung liefert ebenfalls n unterschiedliche Ausgangsspannungen, die sich im Wert nur geringfügig von den entsprechenden Spannungen des ersten Diagnosenetzwerks unterscheiden. Sofern sich die absoluten Werte der Ausgangsspannungen, die die einzelnen Arbeitspunkte repräsentieren, signifikant unterscheiden, können auf diese Art und Weise die Punkte eindeutig einzelnen Teilkurven zugeordnet werden vgl. Abbildung 6.17).

6.6.2 Verwendung mehrerer Messungen

Jede Diagnose integrierter Schaltungen und insbesondere die Diagnose mit Hilfe der Kennlinienmethode stellt ein inverses Problem dar: Man schließt von den beobachteten Wirkungen (Spannungen und Strömen an ausgewählten Klemmen) auf die zugrundeliegenden Ursachen (u, i-Relation eines Fehlers). Je nach Komplexität der Schaltung kann das betrachtete Nominalnetzwerk eine sehr große Anzahl an Zweigen, Knoten und Netzwerkelementen aufweisen, was einerseits zu einer ebenfalls großen Zahl an möglichen Fehlerorten und damit Diagnosenetzwerken und andererseits zu Gleichungssystemen mit einer großen Anzahl an Gleichungen und Unbekannten führt.

In den bisherigen Ausführungen wurde, um die Darstellung der Methode zu vereinfachen, angenommen, dass für die Diagnose nur eine einzige Messung (entweder der Eingangs-, der Ausganskennlinie oder der Kennlinie der Spannungsübetragung) zur Verfügung steht. Im allgemeinen wird das zu einer *Menge von Fehlerorten* führen, für die sich technisch sinnvolle Fehlercharakteristiken mit Hilfe des in Abschnitt 6.6.1 beschriebenen Clustermethode ermitteln lassen. Die Ursache dafür ist, dass bei der Lösung der Diagnosenetzwerke nur Forderungen an diejenigen Netzwerkgrößen geknüpft werden, die auch tatsächlich gemessen wurden, während die übrigen Netzwerkgrößen (Spannungen und Ströme an inneren Knoten und Zweigen) beliebige Werte annehmen können, so dass das System der Netzwerkgleichungen erfüllt ist. Diese Werte der Netzwerkgrößen können insbesondere erheblich von den korrespondierenden Größen in der defekten Schaltung abweichen.

Um diesem Problem zu begegnen, kann man, wie bereits in früheren Arbeiten zur Diagnose vorgeschlagen [BS85], *mehrere* Messungen heranziehen. Für jede einzelne dieser Messungen lassen sich die entsprechenden Diagnosenetzwerke für die definierten Fehlerorte konstruieren und mit den beschriebenen Verfahren lösen. Jede dieser Diagnosen führt zu einer Menge von plausiblen Fehlerorten. Der Schnitt dieser Mengen ist dann das Ergebnis der Diagnose. Dieses Prinzip wird in den Beispielen in Abschnitt 6.8 und vor allem in Abschnitt 6.9.2 angewendet.

Neben einer seriellen Abarbeitung der zu den Messungen gehörenden Diagnosenetzwerke wäre auch die direkte Konstruktion von Diagnosenetzwerken, die gleichzeitig alle gewonnenen Messdaten verwendet, denkbar. Solche Netzwerke würden für jede verwendete Messung ein Paar bestehend aus Norator und Nullator sowie den entsprechenden unabhängigen Quellen zum Einprägen der gemessenen fehlerbehafteten Netzwerkgrößen enthalten. Die Komplexität der Diagnosenetzwerke würde die Komplexität des Nominalnetzwerks also noch einmal übersteigen. Zudem sind die eingeprägten Messdaten inherent fehlerbehaftet (vgl. Abschnitt 6.7), was die numerische Stabilität eines solchen Gleichungssystems beeinträchtigt.

6.6.3 Identifizierbare und nicht identifizierbare Bereiche innerhalb der Fehlercharakteristik

Die Diagnose integrierter Schaltungen mit Hilfe der Kennlinienmethode wurde in den vergangenen Abschnitten auf die Analyse speziell konstruierter R-Netzwerke und damit auf die Lösung von Systemen nichtlinearer Gleichungen zurückgeführt. Ein solches Gleichungssystem kann (neben dem gutartigen Fall von einzelnen oder endlich vielen eindeutigen Lösungen, der bereits diskutiert wurde) auch keine oder unendlich viele Lösungen haben. Im ersten Fall ergibt sich für die gewählte Testspannung kein Punkt auf der Fehlercharakteristik, im zweiten Fall hängt es vom verwendeten Simulator, genauer vom implementierten Algorithmus ab, welcher „Schnittpunkt" mit der Ebene $\mathcal{E}_0 = \{(u, v, w) \in \mathcal{U}_2 \times \mathcal{I}_2 \times \mathcal{U}_{1'} \mid w = 0\}$ gefunden wird. In diesem Fall liegt die Lösungskurve mindestens stückweise komplett in der Ebene, d. h., ein eindeutiger Schnittpunkt existiert also nicht. Die zu diesem Diagnosenetzwerk gehörende Testspannung gehört offensichtlich zu einem Bereich, für den keine eindeutige Aussage über den Verlauf der Fehlercharakteristik möglich ist. Alle diese Punkte auf den einzelnen Teilkurven der Fehlercharakteristik müssen vor der Parameteridentifikation aus der Punktmenge entfernt werden, um eine falsche Klassifikation der Fehlercharakteristik zu vermeiden. Ein mögliches Kriterium dafür ist der Gradient der Lösungskurve, die vom Algorithmus verfolgt wird: ist dessen $\mathcal{I}_2$-Komponente gleich Null, so verläuft die Kurve *parallel* zur Ebene $\mathcal{E}_0$. Ist zudem auch die $\mathcal{I}_2$-Komponente selbst in diesem Bereich gleich Null, so liegt die Kurve *in* der Ebene. Für die notwendigen numerischen Berechnungen müssen geeignete Toleranzen für diese Kriterien vorgegeben werden. Einige Simulatoren erlauben auch die Ausgabe von Parametern bezüglich der Stabilität der verfolgten Lösungskurve, die ebenfalls zur Entscheidung darüber, ob der entsprechende Punkt verworfen werden muss oder nicht, herangezogen werden können [Inf07].

Eine sorgfältige Auswahl an Testspannungen bzw. Klemmen, an denen stimuliert oder gemessen wird, ist notwendig, um eine erfolgreiche Diagnose zu ermöglichen. Gegebenenfalls sind entsprechende Vorversuche durch Simulationen oder Messungen durchzuführen, um geeignete Klemmen sowie geeignete Testsignale auszuwählen. An dieser Stelle berühren sich Diagnose und Testsignal-Generierung.

6.6.4 Parameteridentifikation

Sind für einen vermuteten Fehlerort alle Teilkurven der Fehlercharakteristik identifiziert und gegebenenfalls diejenigen Teilkurven verworfen, die bei Verwendung von verschiedenen Messungen von Kennlinien an derselben defekten Schaltung keine schlüssige Erklärung zulassen, so werden die verbleibenden Teilkurven hinsichtlich ihrer elektrischen und physikalischen Plausibilität hin untersucht. Das geschieht mit den Methoden der Parameteridentifikation, d. h., der Bestimmung von Parametern eines vorgegeben Ansatzes im Sinne des kleinsten Fehlerquadrats. Dafür existiert eine Reihe von Standardverfahren[PTVF03].

Sinnvolle Ansätze sind zum Beispiel lineare Funktionen zum Beschreiben der u, i-Relation eines linearen Widerstands und Exponentialfunktionen zum Beschreiben der u, i-Relation einer Diode. Weitere Bedingungen lassen sich definieren. Im Falle eines ohmschen Widerstandes ist nicht nur die Linearität der Kennlinie ausschlaggebend, sondern die Kennlinie muss durch den Ursprung verlaufen und einen positiven Anstieg haben.

Unter der gemachten Einzelfehlerannahme für zweipolige Fehler sind nur die beiden Arten *Unterbrechung* oder *Kurzschluss* möglich (vgl. Abschnitt 6.1). Das kann unter Umständen zu schwer interpretierbaren Fehlercharakteristiken bereits unter der Annahme linearer Fehler führen:

Beispiel. Angenommen der tatsächliche Fehler in einem Netzwerk ist eine Unterbrechung einer Leitung, die sich als hochohmiger linearer Widerstand modellieren lässt. Wird jedoch im zugehörigen Netzwerk ein Kurzschluss zwischen diesen Knoten vermutet, d. h., die Fehlercharakteristik wird von einem Zweig *parallel* zu einem gewissen im fehlerfreien Netzwerk vorhandenen Zweig bestimmt, so ergibt sich eine lineare Fehlercharakteristik, die durch den Ursprung geht und einen negativen Anstieg hat. Das folgt leicht aus der Parallelschaltung zweier linearer Widerstände R_1 und R_2: Da $R_{ges} = \dfrac{R_1 R_2}{R_1 + R_2} \equiv R_2 = \dfrac{R_1 R_{ges}}{R_1 - R_{ges}}$, kann der Gesamtwiderstand R_{ges} einer Parallelschaltung zweier Widerstände R_1 und R_2 nur dann größer als der Widerstandswert von R_1 sein kann, wenn der Widerstandswert von R_2 eine negative Größe annimmt.

6.7 Der Einfluss von Parameterschwankungen

Im Gegensatz zur Diagnose mit Hilfe der analogen Fehlersimulation werden bei der Diagnose mit Hilfe der Kennlinienmethode die gemessenen Daten *direkt* zur Konstruktion von Diagnosenetzwerken herangezogen. Damit sind sie unmittelbarer Bestandteil des nichtlinearen algebraischen Gleichungssytems, das gelöst werden muss. Prinzipbedingt sind die gemessenen Daten *fehlerbehaftet*: Zum einen kann die Messung selbst nicht mit beliebiger Genauigkeit ausgeführt werden, und zum anderen schwanken die Prozessparameter. Diese Parameterschwankungen führen zu (leicht) unterschiedlichen elektrischem Verhalten zwischen Schaltkreisen aus demselben Prozessierungslos. Das wiederum hat zur Folge, dass das elektrisches Netzwerk und die reale Schaltung in ihren elektrischen Verhalten immer Abweichungen aufweisen werden.

Die Diagnose mit Hilfe der Kennlinienmethode, wie sie in den vorangegangenen Abschnitten beschrieben wurde, fußt auf numerischen Verfahren, die, im Rahmen der Genauigkeit, eine *exakte* Lösung nichtlinearer algebraischer Gleichungssysteme zu ermitteln versuchen. Die bisher gemachten Annahmen und Aussagen über die Diagnosenetzwerke und die Ermittlung der Lösungen der implizierten Gleichungssysteme gelten streng genommen nur für den Fall, dass sich das fehlerbehaftete Netzwerk *ausschließlich* am betrachteten Fehlerort vom fehlerfreien Netzwerk unterscheidet. Alle anderen Netzwerkparameter, wie z. B. Widerstandswerte, Stromverstärkungen von Transistoren, Spannungsübertragungsfaktoren müssen identisch sein. Jede Abweichung bewirkt eine Veränderung des ursprünglichen nichtlinearen Gleichungssystems und hat damit Auswirkungen auf die ermittelten Lösungen, genauer den Noratorspannungen bzw. Noratorströmen. Aufgrund der eben erläuterten Tatsache, dass reale Schaltungen *immer* von den Nominalwerten abweichende Parameterwerte besitzen, werden für reale gemessene Kennlinien die benannten Abweichungen in das zum Diagnosenetzwerk zugehörige nichtlineare Gleichungssystem eingebracht. Deshalb ist es erforderlich, für die konkret betrachtete Schaltung zu charakterisieren, wie stark sich Änderungen der Schaltungsparameter auf das Diagnoseergebnis auswirken. Diese Charakterisierung kann mit Hilfe von Schaltungssimulationen durch eine Analyse des in Abbildung 6.18 dargestellten Netzwerks erfolgen. Das in Abbildung 6.18 dargestellte Netzwerk besteht aus zwei Unternetzwerken, wobei das obere Unternetzwerk das *fehlerbehaftete Netzwerk* darstellt, und die defekte realen Schaltung modelliert, während das untere Netzwerk das dazugehörige *Diagnosenetzwerk* darstellt. In der Abbildung 6.18 wird der Fall betrachtet, dass die *Kennlinie der Spannungsübertragung* vorliegt, es lassen sich analog jedoch auch solche Netzwerke für die *Eingangskennlinie* bzw. *Ausgangskennlinie* konstruieren. Das betrachtete Netzwerk weicht insofern von den bisher diskutierten Diagnosenetzwerken ab, als dass die benötigte *Kennlinie der Spannungsübertragung* nicht in einem vorherigen Schritt simuliert oder gemessen wird, sondern Teil der Netzwerkanalyse selbst ist. Das wird dadurch ermöglicht, das sowohl dem *fehlerbehafteten Netzwerk* als auch dem *Diagnosenetzwerk* dieselbe Eingangsspannung eingeprägt wird. Die Ausgangsspannung des *fehlerbehafteten Netzwerks*, gemessen an dem ausgangsseitigen Leerlauf, wird mit Hilfe einer *idealen spannungsgesteuerten Spannungsquelle* in den Ausgangszweig des *Diagnosenetzwerks* eingeprägt. Für die Charakte-

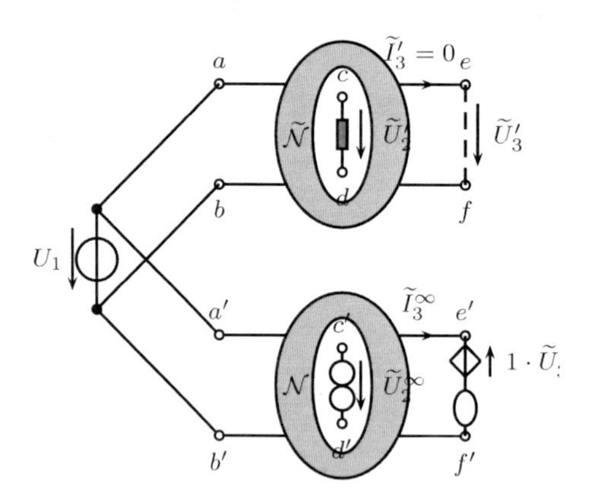

Abbildung 6.18: Fehlerbehaftetes Netzwerk mit Fehlerort im Zweig 2 und Diagnosenetzwerks für den vermuteten Fehlerort im Zweig 2 sowie einer fest eingeprägten Zweigspannung U_1 und der an der defekten Schaltung gemessenen Zweigspannung $\widetilde{U}_3 = \widetilde{T}(U_1)$ als Parallelschaltung zweier Unternetzwerke für die Analyse des Einflusses parametrischer Schwankungen

risierung des Einflusses von Parameterschwankungen auf die Ergebnisse der Diagnose mit Hilfe der Kennlinienmethode variiert man die Parameterwerte des *fehlerbehafteten Netzwerk* entsprechenden Unternetzwerk, während man die Parameterwerte des *Diagnosenetzwerk* entsprechenden Unternetzwerk in Abbildung 6.18 konstant hält. Auf diese Art und Weise wirken sich die Parameteränderung zunächst auf die Ausgangsspanung des *fehlerbehafteten Netzwerks* aus. Diese Wirkung lässt sich jedoch direkt auch an der Noratorspannung und dem Noratorstrom am vermuteten Fehlerort im *Diagnosenetzwerk* beobachten.

Parameterschwankungen in integrierten Schaltungen sind zufälliger Natur. Es ist deshalb vernünftig, Parametersätze innerhalb geeigneter Grenzen zufällig zu auszuwählen ("würfeln") und die Auswirkung auf das elektrische Verhalten mit Hilfe von Simulationen zu bestimmen. Diese Vorgehensweise ist unter dem Begriff *Monte-Carlo-Methode* [Kun95, Inf07] bekannt. Aufschluss über die zu verwendenden Grenzen für die unterschiedlichen Parameter geben statistische Daten des Herstellungsprozess. Beispielsweise können Maskenverschiebungen veränderte Breiten und Längen von Transistoren bewirken, was wiederum deren elektrische Eigenschaften beeinflusst.

Kommerzielle Schaltungssimulatoren erlauben eine Anwendung der *Monte-Carlo-Methode*. Weiterhin bieten sie eine Reihe von Methoden zur Analyse der *Empfindlichkeiten* gewisser Netzwerkgrößen auf die Änderung bestimmter vorgegebener Schaltungsparameter [RS87]. Ferner lassen sich auch statistische Kenngrößen wie Mittelwert und Varianz der Abweichungen ermitteln. Mit diesen statistischen Kenngrößen ist eine Abschätzungen der zu erwartenden Genauigkeit der Diagnose mit Hilfe der Kennlinienmethode unter Verwendung realer Messdaten möglich. Dazu wird das in Abbildung 6.18 dargestellte Netzwerk für verschiedene Eingangsspannungen konstruiert und der Einfluss auf die Noratorspannung und den Noratorstrom für verschiedene Parametersätze des *fehlerbehafteten Netzwerks* analysiert. Es ergeben sich für jede einzelne Eingangsspannung Punktmengen um die Nominalwerte des Paares Noratorstrom und Noratorspannung. Die Einhüllende aller dieser Punktmengen lässt eine Abschätzung zu, ob für ein gegebenes fehlerbehaftetes Netzwerk und eine gegebene Messvorschrift Fehlercharakteristiken mit zuordenbaren Eigenschaften (z. B. linear, positiver Anstieg, Durchgang durch Koordinatenursprung) ergeben oder ob es Parametersätze für das *fehlerbehaftete Netzwerk* gibt, für die diese Eigenschaften vom Nominalverhalten so stark abweichen, dass eine Fehlklassifikation mit realen Messdaten nicht ausgeschlossen werden kann.

Experimente haben gezeigt, dass die Wahl der Messvorschrift einen entscheidenden Einfluss auf die Diagnostizierbarkeit einer gegebenen Schaltung durch die Diagnose mit Hilfe der Kennlinienmethode haben. So zeigt das Beispiel der Bandabstandsreferenz im Abschnitt 6.9.2, dass die Verwendung der Eingangskennlinie wesentlich bessere Ergebnisse als die Verwendung der Kennlinie der Spannungsübertragung. Das lässt sich darauf zurückführen, dass insbesondere die Ausgangsspannung dieser Schaltung aufgrund der Schaltungsstruktur unempfindlich gegenüber Parameteränderungen ist, vielmehr ist es sogar ein Entwurfsziel eben diese Spannung über einen weiten Bereich von Parameteränderungen möglichst konstant zu halten. Diese Unempfindlichkeit gegenüber Änderungen der Parameter erschwert die Diagnose mit Hilfe der Kennlinienmethode.

6.8 Illustrierendes Beispiel

In den vorangegangenen Abschnitten wurde die Diagnose mit Hilfe der Kennlinienmethode anhand von allgemeinen, zeitinvarianten, resistiven, nichtlinearen Netzwerken beschrieben. Im folgenden wird ein lineares Netzwerk als illustrierendes Beispiel verwendet, um die Ermittlung der Messdaten, sowie die Konstruktion der Diagnosenetzwerke, deren Lösung und Interpretation der Lösungen zu veranschaulichen. Dadurch lassen sich geschlossene analytischen Lösungen der entstehenden Gleichungssysteme angeben. Es sei bemerkt, dass, außer bei der Lösung der Gleichungssysteme mit Hilfe des Gauß-Algorithmus, die Linearität der Netzwerke nicht ausgenutzt wird. In Anlehnung an die übliche Praxis bei der Netzwerkanalyse mit Hilfe von Simulationsprogrammen

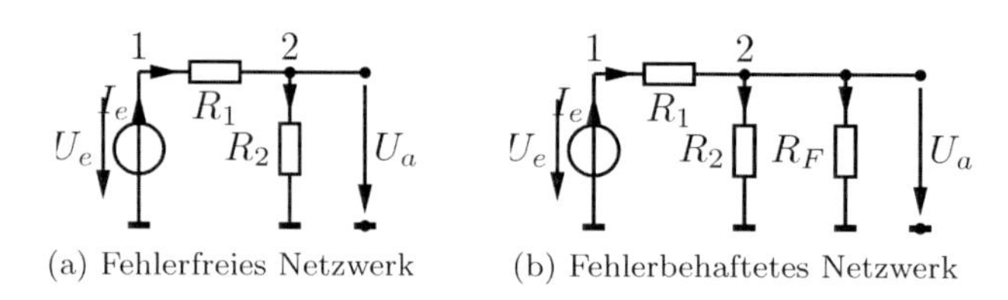

(a) Fehlerfreies Netzwerk (b) Fehlerbehaftetes Netzwerk

Abbildung 6.19: Netzwerke für die Bestimmung der Kennlinie der Spannungsübertragung für einen linearen, resistiven Spannungsteiler

wird die *modifizierte Knotenspannungsanalyse* zum Aufstellen der Netzwerkgleichungen verwendet.

6.8.1 Schaltung und Defekt

Als Beispiel dient der in Abbildung 6.19a dargestellte passive, lineare, resistive Spannungsteiler, bestehend aus zwei idealen Widerständen R_1 und R_2 für den im Produktionstest die Kennlinie der Spannungsübetragung U_a/U_e gemessen wird. Im Nominalfall gilt $U_a = U_e \dfrac{R_2}{R_1 + R_2}$. Dieser analytische Zusammenhang ist aus dem Entwurf heraus bekannt. Für feste Werte der Eingangsspannung, den Stimuli, lassen sich die dazugehörigen Werte der Ausgangsspannung, die erwartete Testantwort, ermitteln. Die erwartete Testantwort ist demnach eine Gerade durch den Ursprung mit dem positiven Anstieg $\dfrac{R_2}{R_1 + R_2}$. Für dieses Beispiel sei eine Schaltung im Test dadurch als defekt erkannt worden, dass die Kennlinie der Spannungsübertragung zwar weiterhin linear ist, durch den Ursprung verläuft und einen positiven Anstieg besitzt, jedoch der Anstieg der Geraden vom Nominalverhalten abweicht. In praktischen Anwendungen ist der zugrundeliegende Defekt natürlich unbekannt und das Verfahren wird gewissermaßen blind angewandt. Zur Vereinfachung der folgenden Darstellung sei jedoch angenommen, dass die defekte Schaltung aus der fehlerfreien Schaltung durch einen Kurzschluss, der sich durch einen zu Widerstand R_2 parallel geschalteten Widerstand R_F modellieren lässt, entsteht. Das Netzwerk, das die defekte, zu diagnostizierende Schaltung beschreibt, ist in Abbildung 6.19b dargestellt. Die modifizierte Knotenspannungsanalyse liefert das Gleichungssystem:

$$\begin{pmatrix} \frac{1}{R_1} & -\frac{1}{R_1} & -1 \\ -\frac{1}{R_1} & \frac{1}{R_1} + \frac{1}{R_2} + \frac{1}{R_F} & 0 \\ 1 & 0 & 0 \end{pmatrix} \begin{pmatrix} U_{10} \\ U_{20} \\ I_e \end{pmatrix} = \begin{pmatrix} 0 \\ 0 \\ U_e \end{pmatrix} \tag{6.2}$$

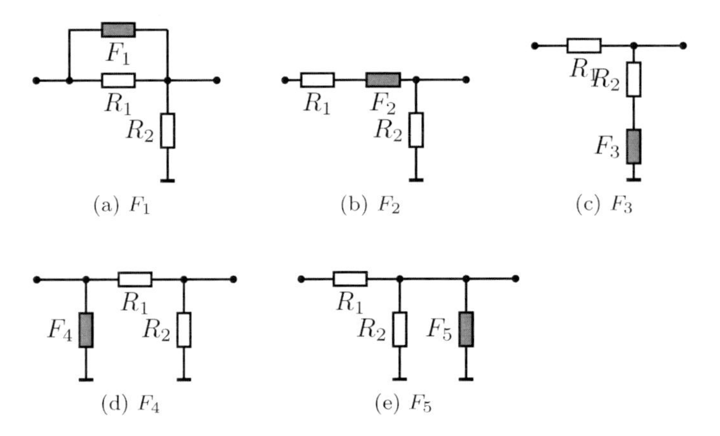

Abbildung 6.20: Mögliche Fehlerorte

Für die Kennlinie der Spannungsübertragung ergibt sich somit $U_a = U_{20} = U_e \frac{R_2 R_F}{R_2 R_F + R_1 (R_2 + R_F)}$.

In diesem illustrierenden Beispiel sind das fehlerbehaftete Netzwerk und die zugehörigen Lösung der Netzwerkgleichungen exakt bekannt. Dieses Wissen wird im weiteren Verlauf des Beispiel jedoch nur zur Diskussion der Ergebnisse ausgenutzt.

6.8.2 Fehlerliste

Das Nominalnetzwerk besteht nur aus zwei Knoten und zwei Zweigen mit den jeweiligen Widerstände R_1 und R_2 (die Spannungsquelle U_e wird als externe Beschaltung aufgefasst). Im Vorfeld der Diagnose mit Hilfe der Kennlinienmethode muss eine Fehlerliste erstellt werden. Es wurde bereits diskutiert, dass dabei lediglich die *Fehlerorte* im Netzwerk bekannt sein und keine Annahmen über die u, i-Relation der jeweiligen Fehler getroffen werden müssen. Im Beispiel wird zwischen jedem Knotenpaar des Netzwerks, unabhängig davon, ob zwischen diesen Knoten bereits ein Zweig existiert oder nicht, ein *Kurzschluss* und in jeden Zweig eine *Unterbrechung* injiziert. Diese Fehler werden durch passive, lineare Widerstände modelliert. Das bedeutet, dass die ermittelten Fehlercharakteristiken, d. h., die u, i-Relationen an den vermuteten Fehlerorten, lineare Funktionen mit positivem Anstieg sein müssen. Für das vorliegende Beispiel ergeben sich damit die fünf in Abbildung 6.20 dargestellten fehlerbehafteten Netzwerke.

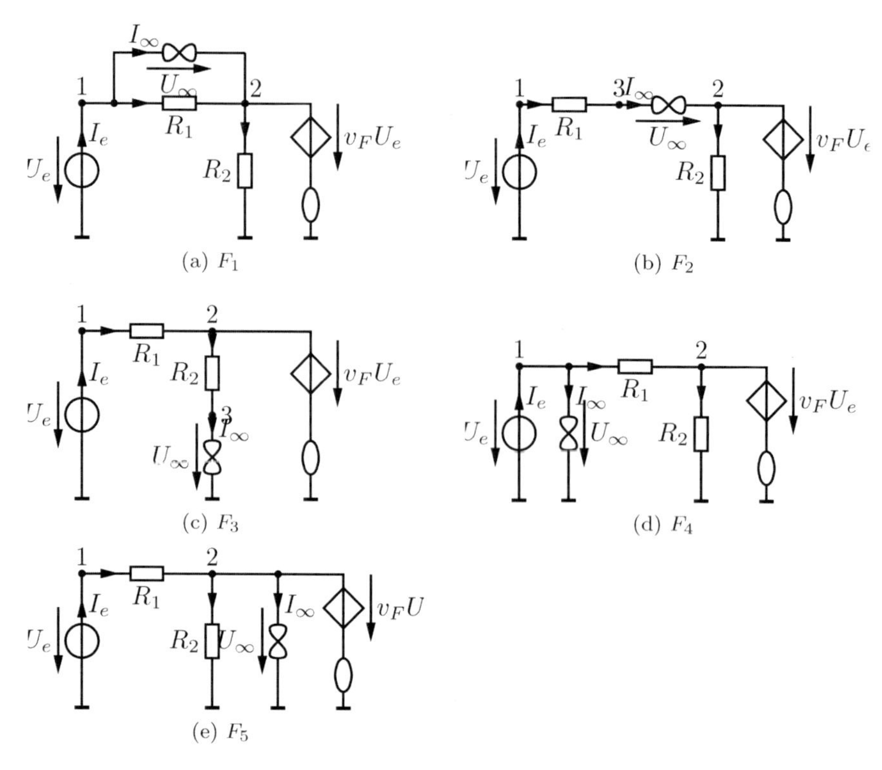

Abbildung 6.21: Diagnosenetzwerke für die Fehler F_1 bis F_5 aus Abbildung 6.20

6.8.3 Konstruktion und Analyse der Diagnosenetzwerke

Gemäß Abschnitt 6.2 werden die Diagnosenetzwerke für die möglichen Fehlerorte unter Verwendung der Kennlinie der Spannungsübertragung konstruiert, d. h., der Leerlauf zwischen dem Ausgangsklemmenpaar wird durch eine Reihenschaltung einer gesteuerten Spannungsquelle, welche die an der defekten Schaltung gemessenen Ausgangsspannungen einprägt, und einem Nullator ersetzt. Am vermuteten Fehlerort wird ein Norator eingefügt, bei dem das Verbraucherzählpfeilsystem angewandt wird, d. h., der Strom wird positiv gezählt, wenn er in den Norator hineinfließt. Ferner wird der Leerlauf am Ausgang des Netzwerks durch eine Reihenschaltung aus einer gesteuerten Spannungsquelle mit der Spannungsverstärkung $v_F = \frac{R_2 R_F}{R_2 R_F + R_1(R_2 + R_F)}$ und einem Nullator ersetzt. Die resultierenden Diagnosenetzwerke sind in Abbildung 6.21 dargestellt.

Fehler F_1

Für Fehlerort F_1 ergibt sich das in Abbildung 6.21a dargestellte Diagnosenetzwerk. Die modifizierte Knotenspannungsanalyse liefert das Gleichungssystem:

$$\begin{pmatrix} \frac{1}{R_1} & -\frac{1}{R_1} & -1 & 1 \\ -\frac{1}{R_1} & \frac{1}{R_2}+\frac{1}{R_1} & 0 & -1 \\ 1 & 0 & 0 & 0 \\ 0 & R_1\left(\frac{1}{R_F}+\frac{1}{R_2}\right)+1 & 0 & 0 \end{pmatrix} \begin{pmatrix} U_{10} \\ U_{20} \\ I_e \\ I_\infty \end{pmatrix} = \begin{pmatrix} 0 \\ 0 \\ U_e \\ U_e \end{pmatrix}, \tag{6.3}$$

dessen Lösungsvektor

$$\left(U_e, \frac{R_2 R_F U_e}{R_1 R_2 + R_F R_2 + R_1 R_F}, \frac{R_F U_e}{R_1 R_2 + R_F R_2 + R_1 R_F}, -\frac{R_2 U_e}{R_1 R_2 + R_F R_2 + R_1 R_F} \right)$$

mit $U_\infty = U_{10} - U_{20}$ schließlich zur u, i-Relation $U_\infty = -\frac{R_1 R_2 + R_1 R_F}{R_2} I_\infty$ für den vermuteten Fehlerort führt. Diese Fehlercharakteristik hat einen linearen Verlauf, weißt aber einen negativen Anstieg auf. Sie lässt sich folglich als Ursache des tatsächlichen Defekts ausschließen.

Fehler F_2

Für den Fehlerort F_2 aus Abbildung 6.20b lässt sich unter Verwendung der Kennlinie der Spannungsübertragung das in Abbildung 6.21b dargestellte Diagnosenetzwerk konstruieren. Im Vergleich zum Nominalnetzwerk existiert ein weiterer Knoten 3 zwischen den Knoten 1 und 2. Der Norator wird zwischen Knoten 3 und Knoten 2 eingefügt. Die Netzwerkgleichungen ergeben sich zu

$$\begin{pmatrix} \frac{1}{R_1} & 0 & -\frac{1}{R_1} & -1 & 0 \\ 0 & \frac{1}{R_2} & 0 & 0 & -1 \\ -\frac{1}{R_1} & 0 & \frac{1}{R_1} & 0 & 1 \\ 1 & 0 & 0 & 0 & 0 \\ 0 & R_1\left(\frac{1}{R_F}+\frac{1}{R_2}\right)+1 & 0 & 0 & 0 \end{pmatrix} \begin{pmatrix} U_{10} \\ U_{20} \\ U_{30} \\ I_e \\ I_\infty \end{pmatrix} = \begin{pmatrix} 0 \\ 0 \\ 0 \\ U_e \\ U_e \end{pmatrix} \tag{6.4}$$

Als Lösung lässt sich der Vektor

$$\left(U_e, \frac{R_2 R_F U_e}{R_1 R_2 + R_F R_2 + R_1 R_F}, \frac{R_1 R_2 U_e + R_2 R_F U_e}{R_1 R_2 + R_F R_2 + R_1 R_F}, \frac{R_F U_e}{R_1 R_2 + R_F R_2 + R_1 R_F}, \frac{R_F U_e}{R_1 R_2 + R_F R_2 + R_1 R_F} \right)$$

ermitteln. Mit der Substitution $U_\infty = U_{30} - U_{20}$ ergibt sich eine lineare Fehlercharakteristik $U_\infty = I_\infty \frac{R_1 R_2}{R_F}$ mit positivem Anstieg. Dieser Fehlerort führt zu einem schlüssigen Diagnoseergebnis und ist damit ein Fehlerkandidat.

Fehler F_3

Der Fehlerort F_3, gemäß Abbildung 6.20c, führt zu dem Diagnosenetzwerk in Abbildung 6.21c mit den folgenden Netzwerkgleichungen.

$$\begin{pmatrix} \frac{1}{R_1} & -\frac{1}{R_1} & 0 & -1 & 0 \\ -\frac{1}{R_1} & \frac{1}{R_2}+\frac{1}{R_1} & -\frac{1}{R_2} & 0 & 0 \\ 0 & -\frac{1}{R_2} & \frac{1}{R_2} & 0 & 1 \\ 1 & 0 & 0 & 0 & 0 \\ 0 & R_1\left(\frac{1}{R_F}+\frac{1}{R_2}\right)+1 & 0 & 0 & 0 \end{pmatrix} \begin{pmatrix} U_{10} \\ U_{20} \\ U_{30} \\ I_e \\ I_\infty \end{pmatrix} = \begin{pmatrix} 0 \\ 0 \\ 0 \\ U_e \\ U_e \end{pmatrix} \tag{6.5}$$

Es ergibt sich eine Fehlercharakteristik $U_\infty = -\frac{R_2+R_F}{R_2^2} I_\infty$, die einen linearen Verlauf und einen negativen Anstieg aufweist. Damit lässt sich dieser Fehlerort als Ursache des Defekts ausschließen.

Fehler F_4

Der Fehlerort F_4 aus Abbildung 6.20d führt zu dem in Abbildung 6.21d dargestellten Diagnosenetzwerk. Dieses Netzwerk enthält eine Parallelschaltung einer unabhängigen Spannungsquelle mit einem Norator. Damit sind sowohl die Zweigströme durch die Spannungsquelle als auch durch den Norator unbestimmt und können beliebige Werte annehmen. Folglich hat das lineares Gleichungssystem der Netzwerkgleichungen

$$\begin{pmatrix} \frac{1}{R_1} & -\frac{1}{R_1} & -1 & 1 \\ -\frac{1}{R_1} & \frac{1}{R_2}+\frac{1}{R_1} & 0 & 0 \\ 1 & 0 & 0 & 0 \\ 0 & R_1\left(\frac{1}{R_F}+\frac{1}{R_2}\right)+1 & 0 & 0 \end{pmatrix} \begin{pmatrix} U_{10} \\ U_{20} \\ I_e \\ I_\infty \end{pmatrix} = \begin{pmatrix} 0 \\ 0 \\ U_e \\ U_e \end{pmatrix} \tag{6.6}$$

keine Lösung. Damit lässt sich keine u,i-Relation für den Fehlerort F_4 bestimmen. Der Fehler F_4 wird als möglicher Fehlerort ausgeschlossen. Die Tatsache, dass sich keine u,i-Relation bestimmen lässt, bedeutet nicht zwingend, dass ein zu diesem Fehler gehörender Defekt nicht möglich ist. Vielmehr lässt sich nur sagen, dass sich ein solcher Fehler mit *genau diesem* Diagnosenetzwerk nicht finden lässt, möglicherweise auch, weil das Nominalnetzwerk nicht diagnosegerecht modelliert wurde. Auf diese Schwierigkeiten bei der Modellierung wurde bereits im Abschnitt 4.5 eingegangen.

Fehler F_5

Für den Fehlerort F_5 aus Abbildung 6.20e ergibt sich unter Verwendung der Kennlinie der Spannungsübertragung das in Abbildung 6.21e dargestellte Diagnosenetzwerk. Für die Netzwerkgleichungen

$$\begin{pmatrix} \frac{1}{R_1} & -\frac{1}{R_1} & -1 & 0 \\ -\frac{1}{R_1} & \frac{1}{R_2}+\frac{1}{R_1} & 0 & 1 \\ 1 & 0 & 0 & 0 \\ 0 & R_1\left(\frac{1}{R_F}+\frac{1}{R_2}\right)+1 & 0 & 0 \end{pmatrix} \begin{pmatrix} U_{10} \\ U_{20} \\ I_e \\ I_\infty \end{pmatrix} = \begin{pmatrix} 0 \\ 0 \\ U_e \\ U_e \end{pmatrix}, \tag{6.7}$$

ergibt sich die Lösung

$$\left(U_e, \frac{R_2 R_F U_e}{R_1 R_2 + R_F R_2 + R_1 R_F}, \frac{R_2 U_e + R_F U_e}{R_1 R_2 + R_F R_2 + R_1 R_F}, \frac{R_2 U_e}{R_1 R_2 + R_F R_2 + R_1 R_F}\right).$$

Mit der Substitution $U_{20} = U_\infty$ erhält man schließlich die u, i-Relation $U_\infty = R_F I_\infty$ also eine plausible Fehlercharakteristik. Der Fehlerort F_5 ist damit auch ein Fehlerkandidat.

Diskussion

Die Anwendung der Diagnose mit Hilfe der Kennlinienmethode unter Verwendung der Kennlinie der Spannungsübertragung auf das illustrierende Beispiel hat dazu geführt, dass sich drei der fünf Fehlerorte als Defektursache ausschließen ließen, während die zwei Fehlerorte F_2 und F_5 Fehlerkandidaten sind. Wie bereits im Kapitel 4 und im Kapitel 5 dargelegt, ist die Diagnose integrierter Schaltungen immer ein Prozess, bei dem es zunächst darum geht, Fehlerorte, die sicher oder höchst wahrscheinlich nicht zu einem physikalisch plausiblen Modell für den tatsächlichen Defekt führen, auszuschließen. Um diese Menge weiter einzuschränken ist zu prüfen, ob eine weitere Diagnosemessung der defekten Schaltung möglich ist. Mit dieser Messung kann die Diagnose mit Hilfe der Kennlinienmethode erneut angewendet werden.

6.9 Experimentelle Ergebnisse

Im Gegensatz zur Diagnose integrierter Schaltungen mit Hilfe der analogen Fehlersimulation standen zur experimentellen Überprüfung der Diagnose mit Hilfe der Kennlinienmethode keine geeigneten Messdaten von *industriellen* Schaltungen zur Verfügung. Um dennoch eine experimentelle Überprüfung des Verfahrens mit realen Messdaten zu ermöglichen, wurden zwei Beispiel-Schaltungen, ein Emitterfolger und eine Bandabstandsreferenz, ausgewählt und als Experimentieraufbauten mit diskreten und integrierten elektronischen Bauelementen realisiert.

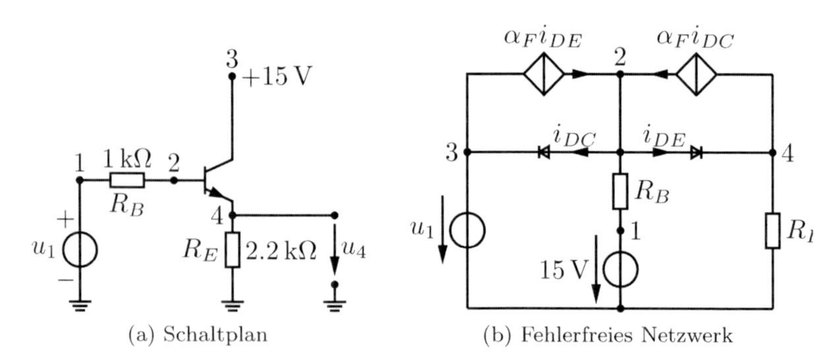

(a) Schaltplan (b) Fehlerfreies Netzwerk

Abbildung 6.22: Schaltplan und zugehöriges Netzwerk für einen Emitterfolger

6.9.1 Emitterfolger

Der in Abbildung 6.22 dargestellte Emitterfolger (auch Kollektorschaltung genannt) ist eine analoge Grundschaltung, die in einer Vielzahl von Applikationen sowohl in integrierten als auch in diskreten Schaltungen als Puffer oder Leistungsverstärker zur Anwendung kommt. Die geringe Komplexität des Netzwerks lässt eine analytisch geschlossene Beschreibung für Handrechnungen zu, wenn man den Transistor mit Hilfe der Ebers-Moll-Gleichungen modelliert [TS02]. Zudem erfüllt ein Emitterfolger die Voraussetzung, eine (schwach) nichtlineare Kennlinie der Spannungsübertragung zu besitzen, wie in Abbildung 6.23 gezeigt. Die Abbildung 6.22a zeigt den Schaltplan sowie das fehlerfreie Netzwerk. Die Schaltung besteht aus einem Bipolartransistor 2N2222A sowie linearen Widerständen. Als Nominalparameter für das Ebers-Moll-Modell des Transistors werden die Herstellerangaben benutzt.

Um für verschiedene Defekte zu überprüfen, ob diese korrekt diagnostiziert werden können, wurde in einem ersten Schritt das fehlerfreie Netzwerk manipuliert, indem der Widerstand R_B in seinem Wert verändert wurde und eine zusätzliche Diode zwischen Knoten 2 und 0 eingefügt wurde. Diese Fehler werden einzeln aktiviert und simuliert. Für den Widerstand R_B werden die Widerstandswerte 10 Ω, 1 kΩ, 1 MΩ gewählt. Die Diode ahmt einen Kurzschluss von der Basis des Transistors zur Masse mit einer nichtlinearen Kennlinie nach. Als Defekt wird die Basis-Emitter-Diode eines weiteren Transistors 2N2222A verwendet.

In Vorbereitung auf die eigentliche Diagnose wird jeder der Defekte "linearer resistiver Kurzschluss zwischen Knoten 1 und Knoten 2", "lineare resistive Unterbrechung zwischen Knoten 1 und Knoten 2" sowie "nichtlinearer resistiver Kurzschluss (genauer der Basis-Emitter-Diode eines weiteren 2N2222A Bipolartransistors) zwischen Knoten 2 und Knoten 0 (Masse)" einzeln se-

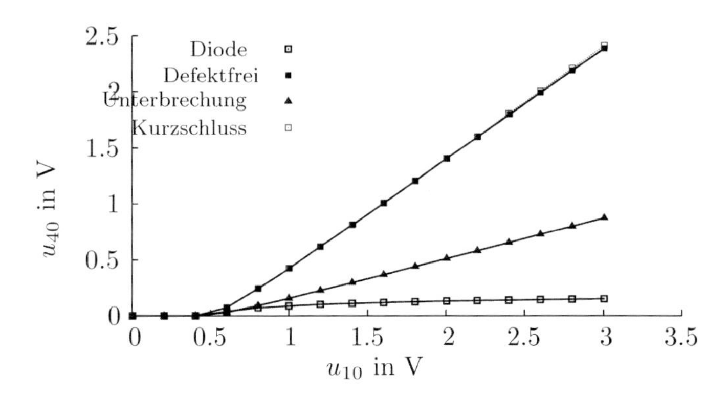

Abbildung 6.23: Gemessene Kennlinien der Spannungsübertragung des Emitterfolgers für verschiedene Defekte

lektiert, und die Kennlinie der Spannungsübertragung wird im Bereich von 0 V bis 3 V in Schritten von 0.2 V simuliert. Auf diese Art und Weise wird die *gemessene Kennlinie* nachgebildet. Die zugehörigen Kennlinien der Spannungsübertragung vom Knoten 1 zum Knoten 4 sind in Abbildung 6.23 ersichtlich. Die defektfreie Schaltung zeigt jenseits von etwa 0.75 V das erwartete lineare Verhalten. Die Kurve für die Unterbrechung zwischen Knoten 1 und Knoten 2 ist fast deckungsgleich mit der Kurve der Spannungsübertragung. Die Kennlinie der Spannungsübertragung der Schaltung mit dem Kurzschluss zwischen Knoten 1 und Knoten 2 unterscheidet sich im Verlauf von der defektfreien Schaltung durch den deutlich flacheren Anstieg der Gerade. Für den Defekt, der durch den nichtlinearen Kurzschluss zwischen Knoten 2 und Knoten 0 hervorgerufen wird, ergibt sich eine Kennlinie, die zwei annähernd konstante Teilstücke durch einen glatten Übergang verbindet. Die Schaltung wirkt unter Einwirkung des Defekts nicht wie ein linearer Spannungsverstärker sondern wie eine Konstantspannungsquelle. Alle drei Kennlinien für die defektbehaftete Schaltung unterscheiden sich sowohl von der Kennlinie im Nominalfall als auch von einander. Insofern ist die notwendige Voraussetzung für die Diagnostizierbarkeit der Fehler erfüllt.

Für die eigentlichen Anwendung der vorgestellten Methoden zur Diagnose mit Hilfe der Kennlinienmethode werden die tatsächlichen Netzwerke, die zur Nachahmung des elektrischen Verhaltens der defekten Schaltungen herangezogen wurden, nicht mehr benutzt. Stattdessen geht man ausschließlich vom fehlerfreien Netzwerk und einer Fehlerliste aus. In Übereinstimmung mit den in Abschnitt 6.1 gemachten Aussagen werden nur Fehler angenommen, die sich als Netzwerke mit zwei Klemmen modellieren lassen. Damit ergeben sich als Liste der vermuteten Fehler die Kurzschlüsse zwischen den Knoten 1 und 2, 1 und 4, 2 und 0, 2 und 3 sowie 3 und 4 und die Unterbrechungen zwischen am Knoten 1, 2, 3 und 4. Insgesamt umfasst die Fehlerliste neun Fehler. Als Ansatzfunktion für die zu klassifizierenden Fehlercharakteristiken werden eine lineare Funktion mit Durchgang durch den Ursprung des Koordinatensystems als Ansatz für lineare resistive Fehler sowie eine Exponentialfunktion mit Durchgang durch den Ursprung des Koordinatensystems als Ansatz für einen nichtlinearen resistiven Fehler mit der Kennlinie einer Diode ausgewählt.

Für die vier verschiedenen Defekte, die untersucht werden, ist demzufolge die Konstruktion von jeweils neun Diagnosenetzwerken erforderlich. Zur Demonstration der vorgestellten Methode eignet sich am besten der Defekt, der sich als eine Diode zwischen dem Knoten 2 und dem Knoten 0 modellieren lässt. So kann experimentell gezeigt werden, dass sich auch nichtlineare Fehlercharakteristiken ermitteln lassen. Aus diesem Grunde beziehen sich die folgenden Aussagen auf die Diagnose dieses Defekts. Es werden die neun Diagnosenetzwerke unter Verwendung der Kennlinie der Spannungsübertragung unter der Annahme, dass es sich um Kurzschlüsse (fünf Fehler) und Unterbrechungen (vier Fehler) handelt, konstruiert und die jeweiligen Lösungen der Netzwerke mit Hilfe von Algorithmen zur Kurvenverfolgung ermittelt. Jedem vermuteten Fehlerort konnte eine eindeutige Kennlinie zugeordnet werden. Die ermittelten Kennlinien für die vermuteten Kurzschlüsse und Unterbrechungen sind in Abbildung 6.24 bzw. Abbildung 6.25 dargestellt.

Es ergeben sich insgesamt drei annähernd lineare Fehlercharakteristiken, jedoch jeweils mit negativem Anstieg, weshalb sie als physikalisch nicht plausibel verworfen werden. Die restlichen Fehlercharakteristiken sind nichtlinear. Zwei davon konvex und vier konkav. Die Fehlercharakteristik für den vermuteten Kurzschluss zwischen dem Knoten 2 und dem Knoten 3 ist zwar konvex und entspricht einer Exponentialfunktion, sie ist jedoch entlang der Achse der Spannungswerte um ungefähr 14 V nach links verschoben und liefert damit kein physikalisch plausibles Verhalten. Mit den gemachten Ansätzen für die Klassifikation, welche die physikalische Plausibilität der ermittelten Kennlinien für die vermuteten Fehlerorte sicherstellen sollen, bleibt als einzig schlüssiger Fehlerort der Kurzschluss zwischen dem Knoten 2 und dem Knoten 0.

Die Fehlercharakteristik entspricht der einer konvexen Funktion, die sich mit Hilfe der Exponentialfunktion der Form $I = I_S \left(e^{kU} - 1\right)$ beschreiben lässt. Die Parameter I_S und $k = 1/nU_T$ liegen mit $2.6 * 10^{-14}$ A und $31.97\,\mathrm{V}^{-1}$ in einem physikalisch sinnvollen Bereich für eine Halbleiterdiode. Damit konnte der Kurzschluss zwischen Knoten 2 und Knoten 0 als ein eindeutiger Fehlerkandidat für die verwendeten *gemessene* Kennlinie der Spannungsübertragung identifiziert werden. Dieser Fehler befindet sich in Bezug auf den Vorversuch an der korrekten Position zwischen den Knoten, an denen der Defekt auch tatsächlich liegt. Zudem konnte die Kennlinie des Fehlers korrekt identifiziert

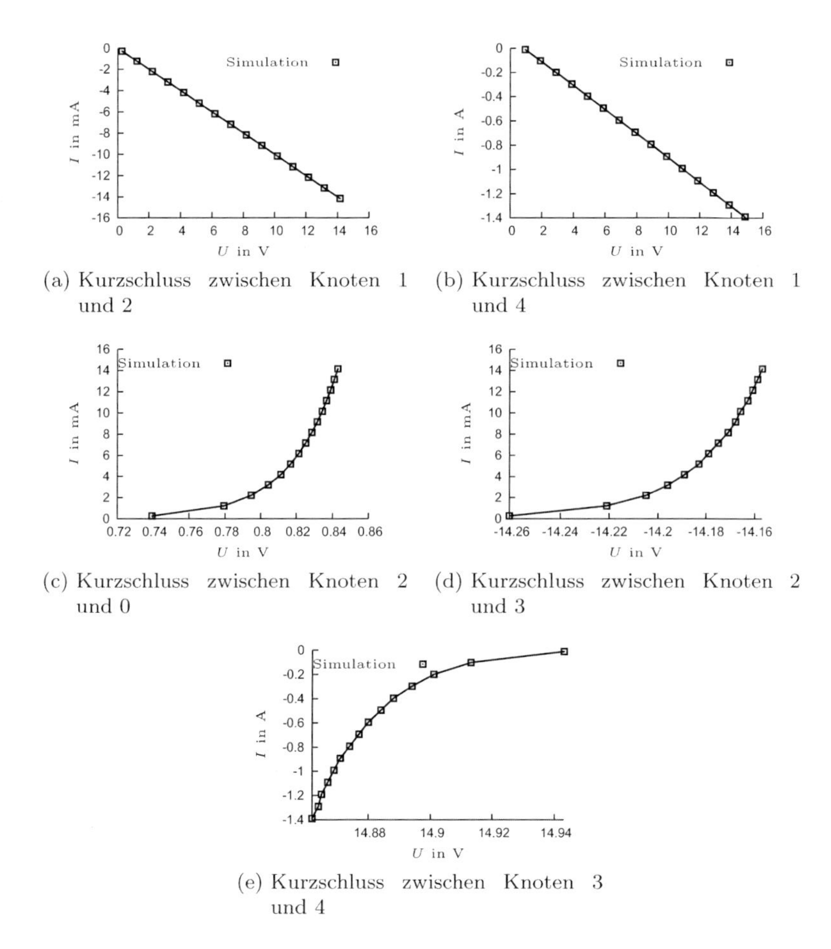

(a) Kurzschluss zwischen Knoten 1 und 2

(b) Kurzschluss zwischen Knoten 1 und 4

(c) Kurzschluss zwischen Knoten 2 und 0

(d) Kurzschluss zwischen Knoten 2 und 3

(e) Kurzschluss zwischen Knoten 3 und 4

Abbildung 6.24: Fehlercharakteristiken an verschiedenen Fehlerorte unter Annahme eines Kurzschluss mit Diode als Defekt

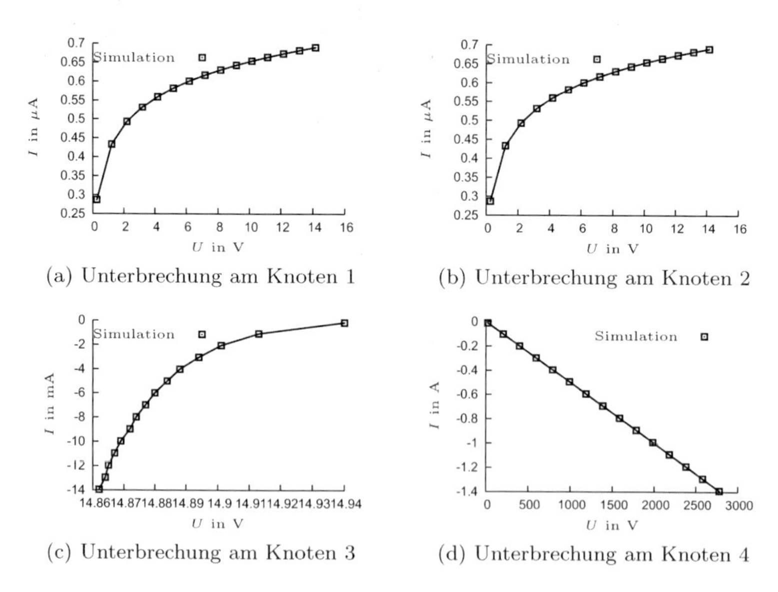

Abbildung 6.25: Fehlercharakteristiken an verschiedenen Fehlerorte unter Annahme einer Unterbrechung mit Diode als Defekt

werden. Sie entspricht (bis auf numerische Abweichungen) der Kennlinie der tatsächlich eingesetzten Basis-Emitter-Diode des Transistors 2N2222A mit Nominalparametern.

6.9.2 Bandabstandsreferenz

Bandabstandsreferenz-Schaltung dienen zur chipinternen Erzeugung von genauen Referenzspannungen. Aufgrund der Bauart sind Bandabstandsreferenz-Schaltungen besonders stabil gegenüber Veränderungen der Umgebungstemperatur und Parameterschwankungen. Referenzspannungen werden für verschiedene Zwecke, z. B. in Komparatoren, D/A- bzw. A/D-Wandlern, Verstärkersn benötigt. Schaltungen zur Erzeugung von Referenzspannungen sind deshalb Standardbaugruppen, die in irgendeiner Form auf fast allen integrierten Schaltungen benötigt werden. Diese Schaltungsklasse wurde zur Demonstration des Ansatzes zur Diagnose ausgewählt, weil

1. sie eine weite Verbreitung in praktisch relevanten integrierten Schaltungen hat,
2. die Komplexität der Schaltung mit etwa 50 Transistoren überschaubar und damit für diesen Ansatz handhabbar ist,

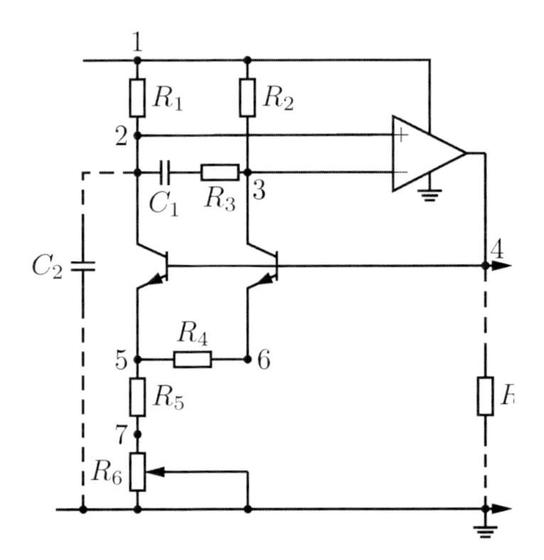

Abbildung 6.26: Schaltplan der Bandabstandsreferenz. Operationsverstärker: OPA177, Transistorpaar: MAT02, $R_1 = 100\,\mathrm{k\Omega}$, $R_2 = 1\,\mathrm{M\Omega}$, $R_3 = 47\,\mathrm{k\Omega}$, $R_4 = 40\,\mathrm{k\Omega}$, $R_5 = 40\,\mathrm{k\Omega}$, $R_1 = 10\,\mathrm{k\Omega}$, $C_1 = 10\,\mathrm{nF}$, $C_2 = 220\,\mathrm{pF}$

3. die Schaltung sich als R-Netzwerk modellieren lässt,
4. das dazugehörige Netzwerk mehrere Arbeitspunkte besitzt und somit zur Demonstration der Vorgehensweise in diesem Fall besonders geeignet ist.

Die Bandabstandsreferenz wurde ausgehend von einem Anwendungsbeispiel [Nat79] als diskrete Schaltung aufgebaut. Der Schaltplan ist in Abbildung 6.26 dargestellt. Die wesentliche Baugruppe ist dabei ein abgestimmtes Transistorpaar, das als monolithisches Bauelement MAT02 von Analog Devices [Ana02] in einem TO-78 Gehäuse vorliegt. Weiterhin wurden ein OPA177FP von Texas Instruments [Tex97] als Operationsverstärker benutzt. Die Widerstände sind als Metallschicht-Widerstände mit einer Toleranz von 5% ausgeführt.

Die Schaltung ist mit mehreren Schaltern versehen, die es ermöglichen, verschiedene Kombinationen von Widerständen, die nicht zur Nominalschaltung gehören, auszuwählen und die Schaltung dann in dieser veränderten Konfiguration zu betreiben. Die Messungen an diesen veränderten Konfigurationen werden als Messungen an defekten Schaltungen aufgefasst. Aufgrund der Tatsache, dass eine Bandabstandsreferenz-Schaltung einen stark nichtlinearen Charakter und zudem mehrere Arbeitspunkte hat, wurden nur Defekte untersucht, die sich als lineare Widerstände modellieren lassen. Die folgenden Defekte wurden ausgewählt:

- Unterbrechung zwischen Knoten 1 und Knoten 3
- Verkleinerung des Widerstands R_2 auf 470 kΩ
- Kurzschluss zwischen Knoten 5 und Knoten 6

Der zweite Defekt beeinflusst zwar signifikant das elektrische Verhalten der Schaltung, ist aber weder ein Kurzschluss noch eine Unterbrechung in dem Sinne, wie er üblicherweise in der Literatur verstanden wird. Solche Defekte werden in der Literatur häufig als *parametrische Fehler* oder *Soft-Fehler* bezeichnet. Der Defekt eignet sich also besonders gut dazu, den Vorteil der Diagnose mit Hilfe der Kennlinienmethode herauszustellen, dass nur Annahmen über den Fehlerort zu treffen sind, jedoch nicht über die genauen Parameterwerte, mit denen der Fehler beschrieben wird.

Jeder der genannten Fehler wird einzeln per Schalter aktiviert. Anschließend wird jeweils die Kennlinie der Spannungsübertragung sowie die Eingangskennlinie aufgenommen. Dazu wird eine präzise Spannungs-/Stromquelle verwendet, die gleichzeitig das Treiben einer der Größen Eingangsspannung, Ausgangsspannung, Eingangsstrom und Ausgangsstrom ermöglicht und die jeweils anderen Größen messen kann. Die Eingangsspannung wird zwischen 0 V und 5 V in Schritten von 0.2 V variiert und die entsprechenden Kennlinien so abgespeichert, dass sie zur automatischen Konstruktion der Diagnosenetzwerke verwendet werden können. Zur Abschätzung der Genauigkeit des Verfahrens wurden die Kennlinie analog zum vorangegangenen Beispiel auch simulativ ermittelt und die Ergebnisse miteinander verglichen. Trotz der Verwendung von Makromodellen der Hersteller für das Bipolar-Transistorpaar und den Operationsverstärker gibt es bereits in der Simulation des Nominalnetzwerks Abweichungen von den entsprechenden Messungen, die darauf zurückzuführen sind, dass die verwendeten Makromodelle einige Eigenschaften der Schaltungsteile nur vereinfacht abbilden bzw. die Parameterschwankungen der Halbleiterbauelemente sowie auf Schwankungen der Widerstandswerte nicht berücksichtigen.

Zur Diagnose selbst werden zuerst die Diagnosenetzwerke unter Verwendung der Kennlinie der Spannungsübertragung herangezogen; die Messungen der Eingangskennlinie für die jeweiligen Defekte werden zur Klassifikation benutzt. Als erster Versuch wird ein Kurzschluss zwischen den Knoten 5 und dem Knoten 6 untersucht. Im Testaufbau existiert ein Schalter, der wahlweise den Widerstand R_4 mit einem Widerstand 1 Ω überbrückt. In einem Vorversuch werden Eingangskennlinie und Kennlinie der Spannungsübertragung für diesen Defekt simulativ aufgenommen. Als Fehlerliste werden alle Unterbrechungen (d. h., jeder Zweig im Netzwerk wird aufgetrennt und die Fehlercharakteristik an der Schnittstelle ermittelt, was einer Reihenschaltung des ursprünglichen Netzwerkelements in diesem Zweig mit dem Fehler entspricht)

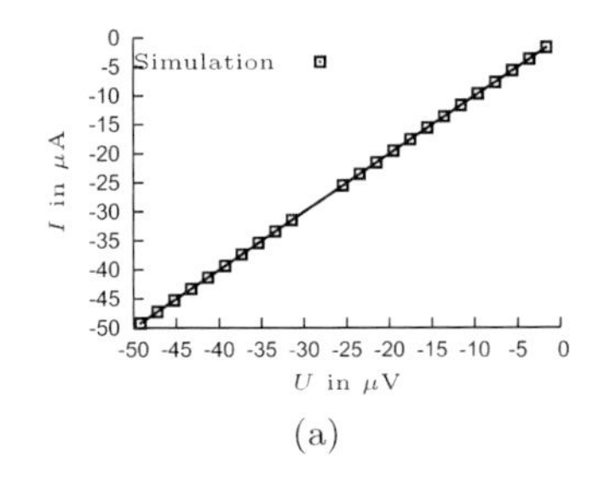

(a)

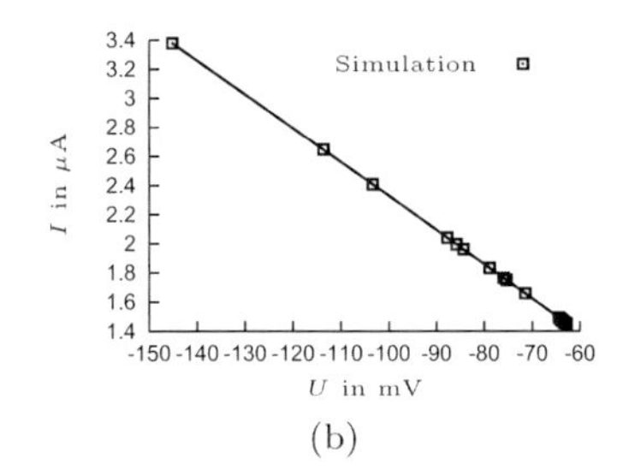

(b)

Abbildung 6.27: Alle Teilkurven der Fehlercharakteristik

und alle Kurzschlüsse (d. h., zwischen jedem Knotenpaar wir ein Fehlereingefügt, was einer Parallelschaltung des ursprünglichen Zweiges mit dem Fehler entspricht) im Netzwerk angenommen. Es ergeben sich für jeden angenommenen Fehlerort Fehlercharakteristiken mit einer oder mehreren Teilkurven. Für den tatsächlichen Fehlerort zwischen Knoten 5 und Knoten 6 werden zwei Teilkurven ermittelt, die in Abbildung 6.27 dargestellt sind. Während die Teilkurve aus Abbildung 6.27a einen linearen Verlauf mit Durchgang durch den Ursprung zeigt, ist der Verlauf der Teilkurve aus Abbildung 6.27b zwar linear aber mit negativem Anstieg. Dieser Kurvenverlauf ist physikalisch nicht plausibel und wird verworfen. Der Anstieg der Kurve aus Abbildung 6.27a beträgt $G_F = 1\,\mathrm{S}$ und ist identisch mit dem Wert des Widerstands, der im Vorversuch auch an dieser Stelle eingesetzt wurde. In diesem Fall kann aus allen Teilkurven der Fehlercharakteristiken aller angenommenen Fehlerorte der korrekte Fehlerort und die dazugehörigen Parameter bestimmt werden.

Erwartungsgemäß hat auch das Diagnosenetzwerk für den Defekt „Verkleinerung des Widerstandswertes von R_2“ mit dem vermuteten Fehler „Kurzschluss zwischen Knoten 1 und Knoten 3“ für die verschiedenen eingeprägten Eingangs- und Ausgangsspannungen jeweils mehrere Lösungen. Für diesen Fehlerort ergibt sich eine Fehlercharakteristik mit vier Teilkurven. Diese werden unter Verwendung der Eingangskennlinie klassifiziert, indem der simulierte Eingangsstrom mit dem gemessenen Eingangsstrom verglichen wird. Die Übereinstimmung (innerhalb gewisser Toleranzen) beider Größen ist eine notwendige Bedingung dafür, dass die entsprechende Teilkurve die maßgebliche der Fehlercharakteristik ist. Alle Teilkurven der Fehlercharakteristik für die simulierten Defekte sind in Abbildung 6.28 dargestellt. Es sind insgesamt vier Teilkurven, von denen drei nicht die Bedingung erfüllen, dass der simulierte Eingangsstrom mit dem gemessenen übereinstimmt. Abbildung 6.28b zeigt diejenige Teilkurve, für die alle notwendigen und hinreichenden Bedingungen erfüllt sind. Die Punkte ergeben eine lineare Fehlercharakteristik mit dem An-

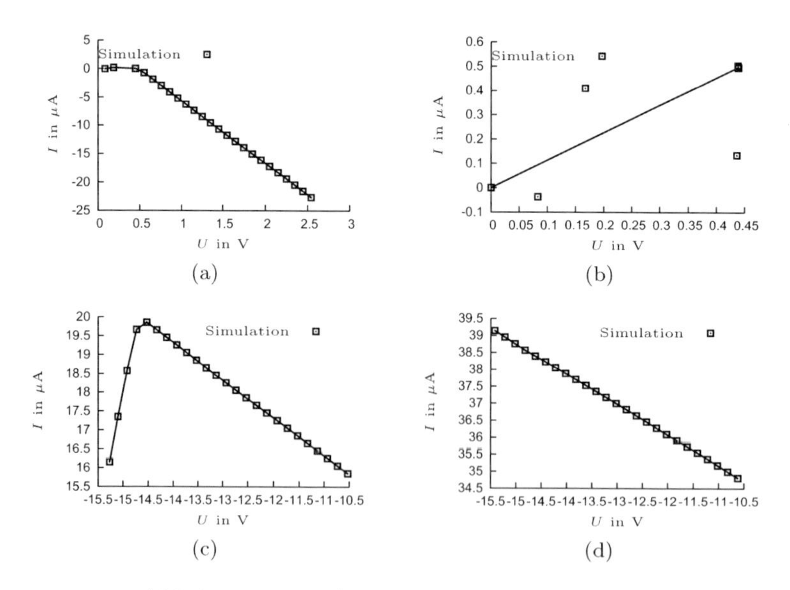

Abbildung 6.28: Alle Teilkurven der Fehlercharakteristik

stieg $G_F = 1.131\,\mu\text{S}$ oder dem entsprechenden Widerstand $R_F = 874.9\,\text{k}\Omega$. Dieser Wert ist korrekt, da bei der Erstellung der Fehlerliste für die "Kurzschlüsse", bei der jedes beliebige Knotenpaar herausgegriffen wird, um den Fehler dazwischen zu injizieren, inherent eine *Parallelschaltung* des vermuteten Fehlerortes zu den nominalen Netzwerkelementen des fehlerfreien Netzwerks angenommen wird. Die Parallelschaltung von R_2 mit dem ermittelten Widerstand R_F ergibt $1\,\text{M}\Omega * 874.9\,\text{k}\Omega/\{1\,\text{M}\Omega + 874.9\,\text{k}\Omega\} = 470\,\text{k}\Omega$ und damit den tatsächlich im Testaufbau eingesetzten Widerstandswert. Drei Punkte der Kennlinie liegen deutlich neben der korrekten Kennlinie, da für diese Punkte die jeweils verwendete Testspannung offenbar im nicht identifizierbaren Bereich liegt. Eine große Anzahl von Punkten liegt so eng benachbart, dass sie einem einzelnen Punkt der Fehlercharakteristik zugeordnet werden müssen. Im Rahmen des simulativen Vorversuchs ist der „Defektort“ natürlich bekannt, so dass eine eindeutige Zuordnung der einzelnen Teilkurven der Fehlercharakteristik mit diesem Vorwissen möglich ist. Eine komplett automatisierte Klassifikation der Fehlercharakteristiken, die ohne dieses *a priori* Wissen auskommen müsste, hätte diesen Fehler jedoch nicht entdeckt. Das Beispiel zeigt, dass es Fehler gibt, für die eine Diagnose mit Hilfe der Kennlinienmethode keine befriedigenden Ergebnisse liefert, da diejenigen Fehlercharakteristiken, die den Defekt korrekt modellieren nur mit erheblichen Vorwissen als solche erkannt werden können. In diesem Fall ist das Diagnoseproblem unentscheidbar und

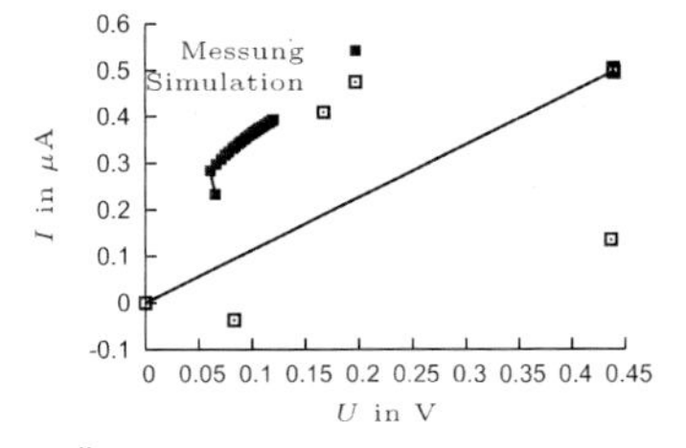

(a) Überbrückung von Widerstand R_2

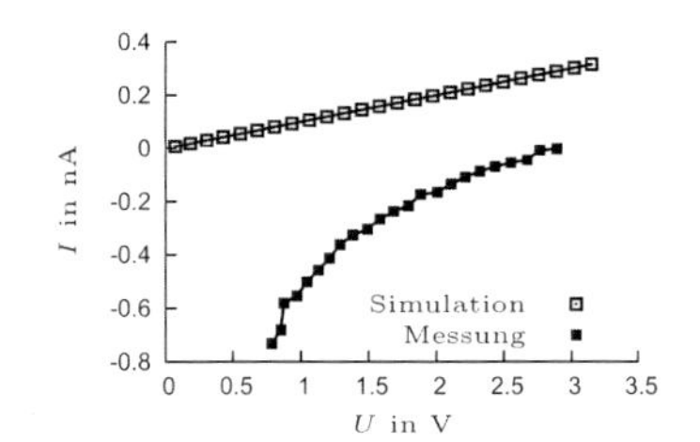

(b) Unterbrechung zwischen Knoten 1 und Knoten 3 unter Annahme einer Unterbrechung

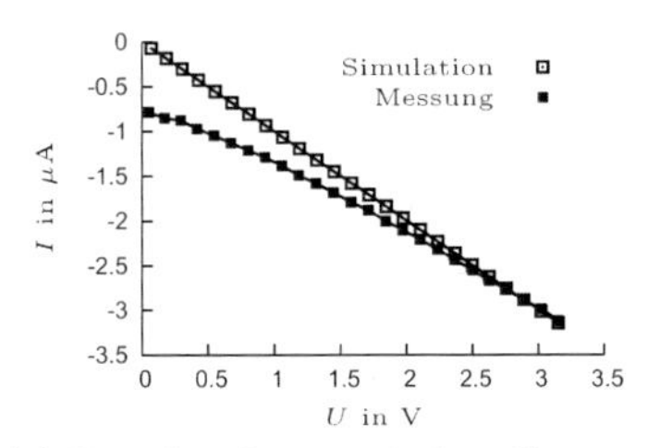

(c) Unterbrechung zwischen Knoten 1 und Knoten 3 unter Annahme eines Kurzschlusses

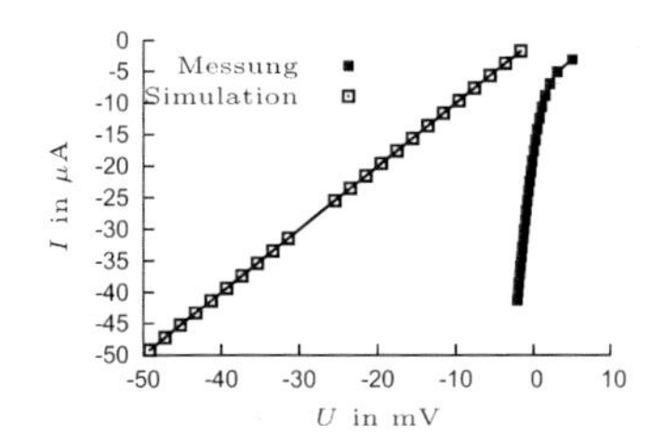

(d) Kurzschluss zwischen Knoten 5 und Knoten 6

Abbildung 6.29: Fehlercharakteristiken bei Verwendung der Kennlinie der Spannungsübertragung an den jeweils korrekten Fehlerorten

weitere Messungen oder detailiertere Annahmen über die Natur des Defekts müssen herangezogen werden.

Nach den simulativen Vorversuchen sind reale Messungen für die verschiedenen per Schalter wählbaren Defekte am Testaufbau durchgeführt worden. Mit diesen Daten wird das Diagnoseverfahren analog zu den rein simulativen Betrachtungen durchgeführt. Fehlerliste und Annahmen über die physikalische Plausibilität der zu diagnostizierenden Defekte bleiben die gleichen, d. h., es werden alle Unterbrechungen und alle Kurzschlüsse, die sich im zur Schaltung aus Abbildung 6.26 gehörenden Netzwerk ergeben, angenommen. Für jeden Satz an Messungen zu den drei betrachteten Defekten

1. Unterbrechung zwischen dem Knoten 1 und dem Knoten 3
2. Verkleinerung des Widerstands R_2 auf 470 kΩ
3. Kurzschluss zwischen dem Knoten 5 und dem Knoten 6

werden alle Teilkurven zu den jeweiligen Fehlercharakteristiken bestimmt.

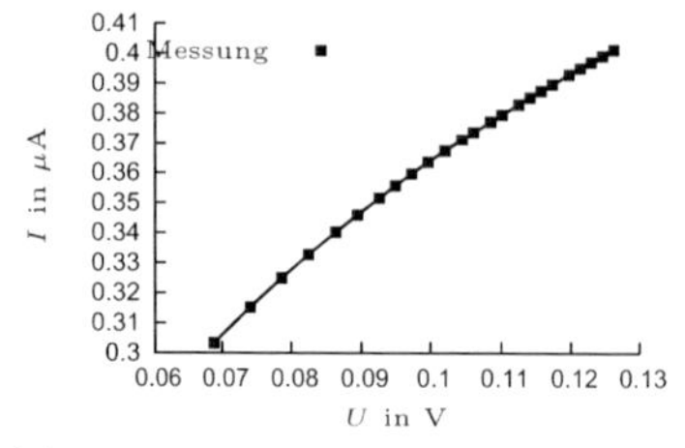

(a) Verkleinerung des Widerstands R_2 auf 470 kΩ

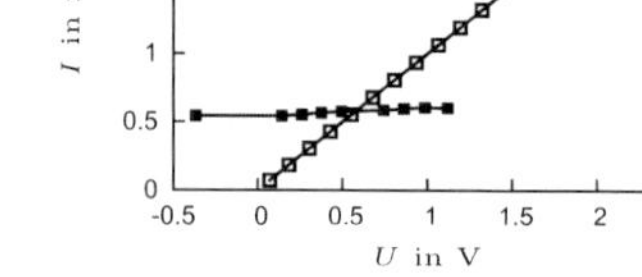

(b) Unterbrechung zwischen Knoten 1 und Knoten 3 unter Annahme einer Unterbrechung

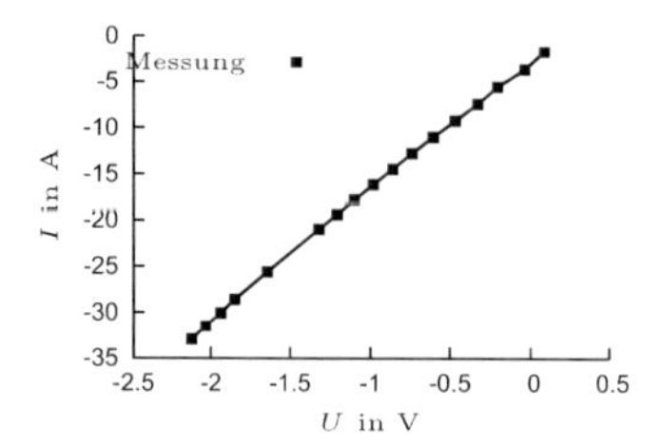

(c) Kurzschluss zwischen dem Knoten 5 und dem Knoten 6

Abbildung 6.30: Fehlercharakteristiken bei Verwendung der Eingangskennlinie an den jeweils korrekten Fehlerorten

Unter Berücksichtigung der aufgeführten Punkte sind in Abbildung 6.29 jeweils nur diejenigen Teilkurven der Fehlercharakteristiken, die unter Verwendung der Kennlinie der Spannungsübertragung zu Stande kommen, dargestellt, die sämtliche Bedingungen erfüllen. Jede Abbildung enthält sowohl die Fehlercharakteristiken aus den simulierten Defekten, als auch die Fehlercharakteristiken, die von den Messungen am Testaufbau herrühren. Es zeigen sich einige Abweichungen, die ihre Ursache in den Parameterschwankungen der im Testaufbau verwendeten Halbleiterbauelemente haben. Es sei bemerkt, dass bereits die Nominalschaltung Abweichungen zwischen Messung und Simulation zeigte, was in Einklang mit dem im Abschnitt 6.7 diskutierten Einfluss der Parameterschwankungen ist.

Während in den Simulationsdaten aus den Vorversuchen die meisten Punkte der Fehlercharakteristiken auf nahezu idealen Geraden liegen, gibt es bei den entsprechenden Fehlercharakteristiken aus den Messdaten des Testaufbaus zum Teil einen schwach nichtlinearen Verlauf. Dennoch lassen sich für die drei Defekte die Widerstände an den Fehlerorten näherungsweise ermitteln. In Abbildung 6.29 sind jeweils die Fehlercharakteristiken dargestellt, die für den Fehlerort ermittelt wurden, der dem tatsächlich aktivierten Defekt im Testaufbau entspricht. In Abbildung 6.29b ist das eine Unterbrechung zwischen dem Knoten 1 und Knoten 3 mit einem Widerstand von 10.0 MΩ. Dieser Wert wird mit den simulierten Daten exakt ermittelt. Mit den gemessenen Daten ergibt sich eine Widerstand von 3.16 MΩ. Nimmt man zwischen beiden Knoten statt einer Unterbrechung einen Kurzschluss an (schließlich ist das Ergebnis erst a posteriori bekannt) ergeben sich die Fehlercharakteristiken, die in Abbildung 6.29c dargestellt sind. Beide Anstiege sind negativ, was die Vermutung nahe legt, dass der tatsächliche Defekt einer Unterbrechung gleicht und somit die Parallelschaltung aus dem nominalen Widerstand $R_2 = 1\,\mathrm{M\Omega}$ und dem ermittelten Fehlerwiderstand einen Wert größer als der Nominalwert von R_2 ergeben muss. Als exakter Wert ergibt sich $-1.001\,\mathrm{M\Omega}$ mit den simulierten Daten. Die Fehlercharakteristik auf Basis der gemessenen Daten weicht mit $-1.3\,\mathrm{M\Omega}$ nur unerheblich davon ab. Die Fehlercharakteristiken für den Kurzschluss zwischen dem Knoten 5 und dem Knoten 6 sind in Abbildung 6.29d gezeigt. Dass in diesem Fall für die simulierten Daten der exakte Wert von 1 Ω für den Widerstand ermittelt werden kann, wurde oben bereits demonstriert. Mit den am Testaufbau gewonnenen Messdaten ergibt sich ein Widerstand von 160 Ω, der im Vergleich zum Nominalwert des Widerstands $R_4 = 40\,\mathrm{k\Omega}$ immer noch als Kurzschluss gewertet werden kann. Eine Besonderheit ergibt sich für den Defekt „Verkleinerung des Widerstands R_2“ dessen Fehlercharakteristiken Abbildung 6.29a zeigt: Während die Simulationen eine extrem schlecht zu klassifizierende Fehlercharakteristik liefert, die nur unter Ausnutzen von a-priori-Wissen über den tatsächlichen Fehlerort zu einer linearen Teilkurve führt, die einem Widerstand von 874.9 kΩ führt, ist die Fehlercharakteristik, die sich aus den gemessenen Daten ergibt eindeutig als Gerade identifizierbar. Als Wert für den parallel geschalteten Widerstand R_F ergeben sich 564 kΩ statt der tatsächlich eingefügten 470 kΩ. Die Ursache für diese Abweichung zwischen Simulation und Messung ist, dass schon die Nominalschaltung, wie eingangs erwähnt, für gewisse eingeprägte Testspannungen mehrere Arbeitspunkte hat. Wäre man in der Lage, jeden dieser Arbeitspunkte auch messtechnisch zu charakterisieren, so würden sich drei Kennlinien der Spannungsübertragung ergeben. Diejenige Kennlinie, die tatsächlich gemessen wurde, weicht von der simulierten Kennlinie ab und erweist sich als außerordentlich günstig für die Diagnose mit Hilfe der Kennlinienmethode.

7 Verknüpfung der vorgestellten Methoden

> When sorrows come, they come not single spies, but in battalions.
>
> *(William Shakespeare)*

In den vergangenen Kapiteln wurden zwei Ansätze für die computergestützte Diagnose integrierter Schaltungen mit Hilfe von Schaltungssimulationen vorgestellt. In diesem Kapitel werden die Gemeinsamkeiten und Unterschiede zusammengefasst und eine Möglichkeit, beide Ansätze sinnvoll miteinander zu kombinieren, aufgezeigt. Dieses Zusammenspiel wird an einem Beispiel demonstriert.

7.1 Vergleich zwischen Diagnose mit Hilfe der analogen Fehlersimulation und Diagnose mit Hilfe der Kennlinienmethode

Beide in dieser Arbeit vorgestellten Verfahren zur Diagnose integrierter Schaltungen verwenden Schaltungssimulationen, um Defekte in integrierten Schaltungen auf der Abstraktionsebene elektrischer Netzwerke zu lokalisieren und zu identifizieren. Sie beruhen auf den im Abschnitt 4.2 dargelegten *Annahmen*, dass

- Defekte in integrierten Schaltungen lokal begrenzte Verwerfungen in deren geometrischen Aufbau sind,
- sich diese Verwerfungen im elektrischen Netzwerk beschreiben lassen,
- sich die defekte Schaltung in allen anderen Gebieten außer der Defektstelle nicht (oder nur unerheblich) von einer defektfreien Schaltung unterscheidet,
- sich die fehlerbehafteten Netzwerke in allen Zweigen außer dem Fehlerort nicht (oder nur unerheblich) vom fehlerfreien Netzwerk unterscheiden,

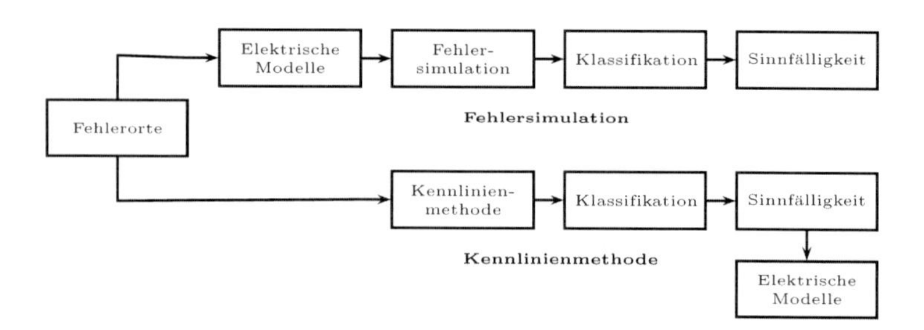

Abbildung 7.1: Gegenüberstellung der Diagnose mit Hilfe der analogen Fehlersimulation und der Diagnose mit Hilfe der Kennlinienmethode

- eine Fehlerliste und vernünftige Annahmen über die Art des Defektes existieren.

Beiden Verfahren haben gemeinsam, dass für ihre Durchführung sowohl das Modell der defektfreien Schaltung (das fehlerfreie Netzwerk) als auch die Messungen an der zu untersuchenden defekten Schaltung zur Verfügung stehen müssen. Es wird vorausgesetzt, dass das fehlerfreie Netzwerk das elektrische Verhalten einer defektfrei gefertigten Schaltung mit genügend hoher Genauigkeit beschreiben kann. Neben diesen allgemeinen Annahmen ist die konkrete Ausgestaltung der Diagnose integrierter Schaltungen in beiden Verfahren jedoch unterschiedlich, was zu einer Reihe von jeweiligen Vorteilen aber auch Nachteilen führt.

Schematisch sind die Abläufe der beiden Diagnoseverfahren noch einmal in Abbildung 7.1 gegenübergestellt.

7.1.1 Diagnose mit Hilfe der analogen Fehlersimulation

Im Kapitel 5 wurde ausführlich ein Verfahren zur Diagnose integrierter Schaltungen mit Hilfe analoger Fehlersimulation beschrieben. Dabei handelt es sich um einen besonders pragmatischen Ansatz in dem Sinne, dass eine gewisse Kenntnis der Schaltung und der für die Technologie typischen Defektmechanismen erforderlich ist sowie für die zu erwartenden Signalformen günstigen Merkmale gefunden werden können. Dieser Ansatz verbindet die analoge Fehlersimulation mit Methoden der Zeitreihenanalyse, um unter Verwendung von vordefinierten Fehlerlisten den möglichen Fehlerort im fehlerbehafteten Netzwerk zu lokalisieren. Die analoge Fehlersimulation ist eine einfach umzusetzende Technik. Mit dem am Institutsteil Entwurfsautomatisierung des Fraunhofer-Instituts für Integrierte Schaltungen entwickelten analogen Fehlersimulator *aFSIM*steht eine ausgereifte Software für diese Aufgabe zur Verfügung, die neben einer großen Kompatibilität zu gängigen kommerziellen und frei verfügbaren

Schaltungssimulatoren auch die Verteilung der einzelnen Simulationen in einem Rechenerverbund erlaubt. Der Parallelisierungsgrad hängt dabei nur von der Anzahl der zur Verfügung stehenden Lizenzen für den Simulatorkern ab. Weiterhin enthält *aFSIM*ein ausgereiftes Modul zum automatischen Erzeugen von Fehlerlisten unter Angabe gewisser Kriterien und des betrachteten Netzwerks sowie zum Manipulieren der Netzwerke, um die fehlerbehafteten Netzwerke automatisch zu konstruieren. Nicht zuletzt aufgrund der ausgereiften Software ergibt sich eine schnelle Abarbeitungszeit der Diagnose mit Hilfe der analogen Fehlersimulation.

Die Anwendung von Methoden der Zeitreihenanalyse auf das Problem der Diagnose integrierter Schaltungen stellt einen besonders intuitiven Zugang dar, der einer rein manuellen Vorgehensweise beim Lokalisieren und Untersuchen von Defekten und Defektmechanismen stark ähnelt. Auch diese Tatsache trägt dazu bei, dass sich die Diagnose mit Hilfe der analogen Fehlersimulation verhältnismäßig leicht in ein industrielles Umfeld integrieren lassen. Die im Abschnitt 5.3 aufgeführten Beispiele demonstrieren die praktische Anwendbarkeit des Verfahrens in einem industriellen Umfeld. Wie im Kapitel 3 dargelegt, lassen sich nicht nur Zeitbereichsmessungen, sondern auch Ergebnisse von Frequenzgang-, Arbeistpunkt-, Photonenemissionsmessungen als Zeitreihen auffassen. Das erlaubt eine besonders breite Anwendbarkeit der vorgestellten Verfahren. Ferner sichert die Anwendung von Methoden der Zeitreihenanalyse und der unschafen Mengen eine große Robustheit gegen fehlerhafte Klassifikationen aufgrund von Messungenauigkeiten.

Bei der Diagnose mit Hilfe der analogen Fehlersimulation muss eine detaillierte Fehlerliste, die Fehlerort, Fehlerart und Parameter umfasst, gegeben sein. Das impliziert, dass bereits im Vorfeld eine Reihe von Hypothesen über die elektrischen Modelle der Defektmechanismen existieren muss. Die Lokalisation von Fehlern mit a priori unbekanntem elektrischen Verhalten ist nicht möglich. Das bedeutet auch, dass die Identifizierung des genauen Wertes eines elektrischen Parameters eines gewissen Fehlers, z. B. der Wert eines linearen Widerstands, nicht möglich ist. Insofern lässt sich nur eine (oftmals akzeptable) Näherung dieses Wertes angeben, indem man für denselben Fehlerort Fehler mit unterschiedlichen Parameterwerten innerhalb physikalisch sinnvoller Bereiche annimmt. Auf diese Art und Weise wird der kontinuierliche Parameterraum an gewissen Stützstellen abgetastet.

Prinzipbedingt ist für die Diagnose mit Hilfe der analogen Fehlersimulation an mehreren Stellen im Ablauf der Nutzereingriff erforderlich. Dazu gehört die Bereitstellung der Fehlerliste sowie die Auswahl an das Problem angepasster Merkmale und die Zerlegung des betrachteten Zeitfensters in geeignete Abschnitte. Selbstverständlich muss auch die Interpretation der Ergebnisse der Diagnose und die Überprüfung der physikalischen Plausibilität von einem entsprechend geschulten Nutzer erfolgen.

7.1.2 Diagnose mit Hilfe der Kennlinienmethode

Bei der Diagnose mit Hilfe der Kennlinienmethode handelt es sich um ein *konstruktives* Verfahren zur Diagnose integrierter Schaltungen mit Hilfe von Schaltungssimulationen. Im Kapitel 6 wurde ausführlich beschrieben, dass dieses Verfahren eine direkte Anwendung des verallgemeinerten Substitutionstheorems ist. Ausgehend vom fehlerfreien Netzwerk werden unter Kenntnis der Messung z. B. der Kennlinie der Spannungsübertragung gezielt Diagnosenetzwerke konstruiert, deren Lösungen mögliche u, i-Relationen von Zweigen am vermuteten Fehlerort im Netzwerk liefern. Die Diagnose mit Hilfe der Kennlinienmethode ist theoretisch fundiert und erfordert im Gegensatz zur Diagnose mit Hilfe der analogen Fehlersimulation im Vorfeld keinerlei Annahmen über das elektrische Verhalten eines Defektes, sondern liefert gerade Aussagen darüber. Aus diesem Grunde ist es nicht nur möglich, den genauen Wert eines elektrischen Parameters eines betrachteten Zweiges zu bestimmen, sondern sogar mögliche u, i-Relationen der betrachteten Zweige numerisch zu ermitteln. Die physikalische Sinnfälligkeit dieser u, i-Relationen wird im zweiten Teil der Diagnose wiederum mit einfachen Methoden der Zeitreihenanalyse bewerkstelligt. Das Verfahren ist theoretisch fundiert und kann aus diesem Grunde auch Aufschluss über völlig neuartige, bislang unbekannte Defektmechanismen liefern.

Im Gegensatz zur Diagnose mit Hilfe der analogen Fehlersimulation ist die Implementierung der Software der Diagnose mit Hilfe der Kennlinienmethode noch als experimentell zu bezeichnen. Sie besteht aus einer Vielzahl von einzelnen kleineren Modulen, die in unterschiedlichen Programmiersprachen realisiert wurden. Es werden Teile des analogen Fehlersimulators *aFSIM*zur Manipulation der fehlerbehafteten Netzwerke verwendet. Die Steuerung des Simulatorkerns erfolgt mit Hilfe von Skripten, die Auswertung und Klassifikation der ermittelten Kennlinien mit Hilfe von *Matlab*. Das Verfahren wurde bislang mit zwei verschiedenen kommerziellen Schaltungssimulatoren erprobt. Aufgrund der Tatsache, dass kein direkter Zugriff auf die internen Algorithmen des Schaltungssimulators zur Lösung der Netzwerkgleichungen besteht, ist die momentane Realisierung noch ineffizient. Für die in Abschnitt 6.3.1 vorgestellte Kurvenverfolgung sowie die in Abschnitt 6.5 vorgestellten Prinzipien zur Verbesserung der Konvergenzeigenschaften durch Approximation der Fehlercharakteristik ist für jeden einzelnen Punkt einer Kennlinie der erneute Aufruf des Simulators notwendig. Die Performanz ließe sich erheblich steigern, wenn man die vorgeschlagenen Anpassungen für die Kennlinienmethode direkt in den Simulatorkern integrieren könnte. Viele kommerzielle Simulatoren bieten Low-Level-Schnittstellen, mit denen ein Eingriff in die internen Algorithmen bis zu einem gewissen Grad möglich ist. Zumeist beschränken sich diese Möglichkeiten jedoch auf das Setzen gewisser interner Parameter und erlauben nicht das Einbauen neuer Algorithmen. Auf der anderen Seite sind die Simulatorkerne kommerzieller Schaltungssimulatoren so ausgereift, dass eine komplette Eigenentwicklung eines Schaltungssimulators für die Diagnose mit Hilfe der Kennlinie für andere als Forschungszwecke wenig sinnvoll erscheint.

Die experimentelle Überprüfung der Diagnose mit Hilfe der Kennlinienmethode hat deutlich gemacht, dass diese (vor allem im Vergleich zur Diagnose mit Hilfe der analogen Fehlersimulation) anfällig gegenüber Messungenauigkeiten bzw. Abweichungen zwischen Modell und Messungen ist. Das liegt vor allem daran, dass die Messdaten direkt zur Konstruktion der Diagnosenetzwerke herangezogen werden und als Parameter bestimmter Zweige im Netzwerk auftauchen. Eine Abweichung einer einzelnen Zweiggröße vom korrekten Wert, wie er durch unvermeidliche Messfehler entsteht, beeinflusst jedoch auch andere Zweiggrößen (je nach Beschaffenheit des Netzwerks mehr oder weniger stark) z. B. auch diejenigen, die zur Bestimmung der u, i-Relation des zum vermuteten Fehlerort gehörenden Zweiges. Je nach nichtlinearem Charakter des Netzwerks kann bereits eine kleine Abweichung der gemessenen Größen zu einer drastischen Abweichung in der errechneten Zweiggröße führen. Eine formale Untersuchung, welche Art von Netzwerken sich grundsätzlich zur Verwendung mit der Diagnose mit Hilfe der Kennlinienmethode eignen und mit welcher Genauigkeit die notwendigen Messungen an der defekten Schaltung erfolgen müssen, verbleibt als eine weitere Forschungsaufgabe.

Der momentane Stand der Arbeiten an der Diagnose mit Hilfe der Kennlinienmethode umfasst die Behandlung von R-Netzwerken und Messungen der Eingangskennlinie, Ausgangskennlinie, Kennlinie der Spannungsübertragung und Kennlinie der Stromübertragung. Das theoretische Fundament erlaubt auch die Analyse von Netzwerken im Zeitbereich, da der *Überdeckungssatz* sowie das *verallgemeinertes Substitutionstheorem* für allgemeine Netzwerke und nicht nur für R-Netzwerke gilt. Die Computer-Experimente unter Verwendung von Zeitbereichsanalysen erzielten jedoch nur triviale Ergebnisse[1], die bislang nicht mit Hilfe von Messungen an realen Schaltungen überprüft werden konnten.

[1] Die Diagnose des im Abschnitt 6.9.1 verwandte Emitterfolger lässt sich auch mit einem sinusförmigen Signal durchführen. Sofern man ein reines Computerexperiment durchführt und die defekte Schaltung gleichzeitig mit dem entsprechend konstruierten Diagnosenetzwerk simuliert und die so erzielten Ausgangssignale der defekten Schaltung mit Hilfe einer gesteuerten Quelle am Ausgang des Diagnosenetzwerks einprägt, lässt sich die u, i-Relation des injizierten Fehlers exakt rekonstruieren. Schon bei geringen Abweichungen des Ausgangssignals der defekten Schaltung (z. B. Offset um wenige Nanovolt) kann sich ein völlig anderes Ergebnis ergeben.

7.2 Beispiel für das Zusammenwirken der beiden Ansätze

In den beiden vorangegangenen Abschnitten wurden die jeweiligen Vor- und Nachteile der einzelnen vorgestellten Ansätze zur Diagnose integrierter Schaltungen noch einmal zusammengefasst. Die Stärken der einzelnen Ansätze lassen sich für gewisse Schaltungsklassen sinnvoll miteinander verbinden, um optimale Ergebnisse der Diagnose mit einem vernünftigen Aufwand-Nutzen-Verhältnis zu erzielen. Die Grundidee ist dabei, die Diagnose mit Hilfe analoger Fehlersimulation als ersten Schritt zu verwenden, um aus einer großen Anzahl möglicher Fehlerorte diejenigen heraus zu filtern, die zu simulierten Signalen führen, die den gemessenen Signalen sehr ähnlich sind. An den so ermittelten Fehlerorten dieser Fehlerkandidtaten wird dann die Diagnose mit Hilfe der Kennlinienmethode angewandt, um genauere Parameter des Fehlers zu ermitteln. Diese Vorgehensweise berücksichtigt, dass die Diagnose mit Hilfe analoger Fehlersimulation einerseits robust gegenüber parametrischen Schwankungen ist und anderseits aufgrund der ausgereiften Software mit hoher Geschwindigkeit abgearbeitet werden kann. So lässt sich eine Vielzahl von möglichen Fehlern ausschließen, die zu simulierten Signalen führen, die dem gemessenen Signal sehr unähnlich sind. Die Diagnose mit Hilfe der Kennlinienmethode wiederum profitiert davon, einen eingeschränkten Suchraum zu bearbeiten und liefert wertvolle Aufschlüsse über das elektrische Verhalten eines tatsächlichen Defektes der Schaltung. Diese Vorgehensweise soll an einem konkreten Beispiel demonstriert werden.

Zur Demonstration wird die in Abbildung 7.2 dargestellte parametrische Messeinheit verwendet. Diese Schaltung besteht aus vier identisch aufgebauten Kanälen, die jeweils zwei verschiedene Betriebsmodi haben: Ist der Schalter S_1 geschlossen, realisiert sie eine (bipolare) spannungsgesteuerte Stromquelle [TS02], die für Eingangsspannungen zwischen $-2.5\,\mathrm{V}$ und $+2.5\,\mathrm{V}$ Ausgangsströme von $-20\,\mathrm{mA}$ bis $+20\,\mathrm{mA}$ liefern kann. Ist der Schalter S_1 geöffnet, realisiert die Schaltung eine spannungsgesteuerte Spannungsquelle [TS02], die für Eingangsspannungen zwischen $-12.5\,\mathrm{V}$ und $+12.5\,\mathrm{V}$ Ausgangsspannungen von $-14.16\,\mathrm{V}$ bis $+14.16\,\mathrm{V}$ liefern kann. Die Größe des Stromes wird mit Hilfe eines Messwiderstands und eines Instrumentenverstärkers gemessen, indem der durch den Messwiderstand R_{sense} fließende Strom I_a in eine proportionale Spannung U_m gewandelt wird. Eine einzelne parametrische Messeinheit enthält vier identisch aufgebaute Kanäle, d. h., die Schaltung aus Abbildung 7.2 ist vierfach auf einer Platine aufgebaut. Die Verwendung von Zweifach-Instrumentenverstärkern und Vierfach-Operationsverstärkern minimiert parametrische Abweichungen zwischen den einzelnen Kanälen. Ein Auszug der fehlerfreien Netzliste in *Titan*:

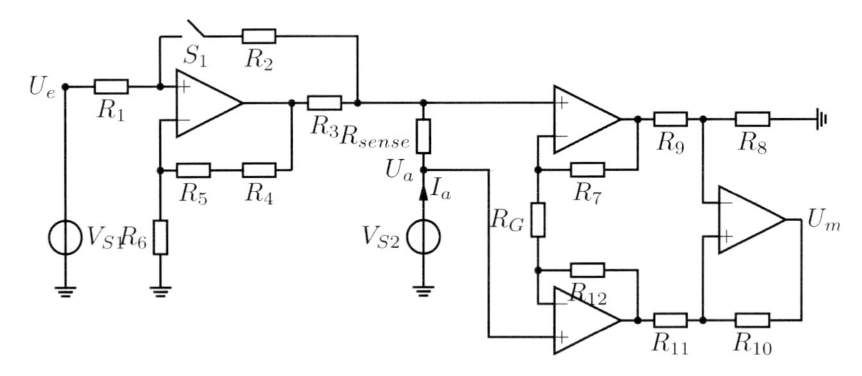

Abbildung 7.2: Schaltplan für einen Kanal der parametrische Messeinheit. Operationsverstärker: OPA4132, Instrumentenverstärker: INA128, $R_1 = 7.5\,\text{k}\Omega$, $R_2 = 1\,\text{k}\Omega$, $R_3 = 16.9\,\Omega$, $R_4 = 1\,\text{k}\Omega$, $R_5 = 22.6\,\Omega$, $R_6 = 7.5\,\text{k}\Omega$, $R_{sense} = 0.68\,\Omega$. Schalter S_1: CMOS-Analogschalter, MAX313 der als linearer Widerstand mit $5.7\,\Omega$ modelliert wird. Operationsverstärker und Analogschalter sind jeweils an eine positive Versorgungsspannung mit $+15\,\text{V}$ und eine negative Versorgungsspannung mit $-15\,\text{V}$ angeschlossen. Der Instrumentenverstärker wird mit $+18\,\text{V}$ und $-18\,\text{V}$ versorgt.

```
VSS18        0 9   18
VCC18        8 0   18
VS2          5 0   0
VAM1         13 5  0
VS1          4 0   -0.7711
VSS          0 2   15
VCC          1 0   15
RG           14 6   68.1
XU2          15 13  8 9 7 0 6 14    INA128
Rsense       15 13   680m
R6           3 0   7.5K
R4           12 10   1K
R5           3 12   22.6
R3           10 15   16.9
R2           16 15   1K
RS1          11 16   5.7
R1           4 11   7.5K
XU1          11 3  1 2 10    OPA4132_0
```

Listing 7.1: Auszug des fehlerfreien Netzwerks mit Nominalparametern

Der Testaufbau ist mit einem digital ansteuerbaren Analogschalter im Rückkoppelpfad zum nicht-invertierenden Eingang des Operationsverstärkers versehen. Im Betriebsmodus *spannungsgesteuerte Stromquelle* ist der Schalter *geschlossen*. Das *Öffnen* des Schalters entspricht einer hochohmigen Unterbrechung des positiven Rückkoplungspfads und ahmt auf diese Art und Weise einen Defekt nach, der sich in erster Näherung als linearer Widerstand modellieren lässt.

Umgekehrt ist der Schalter im Betriebsmodus *spannungsgesteuerte Spannungsquelle geöffnet*. Das *Schließen* des Schalters bewirkt eine niederohmige Überbrückung zweier Knoten und ahmt auf diese Art und Weise einen Kurzschluss nach, der sich mittels eines linearen Widerstands modellieren lässt. Die beschriebene parametrische Messeinheit ist als Platine mit diskreten Bauelementen aufgebaut und erlaubt die Messung der Ausgangscharakteristiken im Betriebsmodus *spannungsgesteuerte Stromquelle* sowie im Betriebsmodus *spannungsgesteuerte Spannungsquelle*. Dazu wird eine Strom- bzw. Spannungsquelle mit Rückmessfunktion an den Ausgangsklemmen der Schaltung angeschlossen. Für einen festen Spannungswert der Spannungsquelle V_{S1} am Eingang von $-0.7711\,\mathrm{V}$ wird der Spannungswert der Spannungsquelle V_{S2} zwischen $-7.5\,\mathrm{V}$ und $+7.5\,\mathrm{V}$ in Schritten von $0.1\,\mathrm{V}$ variiert und der Strom I_a durch die Spannungsquelle V_{S2} (positiv gezählt, wenn der Strom aus der Spannungsquelle herausfließt) für jeden einzelnen der vier Kanäle gemessen. Es ergeben sich für jeden Kanal folglich *zwei* u, i-Kennlinien (eine für den Betriebsmodus *spannungsgesteuerte Stromquelle* und eine für den Betriebsmodus *spannungsge-*

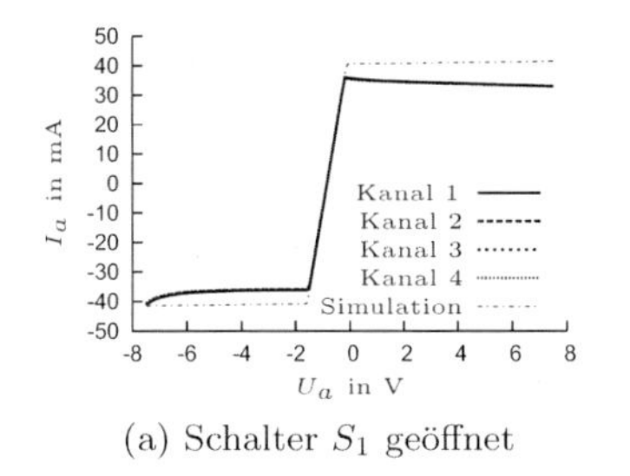

(a) Schalter S_1 geöffnet

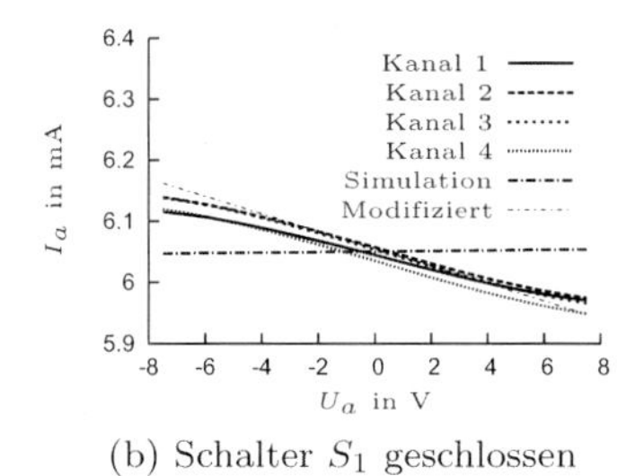

(b) Schalter S_1 geschlossen

Abbildung 7.3: Ausgangskennlinien der parametrischen Messeinheit im Betriebsmodus *spannungsgesteuerte Spannungsquelle* und *spannungsgesteuerte Stromquelle*

steuerte Spannungsquelle), wie sie zusammen mit den Simulationsergebnissen der entsprechenden fehlerfreien Netzwerke in Abbildung 7.3 dargestellt sind.

Der Abbildung 7.3 ist zu entnehmen, dass Messergebnisse und Simulationsergebnisse für den Betriebsmodus *spannungsgesteuerte Stromquelle* mit den in Abbildung 7.2 angegebenen Nominalwerten für die Widerstände visuell verhältnismäßig schlecht übereinstimmen. Während die Messergebnisse für alle Kanäle einen in etwa linearen Verlauf mit negativem Anstieg zeigen, ist der Verlauf der simulierten Ausgangscharakteristik linear mit positivem Anstieg. Der Grund für diese Abweichung liegt in der Schaltungsstruktur selbst. Eine Analyse der Schaltung [TS02] ergibt, dass der Ausgangswiderstand der Schaltung maßgeblich von den Summen der Widerstände in den beiden Rückkoppelpfaden beeinflusst wird: Für einen idealen Operationsvertärker ist der Ausgangswiderstand der Schaltung unendlich, wenn $R_4 + R_5 = R_{S_1} + R_2 + R_3$ gilt. Kleine Änderungen an den Widerstandswerten von R_3 bzw. R_{S_1} bewirken verhältnismäßig große Änderungen an den Ausgangsströmen für feste Ausgangsspannungen. Aufgrund dieser Beobachtung werden die Widerstandswerte geringfügig angepasst, um eine gute Übereinstimmung zwischen Simulation des fehlerfreien Netzwerks und der Messung an einer repräsentativen defektfreien Schaltung zu erreichen. Im konkreten Fall werden die Werte auf $R_3 = 17.33\,\Omega$ bzw. $R_{S_1} = 3.4\,\Omega$ gesetzt[2]. Damit werden die *modifizierten* Simulationsergebnisse erzielt.

Der Betriebsmodus *spannungsgesteuerte Spannungsquelle* ist weniger empfindlich gegenüber Änderungen der Widerstandswerte der äußeren Beschaltung des Operationsverstärkers. Die Modifikation des Wertes für R_3 wird auch

[2] Im übrigen lässt sich die Diagnose mit Hilfe der Kennlinienmethode verwenden, um die notwendigen Widerstandswerte für den Widerstand R_3 zu ermitteln, indem man aus der ursprüngliche fehlerfreien Netzwerk zusammen mit der gemessenen Kurve für einen Kanal der Schaltung ein entsprechendes Diagnosenetzwerk konstruiert.

bei diesen Simulationen verwendet. Eine lineare Regression der gemessenen Ausgangsströme mit den simulierten Ausgangsströmen für Ausgangsspannungen U_a im Bereich zwischen $-1.8\,\mathrm{V}$ und $-0.2\,\mathrm{V}$ ergibt die Gleichung $i_{sim} = 1.014 \cdot i_{meas} + 0.8\,\mathrm{mA}$. Diese Korrekturwerte fließen mit in die Konstruktion der Diagnosenetzwerke ein, sind aber für die Diagnose mit Hilfe der analogen Fehlersimulation ohne Belang, da diese Methode inherent robuster gegenüber Abweichungen zwischen Simulation und Messung ist.

Die Komplexität der Schaltung ist moderat; neben dem Operations- und Instrumententenverstärker sind acht weitere Widerstände als äußere Beschaltung notwendig. Für die verwendeten Verstärker existieren so genannte *Makromodelle* für *Spice*. Es handelt sich bei Makromodellen um elektrische Netzwerke, welche die Schaltungen in verschiedene Stufen (z. B. Eingansstufe, Differenzverstärker, Ausgangsstufe) aufbrechen. Die einzelnen Stufen werden entweder durch ideale (lineare) Quellen, gesteuerte Quellen, Widerstände modelliert oder – wo notwendig – mit Hilfe von Transistoren, Dioden, usw. Die Anzahl der Knoten und Zweige ist deutlich geringer als die der tatsächlichen Transistorschaltung; das elektrische Verhalten der Schaltung wird dennoch mit ausreichender Genauigkeit nachgebildet. Das gesamte fehlerfreie Netzwerk für die parametrische Messeinheit besteht aus 46 Widerständen, 8 Transistoren und 45 idealen (unabhängigen bzw. gesteuerten) Quellen. Das Netzwerk besitzt 78 Knoten. Für die Diagnosezwecke werden parametrische Arbeitspunktanalysen durchgeführt, um die Ausgangskennlinie zu simulieren. Ein einzelner Simulationslauf des fehlerfreien Netzwerks benötigt 0.1 s auf der verwendeten Hardware (16 Knoten, Opteron 2.8 GHz, 2 GByte Arbeitsspeicher pro Knoten).

Wie bei den anderen Beispielen werden für beide Verfahren Module des analogen Fehlersimulators *aFSIM*benutzt, um die Fehlerliste zu erzeugen und die Manipulation der Netzwerke (d. h., die Konstruktion der Diagnosenetzwerke bzw. fehlerbehafteten Netzwerke) vorzunehmen. Für die Diagnose mit Hilfe analoger Fehlersimulation werden die folgenden Fehler angenommen.

1. Paarweise zwischen allen im Netzwerk befindlichen Knoten werden resistive Kurzschlüsse mit 10 Widerstandswerten im Bereich von $10\,\Omega$ bis $10\,\mathrm{k}\Omega$ angenommen.

2. Für jeden Widerstand im Netzwerk werden die Widerstandswerte an zehn Stellen aus dem Bereich von $100\,\Omega$ bis $100\,\mathrm{M}\Omega$ variiert.

3. An jedem Transistoranschluss Gate, Drain, Source, Bulk, werden resistive Unterbrechungen mit 10 Widerstandswerten im Bereich von $100\,\Omega$ bis $100\,\mathrm{M}\Omega$ angenommen.

Damit ergeben sich insgesamt 30890 verschiedene Fehler. Die Fehlernamen sind so gewählt, dass sie Aufschluss über den Fehlerort geben, z. B. bedeutet

Nr.	Fehler	s_1	s_2	$s_1 \cdot s_2$
1	F_05324_SHORT_15__XU1_6_00500	994.081E-03	993.945E-03	988.062E-03
2	F_06382_SHORT_16__XU2_X2_90_00100	989.118E-03	997.209E-03	986.357E-03
3	F_07261_SHORT_3__5_00010	996.154E-03	984.207E-03	980.421E-03
4	F_03092_SHORT_12__5_00100	996.089E-03	984.075E-03	980.227E-03
5	F_30398_CHANGE___R2_0050000	998.734E-03	981.336E-03	980.094E-03
6	F_30408_CHANGE___RS1_0050000	998.587E-03	981.335E-03	979.948E-03
7	F_30407_CHANGE___RS1_0025000	997.562E-03	981.464E-03	979.072E-03
8	F_30397_CHANGE___R2_0025000	996.905E-03	981.492E-03	978.454E-03
9	02354_SHORT_11__4_00500	983.951E-03	993.608E-03	977.661E-03
10	05904_SHORT_16__4_00500	983.830E-03	993.701E-03	977.633E-03
11	02353_SHORT_11__4_00250	999.864E-03	977.565E-03	977.432E-03
12	05903_SHORT_16__4_00250	999.856E-03	977.555E-03	977.415E-03
13	F_30412_CHANGE___R1_0000500	980.463E-03	995.923E-03	976.466E-03
14	SHORT_5__XU1_6_00500	994.503E-03	981.690E-03	976.293E-03
15	F_30399_CHANGE___R2_0100000	994.755E-03	981.321E-03	976.174E-03
16	F_30409_CHANGE___RS1_0100000	994.754E-03	981.321E-03	976.173E-03
17	SHORT_5__XU1_6_00250	994.501E-03	981.529E-03	976.131E-03
18	F_30400_CHANGE___R2_1000000	994.689E-03	981.324E-03	976.112E-03
19	F_30410_CHANGE___RS1_1000000	994.689E-03	981.324E-03	976.112E-03
20	SHORT_5__XU1_6_00100	994.500E-03	981.480E-03	976.081E-03
21	SHORT_5__XU1_6_00010	994.499E-03	981.457E-03	976.058E-03
22	SHORT_5__XU1_9_00500	994.178E-03	980.924E-03	975.213E-03
23	03042_SHORT_12__15_00100	994.295E-03	980.591E-03	974.996E-03
24	SHORT_13__XU1_6_00500	994.079E-03	980.786E-03	974.979E-03
25	05202_SHORT_15__3_00100	994.276E-03	980.585E-03	974.972E-03

Tabelle 7.1: Ausschnitt der Ergebnisse der Diagnose der Parametrischen Messeinheit im Betriebsmodus *spannungsgesteuerte Stromquelle*

F_07261_SHORT_3__5_00010 einen resistiven Kurzschluss zwischen den Knoten 3 und 5 mit einem Widerstandswert von 10 Ω. Die entsprechenden Knotennamen kann man dem Listing 7.1 entnehmen.

Im ersten Teil des Experimentes wird angenommen, die parametrische Messeinheit sei im Betriebsmodus *spannungsgesteuerte Stromquelle* betrieben. Im zugehörigen fehlerfreien Netzwerk ist der Schalter S_1 geschlossen, d. h., der Widerstand R_{S_1} ist auf den Wert 3.4 Ω gesetzt. Als gemessenes Signal der defekten Schaltung wird die Messung von Kanal 3 im Betriebsmodus *spannungsgesteuerte Spannungsquelle* aus Abbildung 7.3a herangezogen. Das Signal wird in zwei Abschnitte unterteilt. Im ersten Abschnitt für Ausgangsspannungen U_a zwischen -4 V und 2.3 V wird das *globale Maximum* als Merkmal festge-

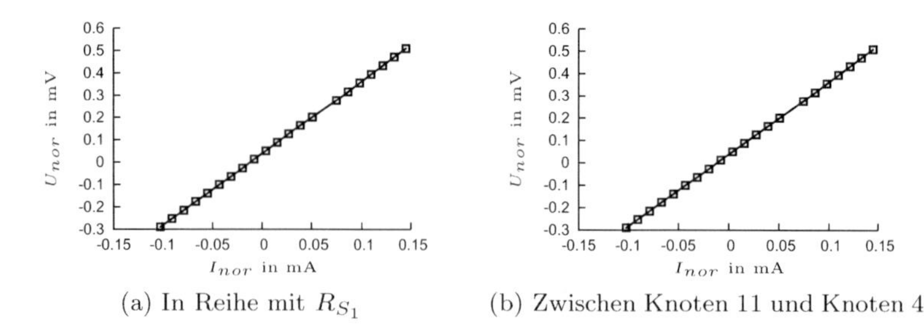

(a) In Reihe mit R_{S_1} (b) Zwischen Knoten 11 und Knoten 4

Abbildung 7.4: Ausgewählte Fehlercharakteristiken der parametrischen Messeinheit im Betriebsmodus *spannungsgesteuerte Stromquelle*

legt. Für den zweiten Abschnitt mit Ausgangsspannungen U_a zwischen 0.1 V und 3.9 V wird das *globale Minimum* als Merkmal festgelegt. Diese Merkmale berücksichtigen den markanten Verlauf des gemessenen Signals der defekten Schaltung, da Ausgangströme I_a von weniger als -40 mA im ersten Abschnitt bzw. mehr als 40 mA im zweiten Abschnitt nicht zu erwarten sind.

In Tabelle 7.1 sind die Ergebnisse der Diagnose mit Hilfe analoger Fehlersimulation für diesen ersten Defekt dargestellt. Unter den ersten 25 Kandidaten befinden sich unter anderem Kurzschlüsse zwischen Knoten 3 und Knoten 5 sowie Knoten 12 und Knoten 5, die als funktional äquivalent angesehen werden können, da sie einen Kurzschluss zwischen demselben Rückkopplungspfad mit der Ausgangsklemme modellieren. Ähnliches gilt für die Kurschlüsse zwischen Knoten 11 und Knoten 4 bzw. Knoten 16 und Knoten 4, wobei hier der Rückkopplungspfad zum invertierenen Eingang des Operationsverstärkers betroffen ist. Noch häufiger ist unter den ersten 25 Kandidaten eine Veränderung der Widerstandswerte des Widerstands R_2 bzw. des Widerstands R_{S_1} hin zu hohen elektrischen Widerständen (50 kΩ bis hin zu 1 MΩ) zu beobachten. Diese drei verschiedenen Fehlerorte werden ausgewählt, um sie näher mit der Diagnose mit Hilfe der Kennlinienmethode zu untersuchen.

Die entsprechenden Diagnosenetzwerke werden unter Verwendung der gemessenen Ausgangscharakteristik für Kanal 3 aus der Abbildung 7.3a konstruiert. Die Fehlercharakteristiken werden mit Hilfe von Kurvenverfolgungsalgorithmen ermittelt, da vermutet wird, dass die Diagnosenetzwerke mehrere Lösungen haben. Eine Analyse mit den Abschnitt 6.7 vorgestellten Prinzipien ergibt, dass die Diagnose mit Hilfe der Kennlinienmethode für Ausgangsspannungen U_a zwischen -1.5 V und -0.2 V durchgeführt werden sollte. Der Norator an den vermuteten Fehlerorten wird mit Hilfe einer Stromquelle überdeckt. Als Intervallgrenzen für den Noratorstrom werden -100 mA bzw. 100 mA festgelegt. Die maximale Schrittweite beträgt 10 μA.

Abbildung 7.4 zeigt jeweils eine der Fehlercharakteristiken (als Paar Noratorstrom, Noratorspannung mit dem Norator am vermuteten Fehlerort), die an den vermuteten Fehlerorten in Reihe mit Widerstand R_{S_1} bzw. zwischen Knoten 11 und Knoten 4 ermittelt werden konnten. Offenbar zeigt die Fehlercharakteristik für den Fehlerort in Reihe mit Widerstand R_{S_1} einen linearen Verlauf mit positivem Anstieg, die zudem durch den Urspung verläuft. Diese Fehlercharakteristik lässt sich als linearer ohmscher Widerstand interpretieren. Der Widerstandswert beträgt 385 kΩ und stellt damit eine hochohmige Unterbrechung des positiven Rückkopplungszweiges der parametrischen Messeinheit dar. Das Ergebnis der Diagnose mit Hilfe der Kennlinienmethode ist in Einklang mit dem tatsächlichen Defekt. Es lässt vermuten, dass am Schalter S_1 im ausgeschalteten Zustand Leckströme vorhanden sind, die eine ideale Isolation zwischen den beiden Klemmen verhindern.

Im zweiten Teil des Experiments wird angenommen, die parametrische Messeinheit befände sich im Betriebsmodus *spannungsgesteuerte Spannungsquelle*. Im fehlerfreien Netzwerk wird im Vergleich zum ersten Teil des Experimentes nur der Widerstand R_{S_1} auf den Wert 10 MΩ gesetzt, was die Unterbrechung des positiven Rückkopplungspfades modelliert. Als gemessenes Signal der defekten Schaltung wird nun die Ausgangskennlinie des Kanals 3 für den in Abbildung 7.3b dargestellten Betriebsmodus *spannungsgesteurte Stromquelle* herangezogen. Dieses gemessene Signal ist weniger prägnant als im ersten Teil des Experimentes, da es einen fast linearen Verlauf mit leichten negativem Anstieg besitzt und im betrachteten Intervall für Ausgangsspannungen U_a zwischen −4 V und 7 V fast parallel zur U_a-Achse verläuft. Es werden keine weiteren Intervallunterteilungen vorgenommen, jedoch gleichzeitig sowohl das Merkmal *globales Minimum* als auch das Merkmal *globales Maximum* herangezogen. Ein weiterer Versuch unter Verwendung des Merkmals *lineares Modell*, bei der mittels linearer Regression die Parameter *Anstieg* und *Verschiebung entlang der* I_a*-Achse* ermittelt werden bringt unter den ersten 25 Kandidaten nur geringfügige Veränderung, auf die Angabe der Tabelle wird daher verzichtet.

In Tabelle 7.2 sind die Ergebnisse der Diagnose mit Hilfe der analogen Fehlersimulation für diesen zweiten Teil des Experimentes dargestellt. Es ist ersichtlich, dass die Unterschiede in den Ähnlichkeiten der einzelnen Fehlern zu dem gemessenen Signal weitaus geringer ausfallen als im ersten Teil des Experimentes (tatsächlich besitzen die ersten 170 Fehler einen Grad der Ähnlichkeit von mehr als 0.97, die ersten 340 Fehler einen Ähnlichkeitsgrad von mehr als 0.8). Dennoch ist es lohnend, die beiden Kandidaten mit den höchsten Ähnlichkeitsgraden mit Hilfe der Kennlinienmethode näher zu untersuchen.

Dazu wird unter Verwendung der Ausgangskennlinie von Kanal 3 für den Betriebsmodus *spannungsgesteuerte Stromquelle* wie in Abbildung 7.3b dargestellt, ein Diagnosenetzwerk aus dem fehlerfreien Netzwerk des Betriebsmo-

Nr.	Fehler	s_1	s_2	$s_1 \cdot s_2$
1	F_02321_SHORT_11__16_00010	1	999.995E-03	999.995E-03
2	F_02316_SHORT_11__15_01000	1	999.991	999.990E-03
3	F_02296_SHORT_11__13_01000	999.976E-03	999.966E-03	999.942E-03
4	F_02366_SHORT_11__5_01000	999.997E-03	999.811E-03	999.808E-03
5	F_02546_SHORT_11__XU2_11_01000	999.306E-03	999.563E-03	998.869E-03
6	F_02686_SHORT_11__XU2_X1_8_01000	999.306E-03	999.560E-03	998.866E-03
7	F_02545_SHORT_11__XU2_11_00750	999.594E-03	999.199E-03	998.793E-03
8	F_02675_SHORT_11__XU2_X1_7_00750	999.593E-03	999.196E-03	998.790E-03
9	F_02544_SHORT_11__XU2_11_00500	999.806E-03	998.723E-03	998.529E-03
10	F_02674_SHORT_11__XU2_X1_7_00500	999.806E-03	998.720E-03	998.526E-03
11	F_02677_SHORT_11__XU2_X1_7_02000	999.927E-03	998.435E-03	998.362E-03
12	F_02687_SHORT_11__XU2_X1_8_02000	999.927E-03	998.435E-03	998.362E-03
13	F_02547_SHORT_11__XU2_11_02000	999.925E-03	998.434E-03	998.360E-03
14	F_02543_SHORT_11__XU2_11_00250	999.941E-03	998.135E-03	998.076E-03
15	F_05531_SHORT_15__XU2_X1_7_00010	999.983E-03	997.863E-03	997.846E-03
16	F_02542_SHORT_11__XU2_11_00100	999.985E-03	997.728E-03	997.713E-03
17	F_02682_SHORT_11__XU2_X1_8_00100	999.984E-03	997.725E-03	997.709E-03
18	F_01931_SHORT_10__XU2_X1_7_00010	999.891E-03	997.632E-03	997.523E-03
19	F_02541_SHORT_11__XU2_11_00010	999.997E-03	997.464E-03	997.461E-03
20	F_02671_SHORT_11__XU2_X1_7_00010	999.997E-03	997.461E-03	997.458E-03

Tabelle 7.2: Ausschnitt der Ergebnisse der Diagnose der Parametrischen Messeinheit im Betriebsmodus *spannungsgesteuerte Spannungsquelle*

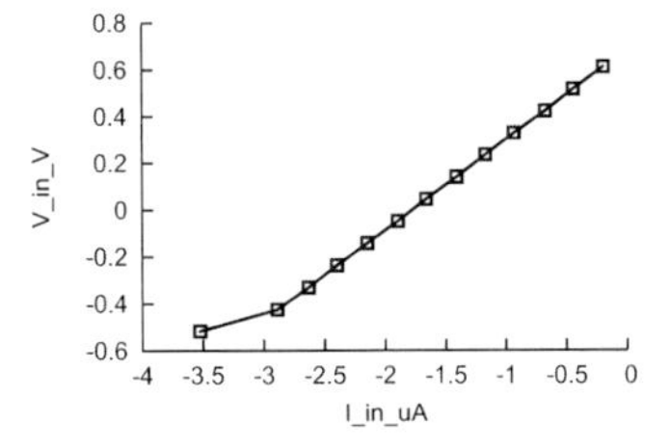

(a) Zwischen Knoten 11 und Knoten 15

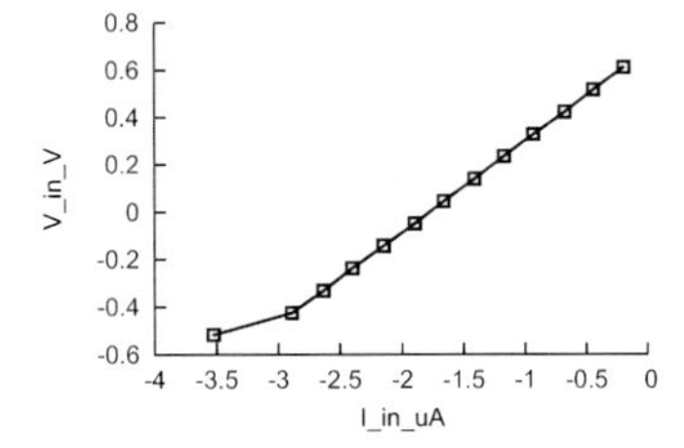

(b) Zwischen Knoten 11 und Knoten 16

Abbildung 7.5: Ausgewählte Fehlercharakteristiken der parametrischen Messeinheit im Betriebsmodus *spannungsgesteuerte Spannungsquelle*

dus *spannungsgesteuerte Spannungsquelle* konstruiert. Die Ausgangsspannung U_a wird dabei wie im ersten Teil des Experimentes für feste Werte aus dem Bereich $-1.8\,\mathrm{V}$ und $-0.2\,\mathrm{V}$ durchgeführt. Es werden folglich 17 Diagnosenetzwerke nach dem im Abschnitt 6.3.2 angegebenen Schema konstruiert, die zur Ermittlung der Fehlercharakteristik herangezogen werden. Abbildung 7.5 zeigt die Fehlercharakteristiken (dargestellt sind nur die technisch sinnvollen Fehlercharakteristiken, auch dieses Diagnosenetzwerk hat mehrere Lösungen) für die vermuteten Fehlerorte zwischen Knoten 11 und Knoten 15 bzw. zwischen Knoten 11 und Knoten 16. Die Noratoren sind in diesen Diagnosenetzwerken jeweils parallel zu den im fehlerfreien Netzwerk enthaltenen Widerständen R_{S_1} bzw. R_2 geschaltet. Für die zwei betrachteten Fehlerorte ergeben sich jeweils lineare Fehlercharakteristiken mit positivem Anstieg, die durch den Ursprung gehen. Als u, i-Relation eines Fehlers aufgefasst, handelt es sich um eine niederohmige, lineare Überbrückung zwischen zwei Knoten mit einem Widerstandswert von $3.25\,\Omega$. Ein Vergleich mit dem fehlerfreien Netzwerk der Schaltung im Betriebsmodus *spannungsgesteuerte Stromquelle* verdeutlicht die Genauigkeit, mit der der Fehler identifiziert werden konnte (im fehlerfreien Netzwerk beträgt der Widerständ $3.4\,\Omega$).

Im Experiment wurden die Stärken der Diagnose mit Hilfe der analogen Fehlersimulation erfolgreich mit den Stärken der Diagnose mit Hilfe der Kennlinienmethode kombiniert: Im ersten Schritt (Fehlersimulation) konnte eine große Anzahl an Fehlerorten als Kandidaten ausgeschlossen werden, und der zweite Schritt (Kennlinienmethode) erlaubte für einen reduzierten Satz an Fehlerkandidaten eine genauere Analyse des elektrischen Verhaltens der vermuteten Fehler.

8 Schlussfolgerungen

> Meine Texte sind
> Sequenzen von nicht
> gestrichenen Sätzen. Was
> übrig bleibt ist der Roman.
>
> *(Arnold Stadler)*

Im Verlauf der vorliegenden Arbeit konnte gezeigt werden, dass die Diagnose ein wesentlicher Bestandteil des Entwurfszyklus integrierter Schaltungen ist. Das betrifft sowohl frühe Phasen der Technologieentwicklung, als auch das Anfahren einer Massenproduktion und die Behandlung von Ausfällen bei Kunden bei eingefahrener Produktion. Es wurde dargelegt, dass vor allem die Geschwindigkeit, mit der die Ausbeute hochgefahren werden kann, maßgeblich die Profitabilität eines Produktes bestimmt. Aus diesem Grunde sind software-basierte Methoden und Verfahren zur Diagnose integrierter Schaltungen unumgänglich, um die hochqualifizierten Fachkräfte bei der Ermittlung der Ausfallursache zu unterstützen und damit zur Beschleunigung des Entwurfszyklus beizutragen. Ferner wurde dargelegt, dass integrierte Schaltungen einerseits dreidimensionale Objekte, die in einem komplexen Prozess schichtweise aufgebaut werden, andererseits jedoch auch Zusammenschaltungen von elektronischen Grundelementen sind, die sich mit Hilfe elektrischer Netzwerke modellieren lassen, und dass sich diese Beobachtungen auch auf den Fall eines lokalen Defektes in der Schaltung übertragen lassen. Diese Überlegungen führen zu der Schlussfolgerung, dass die Diagnose integrierter Schaltungen auf der Modellebene elektrischer Netzwerke erfolgen sollte. Gestützt wird diese Vorgehensweise durch die Tatsache, dass die rechnergestützte Analyse elektrischer Netzwerke eine ausgereifte Methode darstellt, für die es eine Reihe von leistungsfähigen Schaltungssimulatoren auf dem Markt gibt, und dass die Erstellung eines elektrischen Netzwerks für die Analyse mit Hilfe eines Schaltungssimulators ohnehin ein fester Bestandteil des Entwurfszyklus ist. Im Gegensatz zur Diagnose auf der Logik-Bit-Ebene ist eine realistischere Zuordnung von Fehlern innerhalb der Modellebene zu Defekten im Schaltkreis auf der Grundlage des elektrischen Verhaltens möglich. Insofern werden Defekte am realen Objekt adäquater auf die Modellebene elektrischer Netzwerke abgebildet als das bei den höheren Abstraktionsebenen möglich ist.

Innerhalb dieser Arbeit wurden ein *konstruktiver* Ansatz sowie ein Ansatz, der Prinzipien der Klassifikation von Zeitreihen und der Theorie unscharfer Mengen verwendet, zur Diagnose integrierter Schaltungen mit Hilfe von Schaltungssimulationen vorgestellt. Besonderes Augenmerk lag dabei auf der praktischen Anwendbarkeit der Verfahren, die durch verschiedene Beispiele mit Computerexperimenten sowie mit Messungen belegt werden konnten. Da sich beide Ansätze in ihrer Herangehensweise grundsätzlich unterscheiden, haben sie zum Teil einander entgegengesetze Vor- und Nachteile. Die jeweiligen Stärken lassen sich sinnvoll kombinieren und die gemeinsame Anwendung beider Verfahren auf ein Diagnoseproblem konnte erfolgreich demonstriert werden.

8.1 Grenzen der Diagnose mit Hilfe von Schaltungssimulation

Obwohl die in Abschnitt 5.3, Abschnitt 6.9 und Abschnitt 7.2 gebrachten Beispiele belegen, dass sich die Ursache von elektrischem Fehlerverhalten eines defekten integrierten Schaltkreises mit Hilfe der vorgestellten Verfahren ermitteln lassen, gibt es einige grundsätzliche Beschränkungen, die bei der Anwendung von Diagnoseverfahren unter Verwendung von Schaltungssimulation beachtet werden müssen.

Vielfach reicht es nicht aus, bis zu einem *elektrischen Modell des Fehlverhaltens* vorzudringen, stattdessen ist die *Ursache* gefragt, die ein solches elektrisches Verhalten an diesem bestimmten Ort bewirkt. Nicht immer ist der Zusammenhang so offensichtlich wie bei einer Unterbrechung einer Leiterbahn oder einem Kurzschluss zwischen benachbarten Leiterbahnen. Häufig sind es Schwächen im Herstellungsprozess, die in einer ganzen Reihe von Ursache-Wirkungs-Beziehungen letztlich das beobachtete elektrische Fehlerverhalten bewirken. Das können fehlerhafte Abfolgen einzelner Prozesschritte sein, die bewirken, dass eine ganze Gruppe von Transistoren ein völlig anderes elektrisches Verhalten aufweist als vorgesehen. Diese Art von Defekten ist schwer mit den vorgestellten Verfahren zu erfassen, weil sie die Annahme der *lokalen Begrenzung* von Defekten verletzt. Zieht man die Möglichkeit von solchen Defekten im Vorfeld der Diagnose in Betracht, lassen sich für die Diagnose mit Hilfe der analogen Fehlersimulation realistische Fehler definieren. Prinzipbedingt ist eine Diagnose dieser Defekte jedoch nicht mit der Diagnose mit Hilfe der Kennlinienmethode möglich. Grundsätzlich lässt sich festhalten, dass sich mit der Diagnose mit Hilfe der analogen Fehlersimulation nur diejenigen Defekte diagnostizieren lassen, deren Existenz man zumindest in Betracht zieht.

Der weitaus gravierendere Nachteil der Diagnose mit Hilfe von Schaltungssimulation ist jedoch der, dass ein eindeutig identifizierter Fehler, z. B. eine lineare resistive Verbindung zweier Knoten im Netzwerk mit einem geringen

Widerstand, nicht unbedingt vernünftige Rückschlüsse in Bezug auf die Geometrie des Defektes bzw. die Schwäche in der Technologie zulässt: Ein solcher Fehler muss nicht zwangsläufig eine Überbrückung zwischen zwei Leiterbahnen durch Metall oder Polysilizium als Ursache haben, sondern kann auch durch Leckströme am Rande einer MOS-Transistor-Struktur oder völlig andere Phänomene hervorgerufen werden.

Weiterhin sind gerade für diejenigen Technologie-Knoten, die sich gerade in der Entwicklung befinden, kaum zuverlässige Simulationsmodelle der Halbleiterbauelemente vorhanden, da sich elektrische Parameter unter Umständen fortwährend verändern. Zudem gibt es Halbleiterstrukturen, die schwierig zu modellieren sind, wie etwa nicht-flüchtige Speicherzellen oder Halbleiter, die auf organischen Substanzen basieren. Ferner sind Messungen nicht beliebig reproduzierbar, da die beobachteten Objekte mit der Zeit degradieren, Schankungen im Prozess bereits innerhalb eines Schaltkreises zu großen Abweichungen zwischen einzelnen Halbleiterbaulementen führen oder die zu Grunde liegenden physikalischen Prozesse stochastischer Natur sind. In solchen Fällen ist eine Übereinstimmung zwischen Simulation und Messung nur schwer zu erreichen. Ferner sind gerade bei integrierten Schaltungen nicht alle Knoten für Messungen zugänglich und häufig erlauben nur indirekte Messungen Aufschluss über das innere Verhalten einer Schaltung. Das gilt z. B. für die Reihenschaltung von einzelnen Speicherzellen in nicht-flüchtigen Speicher, so genannter *Strings*, wie sie in NAND-Flash-Schaltungen verwendet werden. Es lassen sich zwar die Spannungen messen, nicht jedoch die Ströme. Konkrete Aussagen über den Verlauf des Kanalpotenzials innerhalb des Strings lassen sich nicht messtechnisch ermitteln.

Dessen ungeachtet ist die Zahl der Schaltungsklassen, die mit den vorgeschlagenen Methoden behandelt werden können, groß genug, um eine Auseinandersetzung mit diesen Methoden zu rechtfertigen. Die gebrachten Beispiele belegen für eine Auswahl an nicht-trivialen Schaltungen, z. B. Verstärker, Spannungsreferenzen, gesteuerte Stromquellen aber auch industrielle Schaltungen wie Oszillatoren oder Scan-Flip-Flops, die Sinnhaftigkeit der vorgestellten Methoden.

8.2 Hardwarebeschreibungssprachen zur Diagnose unter Verwendung von Schaltungssimulation

Die in dieser Arbeit gebrachten Beispiele zur Diagnose integrierter Schaltungen wurden mit Schaltungssimulatoren bearbeitet, deren primäre Eingabesprache *Spice*oder ein herstellerabhängiges Derivat ist. In den vergangenen Jahren ist ein Paradigmenwechsel beim Entwurf integrierter Analog- und Mixed-Signalschaltungen zu beobachten, der im Zuge einer weiteren Angleichung und besserer Interaktion mit dem Entwurfsfluss von digitalen Schaltungen eine Verwendung von so genannten Hardwarebeschreibungssprachen (engl.:*hardware description language* HDL) in den Vordergrund stellt. Als Beispiele seien VerilogA, VHDL-AMS, SystemC-AMS genannt. Eingabesprachen für Schaltungssimulationen wie *Spice*und seine Derivate sind syntaktisch darauf festgelegt, elektrische Netzwerke als Repräsentation von Graphen in Textform (Knoten, Zweige) darzustellen bzw. Simulationsanweisungen bereitzustellen. Mit fortschreitender Entwicklung kamen Möglichkeiten zur hierarchischen Kapselung von Entwurfsobjekten (Unternetzwerke) und verfeinerte Steuerung von Simulationsläufen (Ausgabe von Werten für elektrische Größen des Netzwerks unter gewissen von anderen Zweiggrößen abhängigen Bedingungen) hinzu. Dennoch eint alle Abkömmlinge von *Spice*, dass das eingegebene Netzwerk nach der Methode der modifizierten Knotenspannungsanalyse in eine Matrixform überführt wird. Aus diesem Grunde lassen sich nur Netzwerke beschreiben, die genauso viele Gleichungen wie Unbekannte aufweisen mit den in Kapitel 2 diskutierten Einschränkungen für die Verwendung von Noratoren und Nullatoren in Netzwerken.

Diese syntaktischen Einschränkungen sind bei den modernen HDL aufgehoben. Ferner erlauben diese ein weitaus größere Freiheit bei der Beschreibung von analogen oder Mixed-Signal-Schaltungen: Statt nur eine Zusammenschaltung von einzelnen elementaren Netzwerken oder größeren Unternetzwerken, die am Ende mit Hilfe der modifizierten Knotenspannungsanalyse in eine Matrixbeschreibung eines elektrischen Netzwerks überführt werden, zu ermöglichen, können ganze Schaltungsblöcke mit Hilfe von *Verhaltensgleichungen* funktional beschrieben werden. Dies unterstützt die Verwendung eines Top-Down-Entwurfsflusses, bei dem zunächst grob die Architektur der Gesamtschaltung definiert wird, deren Verhalten mit einfachen funktionalen Zusammenhängen beschrieben wird, um anschließend die einzelnen Funktionsblöcke immer weiter zu verfeinern, bis letztendlich das Abstraktionslevel einer Transistorschaltung erreicht ist. Auf diese Art und Weise erhält man von der Spezifikation an bis zum Layout eine durchgehend simulierbare Beschreibung der Schaltung, was für den Entwurf und die Testentwicklung enorme Vorteile bringt. Bereits in den frühen Entwurfsphasen lässt sich das Zusammenspiel einzelner Komponenten evaluieren.

Für die Diagnose integrierter Schaltungen unter Verwendung von Schaltungssimulationen bringen die zusätzlichen Möglichkeiten der Hardwarebeschreibungssprachen sowohl Vor- als auch Nachteile mit sich. Auf der einen Seite haben die in dieser Arbeit vorgestellten Methoden und Sichtweise auf die Diagnose integrierter Schaltungen nur ihren Sinn, wenn sie sich auf elektrische Netzwerke in der Form beziehen, dass die u, i-Relation einzelner Zweige oder kleinere Unternetzwerke einen direkten Bezug zur tatsächlichen Schaltung haben. Der Ausgangspunkt der Betrachtungen war gerade, dass sich integrierte Schaltkreise als Zusammenschaltung von einzelnen, physisch voneinander getrennten Halbleiterbauelementen auffassen lassen. Es wurde angenommen, dass sich diese einzelnen Objekte auch getrennt voneinander modellieren lassen und somit eine eindeutige Abbildung von einzelnen Netzwerkelementen oder Unternetzwerken auf Layoutstrukturen existiert. Insofern erfordert die Diagnose integrierter Schaltungen unter Verwendung von Schaltungssimulatoren eine gewisse Fein-Granularität der Beschreibung des elektrischen Verhaltens der Schaltung. Die in dieser Arbeit vorgestellten Methoden zur Diagnose können ohne weiteres auf Simulatoren mit Hardwarebeschreibungssprachen als Eingabesprachen übertragen werden, sofern die betrachtete Schaltung als ein elektrisches Netzwerk beschrieben wird. Die Manipulation der Netzlisten und das Injizieren von Fehlern reduziert sich dann auf eine Abbildung der syntaktischen Mittel von *Spice*auf die der jeweils verwendeten Hardware-Beschreibungssprache. Eine Beschreibung von ganzen Schaltungsblöcken mit Hilfe weniger funktionaler Verhaltensgleichungen lässt keine sinnvolle Diagnose zu, da die eineindeutige Abbildung zu den geometrischen Strukturen auf dem gefertigten Chip verloren geht und das Injizieren von Fehlern unter diesen Umständen wenig sinnvoll ist.

Die Vorteile der Verwendung von Hardwarebeschreibungssprachen wie VerilogA, VHDL-AMS oder SystemC-AMS werden insbesondere bei der Diagnose mit Hilfe der Kennlinienmethode sofort offensichtlich, wenn man sich die Möglichkeiten der Beschreibung von Netzwerken mit mehr Unbekannten als Gleichungen vor Augen hält. Auf diese Weise erhält man sofort und in konsistenter Form eine Möglichkeit, die in Abschnitt 6.1 eingeführten Diagnosenetzwerke direkt umzusetzen, ohne spezielle Simulationsanweisungen anzuwenden oder auf die explizite Verwendung von Nullator, Norator oder Nullor zurückgreifen zu müssen. Dennoch muss der eigentliche Simulatorkern in der Lage sein, diese Form von unterbestimmten Gleichungssystemen zu lösen. Die im Abschnitt 6.3.1 und Abschnitt 6.3.2 diskutierten Implementierungs-Details bleiben von der Eingabesprache also unberührt[1].

8.3 Ausblick

Obwohl insbesondere die Diagnose mit Hilfe der analogen Fehlersimulation eine praktische Anwendbarkeit auch im industriellen Umfeld unter Beweis gestellt hat, gibt es eine Reihe von noch offenen Fragestellungen. Ein wesentlicher Punkt ist das Aufstellen eines Katalogs, der *typische* Signalverläufe mit

[1] Die Syntax der Implementierung der vorgestellten Methoden ist jedoch bei der Verwendung von Hardwarebeschreibungssprachen konsistenter.

dafür besonders geeigneten Merkmalen bzw. Vorschriften zur Dimensionsreduktion aufführt. Ein solcher Katalog lässt sich nur erarbeiten, wenn eine ausreichende Datenbasis für die Erstellung vorhanden ist. Dafür müsste die vorgeschlagene Vorgehensweise zur Diagnose mit Hilfe der analogen Fehlersimulation auf weitere industrielle Schaltungen und gegebenenfalls auf bislang nicht berücksichtigte Schaltungsklassen angewandt werden.

Ferner erfolgt sowohl die Auswahl von Merkmalen als auch die Unterteilung des Signals in unterschiedliche Abschnitt in der aktuellen Fassung manuell. Das bedeutet, dass der Nutzer den gemessenen Signalverlauf der defekten Schaltung als Referenz betrachtet und anhand dieses Signalverlaufs die Einteilung in zeitliche Abschnitte vornimmt. Die Auswahl der Berechnungsvorschriften zur Dimensionsreduktion und insbesondere welche Koeffizienten verwendet werden sollen, obliegen ebenfalls dem Nutzer. Es existieren jedoch Methoden zur automatischen Dimensionsreduktion z. B. [Hua03], die auf gewisse gemessene Signalverläufe angewandt werden könnten.

Insbesondere die in Abschnitt 5.2 vorgestellte manuelle Vorgehensweise zur Unterteilung des Signals in Zeitabschnitte ließe sich auch automatisieren. Die Aufgabe ein gewisses Signal stückweise konstant bzw. stückweise linear zu approximieren, lässt sich als ein Optimierungsproblem formulieren, das mit etablierten Standardverfahren gelöst werden könnte. Auf diese Art und Weise könnte der Computer einen sinnvollen Vorschlag für eine Einteilung in Zeitabschnitte machen, die der Benutzer gegebenenfalls noch korrigiert.

Die bislang implementierten Algorithmen zur automatischen Erzeugung von Fehlerlisten stützen sich auf eine reine Textverarbeitung von Netzlisten im *Spice*-Format (Abschnitt 5.1.1). Damit ist zwar eindeutig das zur Schaltung gehörende elektrische Netzwerk beschrieben, jedoch können keine Spezifika des Layouts der Schaltung berücksichtigt werden, da keinerlei Informationen darüber hinterlegt sind, wie genau Leitungen auf dem Chip verlaufen, welche Leitungen benachbart sind und damit ein Kurzschluss zwischen beiden möglich wäre. Andererseits können bei dieser Form der Erstellung von Fehlerlisten auch Unterbrechungen von Zweigen angenommen werden, obwohl im Layout der Schaltung zwei oder mehrere Leitungen zu den entsprechenden Knoten führen (und damit eine Unterbrechung extrem unwahrscheinlich wird). Einige Heuristiken, wie z. B. , dass die *parasitäre* Kapazität zwischen eng benachbarten Leitungen deutlich größer ist als zwischen weit entfernten Leitungen, liefern in Verbindung mit Daten aus der Post-Layout-Extraktion Aufschluss über realistische Fehlerannahmen. Dennoch erscheint eine strukturierte rechentechnische Zusammenführung der unterschiedlichen Daten, die Geometrie und Topologie der Schaltung beschreiben, als sinnvoll. Es gibt bereits Ansätze, verschiedenste Informationsquellen, die im Verlauf des Entwurfs- bzw. Herstellungsprozess entstehen, mit Hilfe von Datenbanken und logischen Programmiersprachen (z. B. PROLOG) aufzubereiten, um z. B. alle Zweige und Knoten des Netzwerks ausgeben zu lassen, die einen gewissen Pfad im Layout einer Schaltung modellieren[2].

Die Diagnose mit Hilfe der Kennlinienmethode stellt einen völlig neuartigen Zugang zur Diagnose integrierter Schaltungen dar. Im Gegensatz zur Diagnose mit Hilfe analoger Fehlersimulation sind die an der defekten Schaltung tatsächlich gemessenen Daten ein inherenter Bestandteil des elektrischen Netzwerks, das unter Verwendung von Schaltungssimulationen analysiert wird (vgl. Abschnitt 6.1 und Abschnitt 6.2). Dieser Ansatz zur Diagnose bietet einerseits völlig neue Möglichkeiten dadurch, dass die (i.a. nichtlineare) u, i-Relation am vermuteten Fehlerort ermittelt werden kann. Andererseits macht es dieses Verfahren auch anfällig gegenüber Messungenauigkeiten und Abweichungen von Parameterwerten der verwendeten Modelle für die einzelenen Halbleiterbauelemente der defekten Schaltung. Welche Abweichung zwischen simulierten und gemessenem Signal noch tolerabel ist, muss aufgrund des inherent nichtlinearen Charakters der meisten integrierten Schaltungen von Fall zu Fall neu analysiert werden (vgl. Abschnitt 6.6). Die im Abschnitt 6.9 gebrachten Beispiele demonstrieren jedoch, dass eine akzeptable Genauigkeit der Diagnose auch an realen Schaltungen erreicht werden kann.

Die in dieser Arbeit vorgestellte Vorgehensweise zur Diagnose integrierter Schaltungen mit Hilfe der Kennlinienmethode beschränkt sich auf die Analyse nichtlinearer resistiver Netzwerke. Desweiteren wird nur die Diagnose von Defekten beschrieben, die sich als Zweipole modellieren lassen. Grundsätzlich erlaubt die zu Grunde liegende Theorie resistiver Netzwerke auch die Verallgemeinerung auf mehrpolige Fehler, jedoch erhöht sich damit die Anzahl der Freiheitsgrade für die Lösung der Netzwerkgleichungen der Diagnosenetzwerke, was die Nachbearbeitung der Simulationsdaten aufwendiger und die Ergebnisse unter Umständen schlechter interpretierbar macht.

Eine wesentliche Verbesserung der Diagnose mit Hilfe der Kennlinienmethode würde die Erweiterung der Methode auf die Verwendung von dynamischen Netzwerken darstellen. Damit ließen sich die meisten praktisch relevanten integrierten Schaltungen bearbeiten. Allerdings steigt die Anfälligkeit gegenüber Messungenauigkeiten und Schwankungen der Parameterwerte der verwendeten Modelle dann noch weiter, da im Falle einer transienten Simulation nicht mehr nur die Abweichungen der Spannungs- und Stromwerte, sondern auch die der Zeitpunkte das Ergebnis verfälschen. Die in Standard-Schaltungssimulatoren implementierten Algorithmen lassen eine sinnvolle Anwendung auf reale Schal-

[2]Es ist gängige Praxis, eine Extraktion parasitärer Bauelemente vorzunehmen, d. h., eine Verdrahtung zwischen Klemme A des Bauelements X mit Klemme B des Bauelements Y wird nicht als eine ideale Verbindung zwischen zwei Netzwerkknoten angesehen, sondern als eine Kette von Widerständen und Kapazitäten modelliert. Aus Sicht der Diagnose ist es interessant welche Elemente in einem gegebenen Netzwerk zusammen denselben Pfad im Layout der Schaltung abbilden.

tungen im Moment noch nicht zu.

Bislang ist die Diagnose mit Hilfe der Kennlinienmethode als eine Sammlung von Skripten implementiert, welche unter Ausnutzung von gewissen Test- und Debug-Informationen eines Schaltungssimulators, die Steuerung und Nachbearbeitung der Simulationsdaten durchführen. Eine stärkere Integration des Verfahrens in den Simulatorkern würde eine deutliche Verbesserung im Datendurchsatz und der Abarbeitungsgeschwindigkeit ermöglichen. Die meisten kommerziellen Hersteller sind jedoch sehr zurückhaltend beim Zugänglichmachen von Interna der Simulatoren, so dass eine Verbesserung der Methode nur möglich wäre, wenn ein eigenständiger Simulator entwickelt werden würde. Mit Hinblick auf die praktische Anwendbarkeit des Verfahrens ist jedoch die Verwendung von Werkzeugen, die im kommerziellen Schaltungsentwurf zum Einsatz kommen, einer von Grund auf neu gestalteten Eigenentwicklung vorzuziehen.

Literaturverzeichnis

[ABF90] Abramovici, Miron ; Breuer, Melvin A. ; Friedman, Arthur D.: *Digital Systems Testing and Testable Design*. 1. Auflage. Computer Science Press, 1990

[ACFM02] Alippi, C. ; Catelani, M. ; Fort, A. ; Mugnaini, M.: SBT soft fault diagnosis in analog electronic circuits: a sensitivity-based approach by randomized algorithms. In: *IEEE Transactions on Instrumentation and Measurement* 51 (2002), Nr. 5, S. 1116–1125. – ISSN 0018–9456

[AF86] Abraham, J. A. ; Fuchs, W. K.: Fault and error models for VLSI. In: *Proceedings of the IEEE* 74 (1986), Mai, Nr. 5, S. 639–654. – ISSN 0018–9219

[AK90] Allgower, Eugene L. ; Kurt, Georg: *Numerical Continuation Methods*. 1. Springer, 1990

[Ana02] Analog Devices (Hrsg.): *Low Noise, Matched Dual Monolithic Transistor MAT02*. 1. One Technology Way, P.O. Box 9106, Norwood, MA 02062-9106, U.S.A.: Analog Devices, 2002

[Aug05] Augusto, José António S.: Selection of Diagnosis Variables for Single Fault Diagnosis in Linear Circuits. In: *10th European Test Symposium* (2005), May, S. 34–38

[BC94] Berndt, D. ; Clifford, J.: Using dynamic time warping to find patterns in time series. In: *Workshop on Knowledge Discovery in Data Bases*, 1994, S. 229–248

[Ber96] Berglund, C. N.: A Unified Yield Model Incorporating Both Spot Defects and Parametric Effects. In: *Transactions on the Semiconductor Manufacturing* 9 (1996), August, Nr. 3, S. 447–454

[Beu94] Beutelspacher, Albrecht: *Lineare Algebra*. 1. Auflage. Vieweg Lehrbuch Mathematik, 1994

[BF98] Boppana, V. ; Fuchs, I. K.: Dynamic fault collapsing and diagnostic test pattern generation for sequential circuits. In: *Computer-Aided Design, 1998. ICCAD 98. Digest of Technical Papers. 1998 IEEE/ACM International Conference on*, 1998, S. 147–154

[BS85] Bandler, J.W. ; Salama, A.E.: Fault Diagnosis of Analog Circuits. In: *Proceedings of the IEEE* 73 (1985), Nr. 8, S. 1279–1325. – ISSN 0018–9219

[Can85] Candy, James V.: *Signal Processing: Model Based Approach*. 1. Mcgraw-Hill College, 1985

[CC99] Chakrabarti, S. ; Chatterjee, A.: Compact fault dictionary construction for efficient isolation of faults in analog and mixed-signal circuits. In: *Advanced Research in VLSI, 1999. Proceedings. 20th Anniversary Conference on*, 1999, S. 327–341

[CDK87] Chua, L. O. ; Desoer, C. A. ; Kuh, E. S.: *Linear and Nonlinear Circuits*. 1. McGraw/Hill, 1987 (In Electrical Engineering)

[CF02] Catelani, M. ; Fort, A.: Soft fault detection and isolation in analog circuits: some resultsand a comparison between a fuzzy approach and radial basis function networks. In: *IEEE Transactions on Instrumentation and Measurement* 51 (2002), Nr. 2, S. 196–202. – ISSN 0018–9456

[Chu69] Chua, Leon O.: *Introduction to Nonlinear Network Theory*. 1. Auflage. McGraw-Hill Book Company, 1969 (McGraw-Hill Series in Electronic Systems)

[Cla04] Claus, Martin: *Verfahren zur Analyse nichtlinearer resistiver Netzwerke*, Technische Universität Dresden, Diplomarbeit, 2004

[Cla05] Claus, M.: Geometrical analysis of two-transistor circuits with more than three operating points. In: *Circuit Theory and Design, 2005. Proceedings of the 2005 European Conference on* Bd. 3, 2005, S. III/47–III/50vol.3

[CM92] Carriere, R. ; Moses, R. L.: High resolution radar target modeling using a modified Pronyestimator. In: *IEEE Transactions on Antennas and Propagation* 40 (1992), Januar, Nr. 1, S. 13–18. `http://dx.doi.org/10.1109/8.123348`. – DOI 10.1109/8.123348. – ISSN 0018–926X

[Cun90] CUNNINGHAM, J. A.: The use and evaluation of yield models in integrated circuit manufacturing. In: *IEEE Transactions on Semiconductor Manufacturing* 3 (1990), Mai, Nr. 2, S. 60–71. `http://dx.doi.org/10.1109/66.53188`. – DOI 10.1109/66.53188. – ISSN 0894–6507

[Die00] DIESTEL, Reinhard: *Graphentheorie*. 2. Auflage. Springer, 2000

[DR79] DUHAMEL, P. ; RAULT, J.: Automatic test generation techniques for analog circuits and systems: A review. In: *IEEE Transactions on Circuits and Systems* 26 (1979), Juli, Nr. 7, S. 411–440. – ISSN 0098–4094

[EPRB06] ENGELKE, Piet ; POLIAN, Ilia ; RENOVELL, Michel ; BECKER, Bernd: Automatic Test Pattern Generation for Resistive Bridging Faults. In: *Journal of Electronic Testing* 22 (2006), Nr. 1

[FGK98] FARCHY, S. ; GADJEVA, E. ; KOUYOUMDJIEV, T.: Fault identification in analog-discrete circuits using general-purpose analysis programs. In: *Electronics, Circuits and Systems, 1998 IEEE International Conference on* Bd. 1, 1998, S. 495–498

[FMH+06] FAN, Xinyue ; MOORE, W. ; HORA, C. ; KONIJNENBURG, M. ; GRONTHOUD, G.: A gate-level method for transistor-level bridging fault diagnosis. In: *VLSI Test Symposium, 2006. Proceedings. 24th IEEE*, 2006, S. 6 pp.

[Gau94] GAUŠ, Eugen: *Walsh-Funktionen für Ingenieure und Naturwissenschaftler*. 1. Teubner, 1994 (Teubner-Studienbücher : Mathematik)

[GL83] GOLUB, G. H. ; LOAN, C. F.: *Matrix Computations*. 1. Baltimore : The John Hopkins University Press, 1983

[GR94] GADZHEVA, E.D. ; RAYKOVSKA, L.H.: Nullator-norator approach for diagnosis and fault prediction in analog circuits. In: *International Symposium on Circuits and Systems* Bd. 5, 1994, S. 53–56

[GV06] GUO, Ruifeng ; VENKATARAMAN, S.: An algorithmic technique for diagnosis of faulty scan chains. In: *IEEE Transactions on Computer-Aided Design of Integrated Circuits and Systems* 25 (2006), September, Nr. 9, S. 1861–1868. `http://dx.doi.org/10.1109/TCAD.2005.858267`. – DOI 10.1109/TCAD.2005.858267. – ISSN 0278–0070

[HBPF97] HARTANTO, I. ; BOPPANA, V. ; PATEL, J. H. ; FUCHS, W. K.: Diagnostic test pattern generation for sequential circuits. In: *VLSI Test Symposium, 1997., 15th IEEE*, 1997, S. 196–202

[Hop08] HOPSCH, Fabian: *Verfahren zur simulationsbasierten Fehlerdiagnose integrierter Schaltungen*, Brandenburgische Technische Universität Cottbus, Diplomarbeit, 2008

[HPU03] HAASE, J. ; PÖNISCH, G. ; UHLE, M.: Multiple DC solution determination using VHDL-AMS. In: *Behavioral Modeling and Simulation, 2003. BMAS 2003. Proceedings of the 2003 International Workshop on*, 2003, S. 107–112

[HR85] HAASE, Joachim ; REIBIGER, Albrecht: Verallgemeinerungen und Anwendungen des Substitutionstheorems der Netzwerktheorie. In: *Wissenschaftliche Zeitschrift der Technischen Universität Dresden* 34 (1985), Nr. 4, S. 125–129

[HRB75] HO, Chung-Wen ; RUEHLI, A. ; BRENNAN, P.: The modified nodal approach to network analysis. In: *IEEE Transactions on Circuits and Systems* 22 (1975), Juni, Nr. 6, S. 504–509. – ISSN 0098–4094

[Hua03] HUANG, S. H.: Dimensionality reduction in automatic knowledge acquisition: a simple greedy search approach. In: *IEEE Transactions on Knowledge and Data Engineering* 15 (2003), November/Dezember, Nr. 6, S. 1364–1373. `http://dx.doi.org/10.1109/TKDE.2003.1245278`. – DOI 10.1109/TKDE.2003.1245278. – ISSN 1041–4347

[Inf07] INFINEON AG (Hrsg.): *TITAN Users Manual*. 7.3b. München: Infineon AG, November 2007

[ITR06] INTERNATIONAL ROADMAP COMMITEE (Hrsg.): *International Technology Roadmap for Semiconductors – 2006 Update*. 2006

[Jän96] JÄNICH, Klaus: *Lineare Algebra*. 6. Auflage. Springer, 1996

[JF92] JENKINS, K. A. ; FRANCH, R. L.: Measurement of VLSI power supply current by electron-beam probing. In: *IEEE Journal of Solid-State Circuits* 27 (1992), Juni, Nr. 6, S. 948–950. – ISSN 0018–9200

[JKP94] JOHN, George H. ; KOHAVI, Ron ; PFLEGER, Karl: Irrelevant features and the subset selection problem. In: *International Conference on Machine Learning, Proceedings of the*, 1994, S. 121–129

[Joh03] JOHNSON, Howard W.: *High Speed Signal Propagation: Advanced Black Magic.* 1. Auflage. Englewood Cliffs, N.J. : Prentice Hall, 2003

[KAB+97] KAMINSKA, B. ; ARABI, K. ; BELL, I. ; GOTETI, P. ; HUERTAS, J. L. ; KIM, B. ; RUEDA, A. ; SOMA, M.: Analog and mixed-signal benchmark circuits-first release. In: *Test Conference, 1997. Proceedings., International.* Washington, DC, USA, November 1997. – ISSN 1089–3539, S. 183–190

[Kau68] KAUTZ, William H.: Fault Testing and Diagnosis in Combinational Digital Circuits. In: *IEEE Transactions on Computers* (1968), April, S. 352–366

[Keo02] KEOGH, E: Exact indexing of dynamic time warping. In: *International Conferencen on Very Large Data Bases, Proceedings of the*, 2002, S. 406–417

[Keo03] KEOGH, Eamonn: *Data Mining and Machine Learning in Time Series Databases.* 2003. – Tutorial at European Conference on Machine Learning

[Keo07] KEOGH, Eamonn: Mining Shape and Time Series Databases with Szmbolic Representations. In: *SIGKDD, Proceedings of the*, 2007

[KMR04] KÜPFMÜLLER, Karl ; MATHIS, Wolfgang ; REIBIGER, Albrecht: *Theoretische Elektrotechnik.* 16. Berlin : Springer, 2004

[KS77] KUMMER, Bernd ; STRAUBE, Bernd: Eine Einführung in die Theorie unscharfer Mengen. In: *Wissenschaftliche Zeitschrift der Technischen Universität Dresden* 26 (1977), Nr. 2, S. 363–369

[KT97] KASH, J. A. ; TSANG, J. C.: Dynamic internal testing of CMOS circuits using hot luminescence. In: *IEEE Electron Device Letters* 18 (1997), Juli, Nr. 7, S. 330–332. – ISSN 0741–3106

[Kun95] KUNDERT, Kenneth S.: *The Designer's Guide to Spice and Spectre.* Kluwer Academic Press, 1995

[LRA90] LEVITT, M. E. ; ROY, K. ; ABRAHAM, J. A.: BiCMOS fault models: is stuck-at adequate? In: *Computer Design: VLSI in Computers and Processors, 1990. ICCD '90. Proceedings., 1990 IEEE International Conference on.* Cambridge, MA, USA, September 1990, S. 294–297

[LW07] Li, Junkui ; Wang, Yuanzhen: EA DTW: Early Abandon to Accelerate Exactly Warping Matching of Time Series. In: *International Conference on Intelligent Systems and Knowledge Engineering*, Atlantis Press, 2007 (Advances in Intelligent Systems Research)

[Mar99] Martin, Perry L.: *Electronic Failure Analysis Handbook*. 1. Auflage. McGraw-Hill, 1999 (McGraw-Hill Handbooks)

[Moo65] Moore, Gordon E.: Cramming more components onto integrated circuits. In: *Electronics* 38 (1965), April, Nr. 8

[MZI05] Maidon, Yvan ; Zimmer, Thomas ; Ivanov, André: An Analog Circuit Fault Characterization Methodology. In: *Journal of Electronic Testing* 21 (2005), April, Nr. 2, S. 127–134. – ISSN 0923–8174

[Nas98] Nassif, S. R.: Within-chip variability analysis. In: *Electron Devices Meeting, 1998. IEDM '98 Technical Digest., International*, 1998, S. 283–286

[Nat79] National Semiconductor (Hrsg.): *Super Matched Bipolar Transistor Pair Sets New Standards for Drift and Noise*. 1. Auflage. National Semiconductor: National Semiconductor, 1979. – Application note AN-222

[Ogr94] Ogrodzki, Jan: *Circuit Simulation Methods And Algorithms*. CRC press, 1994

[OSB04] Oppenheim, Alan V. ; Schafer, Ronald W. ; Buck, John R.: *Zeitdiskrete Signalverarbeitung*. Pearson Studium, 2004

[Pö06] Pöschel, Reinhard: *Vorlesungsmitschriften Lineare Algebra und Analytische Geometrie*. 2006. – TU Dresden

[PR97] Pomeranz, Irith ; Reddy, Sudhakar M.: On Dictionary-Based Fault Location in Digital Logic Circuits. In: *IEEE Transactions on Computers* 46 (1997), Nr. 1, S. 48–59. – ISSN 0018–9340

[PTVF03] Press, William H. ; Teukolsky, Saul A. ; Vetterling, William T. ; Flannery, Brian P.: *Numerical Recipes in C++: The Art of Scientific Programming*. 2. Auflage. Cambridge University Press, 2003

[QNPSV93] Quarles, T. ; Newton, A. ; Pederson, D. ; Sangiovanni-Vincentelli, A ; Department of Electrical Engineering and Computer Sciences (Hrsg.): *SPICE3 Version 3f3 User s Manual*. University of California Berkeley: Department of Electrical Engineering and Computer Sciences, 1993

[Rei94] Reibiger, Albrecht: *Netzwerktheorie und Numerische Verfahren zur Netzwerkanalyse*. 1994. – Vorlesungsskript

[Rei03a] Reibiger, Albrecht: Networks, Decomposition and Interconnection of Networks. In: *Proceedings of the XII International Symposium on Theoretical Electrical Engineering, ISTET'03*, 2003

[Rei03b] Reibiger, Albrecht: Terminal Behaviour of Networks, Multipoles and Multiports. In: *Vienna International Conference on Mathematical Modelling*, 2003, S. 169–191

[Rei07a] Persönliches Gespräch mit Albrecht Reibiger am 01.10.2007

[Rei07b] Reibiger, Albrecht: Auxialliary branch method and modified nodal voltage equations. In: *Kleinheubacher Tagung, Tagungsband*, 2007, S. 1–7

[Rei08] Reibiger, Albrecht: *Ein geometrischer Beweis der Sätze von der Ersatzspannungs- und Ersatzstromquelle*. 2008. – Skizze für eine Veröffentlichung

[RLN07] Reibiger, Albrecht ; Loose, H. ; Nähring, Tobias: *Multidimensional Networks*. 2007. – Submitted to Elsevier Preprints

[RMNT03] Reibiger, A. ; Mathis, W. ; Nähring, T. ; Traijkovic, Lj.: Mathematical Foundations of the TC-Method for Computing Multiple DC-Operating Points. In: *Int. Journal of Applied Electromagnetics and Mechanics* Bd. 17, 2003, S. 169–191

[RN03] Russel, Stuart ; Norvig, Peter: *Artificial Intelligence – A Modern Approach*. Second edition. Pearson Education International, 2003

[RS76] Reinschke, Kurt ; Schwarz, Peter: *Verfahren zur rechnergestützten Analyse linearer Netzwerke*. Akademie Verlag, 1976

[RS87] *Kapitel* Empfindlichliet dynamischer Systeme. In: Reinschke, Kurt ; Schwarz, Peter: *Taschenbuch Elektrotechnik*. Bd. 2. 3. Verlag Technik Berlin, 1987, S. 874–916

[SA95] SACHDEV, M. ; ATZEMA, B.: Industrial relevance of analog IFA: a fact or a fiction. In: *Test Conference, 1995. Proceedings., International*, 1995, S. 61–70

[SAS83] STAPPER, C. H. ; ARMSTRONG, F. M. ; SAJI, K.: Integrated circuit yield statistics. In: *Proceedings of the IEEE* 71 (1983), April, Nr. 4, S. 453–470. – ISSN 0018–9219

[SH04] SEGURA, Jaume ; HAWKINS, Charles F.: *CMOS Electronics – How It Works, How It Fails*. IEEE Press, 2004

[SLV04] STRAUBE, Bernd ; LINDIG, Michael ; VERMEIREN, Wolfgang: *Analouge Fault Simulator aFSIM*, August 2004. – User's Manual

[SMF85] SHEN, J.P. ; MALY, W. ; FERGUSON, F.J.: Inductive Fault Analysis of MOS Integrated Circuits. In: *IEEE Design and Test of Computers* 12 (1985), December, Nr. 2, S. 13–26

[SMV+00] STRAUBE, Bernd ; MÜLLER, Bert ; VERMEIREN, Wolfgang ; HOFFMANN, Christian ; SATTLER, Sebastian: Analogue Fault Simulation by aFSIM. In: *DATE 2000, Proceedings of the*, 2000, S. 205–210

[SSVV81] SAEKS, R. ; SANGIOVANNI-VINCENTELLI, A. ; VISVANATHAN, V.: Diagnosability of nonlinear circuits and systems-Part II: Dynamical systems. In: *IEEE Transactions on Circuits and Systems* 28 (1981), Nr. 11, S. 1103–1108. – ISSN 0098–4094

[Str03] STRAUBE, Bernd: *Vorlesungsmitschriften Logiksimulation und Test*. 2003. – TU Dresden

[Str07] Persönliches Gespräch mit Bernd Straube am 01.12.2007

[SV02] STRAUBE, Bernd ; VERMEIREN, Wolfgang: A Nullator-Norator-based Analogue Circuit DC-Test Generation Approach. In: *8th IEEE International Mixed-Signal Testing Workshop, Informal Digest, IMSTW'02*, 2002, S. 133–136

[SVAS01] STRAUBE, Bernd ; VERMEIREN, Wolfgang ; ALBUSTANI, Hassan ; SPENKE, V: Multi-level hierarchical analogue fault simulation with aFSIM. In: *7th IEEE International Mixed-Signal Testing Workshop, Proceedings of the*, 2001

[SVC+06] STRAUBE, B. ; VERMEIREN, W. ; COYM, T. ; LINDIG, M. ; GROBELNY, L. ; LERCH, A.: Fault Diagnosis of Analog Integrated Circuits Using an Analog Fault Simulator. In: *12th IEEE International Mixed Signal Testing Workshop, Informal Digest, IMSTW'06*, 2006, S. 34–38

[Tad92] TADEUSIEWICZ, M.: A method for finding bounds on all the dc solutions of transistor circuits. In: *IEEE Transactions on Circuit and Systems I* 39 (1992), July, Nr. 7

[Tex97] TEXAS INSTRUMENTS/BURR BROWN (Hrsg.): *Precision Operational Amplifier OPA177*. 6730 S. Tucson Blvd., Tucson, AZ 85706: Texas Instruments/Burr Brown, 1997

[TH05] TADEUSIEWICZ, M. ; HALGAS, S.: Multiple fault diagnosis in analogue circuits. In: *Circuit Theory and Design, 2005. Proceedings of the 2005 European Conference on* Bd. 3, 2005, S. 205–208

[Tin76] TINHOFER, Gottfried: *Methoden der angewandten Graphentheorie*. Springer, 1976

[TS02] TIETZE, Ulrich ; SCHENK, Christian: *Halbleiterschaltungstechnik*. 12. Springer, 2002

[UC84] USHIDA, A ; CHUA, L. O.: Tracing solution curves of nonlinear equations with sharp turning points. In: *International Journal Circuit Theory and Applications* (1984), Nr. 12, S. 1–21

[VD00] VENKATARAMAN, Srikanth ; DRUMMONDS, Scott B.: POIROT1: A Logic Fault Diagnosis Tool and Its Applications. In: *itc* 00 (2000), S. 253. – ISSN 1089–3539

[VHF+95] VENKATARAMAN, Srikanth ; HARTANTO, Ismed ; FUCHS, W. K. ; RUDNICK, Elizabeth M. ; CHAKRAVARTY, Sreejit ; PATEL, Janak H.: Rapid Diagnostic Fault Simulation of Stuck-at Faults in Sequential Circuits Using Compact Lists. In: *Design Automation Conference*, 1995, S. 133–138

[VKM+07] VERSEN, Martin ; KNEŽEVIC, Jelena ; MONTOYA, Sergio ; COYM, Torsten ; VERMEIREN, Wolfgang ; STRAUBE, Bernd: A Defect Oriented Circuit Simulation Approach Applied to D-RAM Designs. In: *Zuverlässigkeit und Entwurf* Bd. 1, VDE/VDI, March 2007, S. 21–24

[Voi07] VOIGT, Jürgen: *Vorlesungsmitschriften Analysis*. 2007. – TU Dresden

[Vor06] VORNHOLT, Stephan: *Merkmalsauswahl und Merkmalsgewichtung für die Qualitätsanalyse*, Otto-von-Guericke-Universität Magdeburg, Diplomarbeit, 2006

[VSV81] VISVANATHAN, V. ; SANGIOVANNI-VINCENTELLI, A.: Diagnosability of nonlinear circuits and systems-Part I: The dc case. In: *IEEE Transactions on Circuits and Systems* 28 (1981), Nr. 11, S. 1093–1102. – ISSN 0098–4094

[Wal23] WALSH, J. L.: A Closed Set of Normal Orthogonal Functions. In: *American Journal of Mathematics* 45 (1923), Jan, Nr. 1, S. 5–24

[WBM87] WATSON, Layne T. ; BILLUPS, Stephen C. ; MORGAN, Alexander P.: ALGORITHM 652: HOMPACK: a suite of codes for globally convergent homotopy algorithms. In: *ACM Trans. Math. Softw.* 13 (1987), Nr. 3, S. 281–310. – ISSN 0098–3500

[Web04] WEBER, C.: Yield Learning and the Sources of Profitability in Semiconductor Manufacturing and Process Development. In: *IEEE Transactions on Semiconductor Manufacturing* 17 (2004), November, Nr. 4, S. 590–596. – ISSN 0894–6507

[Wil07] WILLIAMS, Tom: *EDA to the Rescue of the Silicon Roadmap.* April 2007. – Invited Talk, Kolloqium Theoretische Elektrotechnik der Universität Hannover

[WR00] WU, Jue ; RUDNICK, E. M.: Bridge fault diagnosis using stuck-at fault simulation. In: *IEEE Transactions on Computer-Aided Design of Integrated Circuits and Systems* 19 (2000), April, Nr. 4, S. 489–495. – ISSN 0278–0070

[Zad65] ZADEH, L. A.: Fuzzy Sets. In: *Information Control* 8 (1965), S. 338–353